国家科学技术学术著作出版基金资助出版

食品和饲料真菌毒素防控及脱毒

真菌毒素生物脱毒技术研究

刘 阳等 著

科学出版社

北 京

内 容 简 介

本书主要介绍真菌毒素的生物脱毒技术，共分 5 章，包括真菌毒素简介及生物脱毒技术研究进展，益生菌对黄曲霉毒素 B_1 的吸附作用，真菌毒素降解微生物的筛选及降解机制，黄曲霉毒素 B_1 降解酶的分离纯化及基因的克隆表达，玉米赤霉烯酮降解酶基因的克隆表达及应用。本书突出的特点是研究生物技术对真菌毒素脱毒的作用和原理，提供安全、可靠的脱毒方法。

本书主要作为高等院校和科研院所从事相关研究的科研人员、研究生等的参考材料，也可用于从事食品质量与安全本科专业教学的辅助教材，同时可以作为食品从业人员学习真菌毒素相关安全知识及产品开发的辅助资料。

图书在版编目（CIP）数据

真菌毒素生物脱毒技术研究/刘阳等著. —北京：科学出版社, 2019.6
（食品和饲料真菌毒素防控及脱毒）
ISBN 978-7-03-061522-0

Ⅰ. ①真…　Ⅱ. ①刘…　Ⅲ. ①真菌毒素–脱毒–研究　Ⅳ. ①TS207.4

中国版本图书馆 CIP 数据核字(2019)第 106412 号

责任编辑：李秀伟 / 责任校对：郑金红
责任印制：吴兆东 / 封面设计：铭轩堂

科学出版社出版
北京东黄城根北街 16 号
邮政编码：100717
http://www.sciencep.com

北京虎彩文化传播有限公司印刷
科学出版社发行　各地新华书店经销
*
2019 年 6 月第 一 版　开本：B5 (720×1000)
2020 年 7 月第三次印刷　印张：13 1/2
字数：272 000

定价：128.00 元

(如有印装质量问题，我社负责调换)

《真菌毒素生物脱毒技术研究》
著者名单

刘　阳　常敬华　徐　亮　江均平

王义春　王会娟　王　瑶　赵月菊

周　露　王　龑　崔　莉　刘　畅

Lancine Sangare　Yawa Minnie Folly

马俊宁

前　　言

食品安全问题是关系人民健康和国计民生的重大问题，真菌毒素是影响食品安全的重要因素。真菌毒素是真菌产生的有毒次生代谢产物，污染几乎所有种类的食用、饲用农产品及中草药等。据联合国粮食及农业组织（FAO）估算，全球25%的粮食作物受到真菌毒素的污染，在我国由于受种植方式和气候等因素的影响，农产品真菌毒素的污染更为严重。对真菌毒素超标农产品处置又将造成巨大的粮食损失和经济损失，同时产生严重的环境污染；近10年来，真菌毒素污染已成为制约我国农产品对外贸易的最主要原因；除此之外，农产品中真菌毒素污染严重危害人畜健康，如黄曲霉毒素是自然发生的最强的化学致癌物，也是引发我国肝癌的最主要诱因之一。加强我国食品和饲料真菌毒素防控及脱毒研究已成为保障我国粮食安全、食品安全和维护国家经济利益的迫切需求。

有关食品和饲料真菌毒素防控及脱毒研究的专著，其数量与质量都相对薄弱，目前国内仍没有一套系统完整、内容深入、成果前沿的丛书出版，这在一定程度上制约了我国真菌毒素防控科学成果的传播。“食品和饲料真菌毒素防控及脱毒”系列丛书以保障我国粮食安全、食品安全重大战略需求为导向，向读者全面展示我国食品及饲料真菌毒素防控及脱毒领域最新研究成果。丛书以科学性、创新性、系统性、实用性为目标，以原创性为特色，分为“真菌毒素加工脱毒技术研究”、“真菌毒素生物脱毒技术研究”、“粮油真菌毒素防控技术研究”、“农产品真菌毒素检测实例”、“真菌毒素生物防治技术研究”、“真菌毒素形成及调控机制”六大领域，以期全面推动我国真菌毒素防控学科体系的发展。

《真菌毒素生物脱毒技术研究》是“食品和饲料真菌毒素防控及脱毒”系列丛书中重要的一部，利用生物技术对真菌毒素脱毒具有处理条件温和、环境友好、专一性强等特点，代表了食品和饲料中真菌毒素防控及脱毒的主要发展方向。本书的主要内容包括真菌毒素简介，益生菌对真菌毒素的吸附作用，真菌毒素降解微生物的筛选及降解机制分析，真菌毒素降解酶的分离纯化、鉴定及降解酶基因的克隆表达等。本书内容对开发与应用更安全、高效、经济的生物脱毒技术具有重要的理论与指导意义，对保障我国食品及饲料安全具有重要作用，并将产生很好的经济效益和社会效益。

本书相关研究和出版得到了以下项目资助：“食品安全关键技术研发”重点专项“食品中生物源危害物阻控技术及其安全性评价（2017YFC1600900）”、国家农业科技创新工程“真菌毒素防控（CAAS-ASTIP-2014IAPPST-05）”、973 计划项目“主要粮油产品储藏过程中真菌毒素形成机理及防控基础（2013CB127800）”、公益性行业（农业）科研专项“粮油真菌毒素控制技术研究（201203037）”及科技基础性工作专项重点项目“全国农产品加工原料真菌毒素及其产毒菌污染调查（2013FY113400）”。

本书的研究结果由于受研究材料、研究方法、研究技术及笔者水平的限制，不可避免地存在一些观点和结论方面的不足；对国内外研究资料的整理和加工可能未完全表达原文作者的思想，衷心希望每一位阅读本书的读者给予批评和指正。

著 者

2019 年 6 月

目　　录

前言
第一章　真菌毒素简介……1
第一节　真菌毒素的种类……1
一、黄曲霉毒素……1
二、玉米赤霉烯酮……4
三、脱氧雪腐镰刀菌烯醇……5
四、其他真菌毒素……6
第二节　真菌毒素生物脱毒方法……12
一、微生物吸附法……12
二、微生物及酶降解法……19
参考文献……29
第二章　益生菌对黄曲霉毒素 B_1（AFB_1）的吸附作用……41
第一节　益生菌对 AFB_1 的吸附机理……41
一、吸附 AFB_1 的益生菌筛选……41
二、益生菌（Y1）的形态特征及培养……43
三、益生菌对 AFB_1 吸附稳定性的影响因素……44
第二节　益生菌对 AFB_1 的吸附条件……46
一、益生菌的吸附条件……46
二、二次吸附作用……53
第三节　益生菌吸附 AFB_1 的应用……53
一、Y1 对花生奶中 AFB_1 的吸附……54
二、二次吸附作用……55
参考文献……56
第三章　真菌毒素降解微生物的筛选及降解机制分析……57
第一节　平菇降解黄曲霉毒素的研究……57
一、高产漆酶平菇菌株的筛选方法……58
二、平菇发酵液降解黄曲霉毒素的研究……61
三、平菇培养条件及黄曲霉毒素降解酶的初步分离……64
第二节　黄曲霉毒素降解细菌的筛选及降解机制分析……74
一、AFB_1 降解细菌的筛选和鉴定……74

二、菌株 N17-1 和 L15 的表征……81
三、AFB_1 降解产物的提取和检测……94
第三节 玉米赤霉烯酮（ZEN）降解微生物的筛选及降解机制分析……97
一、ZEN 降解细菌的筛选和鉴定……97
二、影响 ZEN 降解的因素……101
三、ZEN 降解产物的提取和检测……105
四、污染玉米中 ZEN 的降解……110
第四节 脱氧雪腐镰刀菌烯醇（DON）的体外生物脱毒研究……110
一、猪肠道微生物对 DON 的体外降解……111
二、猪肠道微生物对 DON-3-G 的体外降解……122
参考文献……128
第四章 黄曲霉毒素 B_1（AFB_1）降解酶的分离纯化及基因的克隆表达……134
第一节 酶的分离纯化方法及蛋白质的质谱鉴定技术……134
一、酶的分离纯化方法……134
二、蛋白质的质谱鉴定技术……137
第二节 节杆菌 AFB_1 降解酶的分离纯化及鉴定……138
一、节杆菌对 AFB_1 的降解作用……138
二、节杆菌 AFB_1 降解酶的分离纯化及酶学性质……142
三、节杆菌 AFB_1 降解酶的质谱测序鉴定方法……146
第三节 沙氏芽孢杆菌 AFB_1 降解酶的分离纯化及基因的克隆表达……152
一、AFB_1 降解菌沙氏芽孢杆菌 L7 的特征……152
二、沙氏芽孢杆菌 L7 降解酶分离纯化、质谱鉴定……157
三、沙氏芽孢杆菌 L7 降解酶酶学特征……160
四、沙氏芽孢杆菌 L7 降解酶基因大肠杆菌原核表达……164
参考文献……168
第五章 玉米赤霉烯酮（ZEN）降解酶基因的克隆表达及应用……170
第一节 ZEN 降解菌 *SH1* 降解酶基因大肠杆菌表达……170
一、基因组同源比对法获得 ZEN 降解酶基因……170
二、ZEN 降解酶基因大肠杆菌原核表达……173
第二节 ZEN 降解酶基因毕赤酵母表达、应用及酶学特性……182
一、ZEN 降解酶基因多拷贝表达载体构建……182
二、ZEN 降解酶的应用……194
三、ZEN 降解酶酶学特性……197
参考文献……203

第一章　真菌毒素简介

第一节　真菌毒素的种类

真菌毒素是由真菌在一定的环境条件下产生的有毒次级代谢产物，据联合国粮食及农业组织（FAO）统计，世界上约有25%的粮食不同程度地受到真菌毒素的污染，不仅在经济上造成巨大的损失，而且这些真菌毒素会通过污染的食品和饲料对人畜造成持续伤害，严重时可以致癌甚至导致死亡。

一种真菌可能产生多种真菌毒素，一种毒素也可能由多种真菌产生。迄今为止，已知能产生真菌毒素的真菌有150余种，可以产生300多种真菌毒素，因此食品或饲料中可能同时存在多种真菌毒素，多种毒素同时存在时，其毒性具有累加效应。对人类危害严重的真菌毒素主要有十几种，其中包括黄曲霉毒素、赭曲霉毒素A、玉米赤霉烯酮、脱氧雪腐镰刀菌烯醇、T-2毒素等。不同真菌的生长、繁殖和产毒都需要一定的环境条件，因此，真菌生长有一定的地域性，不同区域占优势的真菌毒素种类也不同，如在亚热带和热带地区，农产品和饲料主要被黄曲霉毒素和赭曲霉毒素污染；而玉米赤霉烯酮、脱氧雪腐镰刀菌烯醇、赭曲霉毒素A、T-2毒素等则在温带地区占有显著优势。我国南方地区真菌霉素污染情况比北方严重，特别是5～9月份，南方地区的平均气温都处于20℃以上，平均相对湿度在80%以上，在这种高温高湿的环境条件下，真菌生长繁殖最为旺盛，粮食和饲料霉变大多发生在这个季节；北方的夏季虽然温度也较高，但相对湿度较低，粮食和饲料不易霉变，但常因运输、储存和加工不当而产生真菌毒素（赵志辉，2012）。

一、黄曲霉毒素

黄曲霉毒素（aflatoxin，AFT）最早发现于20世纪60年代，是由黄曲霉（*Aspergillus flavus*）和寄生曲霉（*Aspergillus parasiticus*）等产生的一类真菌毒素，其基本结构是双呋喃环和香豆素，分子量为312～346（Ellis et al.，1991；Bhatnagar et al.，1992）。目前已被发现并研究清楚化学结构的黄曲霉毒素及其衍生物、异构物多达27种，包括AFB_1、AFB_2、AFG_1、AFG_2、AFB_{2a}、AFG_{2a}、AFM_1、AFM_2、AFP_1等（Abdel-Haq et al.，2000）。其中，以AFB_1结构最稳定（图1-1），毒性最强，其毒性是氰化钾的10倍。黄曲霉毒素易溶于甲醇、氯仿和丙酮等有机溶剂，不溶于水、乙醚、己烷和石油醚，具有耐高温的性质，温度高达 268℃才能够将其分解。在强碱性条件下（pH 9.0～10.0）易于分解，但这是一个可逆反应，当 pH 恢复至中性或酸性，黄曲霉毒素又会出现。

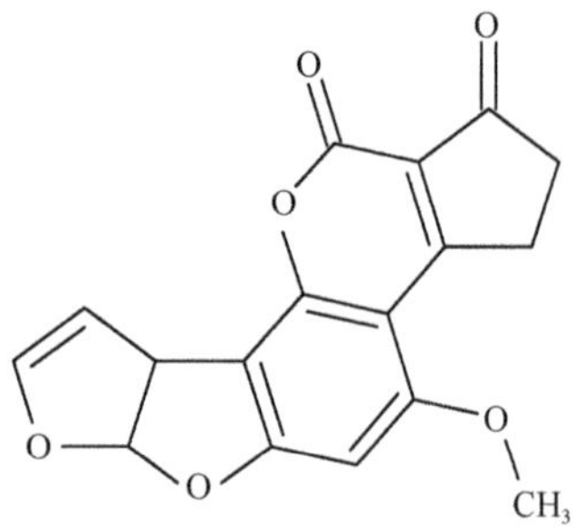

图 1-1　黄曲霉毒素 B_1（AFB_1）的化学结构式

黄曲霉毒素广泛存在于花生、大豆、玉米等粮食作物中，在作物的生长、收获、运输和储藏各个阶段都可能发生黄曲霉毒素的污染。在一些发展中国家，污染尤为严重。黄曲霉毒素有诱发突变、抑制免疫和致癌的作用，起作用的靶器官为肝脏。人和动物长期食用含有黄曲霉毒素的食物和饲料，可诱发肝癌。黄曲霉毒素已被国际癌症研究机构（International Agency for Research on Cancer，IARC）列为 1 类致癌物，在非洲、中国和东南亚的部分地区，肝癌的发病率与黄曲霉毒素的污染情况有着密切的联系（Wogan，2000）。

2010 年欧盟委员会发布 No.165/2010 条例，对花生、开心果等食品中的黄曲霉毒素残留进行了修订。按照该条例限量规定，供人直接食用或者用作食品配料的花生及其他油籽、坚果及其制品（不包括巴旦木、开心果、杏仁、榛子和巴西坚果）黄曲霉毒素 B_1 限量为 2.0μg/kg，总黄曲霉毒素 $B_1+B_2+G_1+G_2$ 限量为 4.0μg/kg；而日本对黄曲霉毒素 B_1 在进口食品中的残留限量为“不得检出”；美国食品药品监督管理局（FDA）则规定食品中黄曲霉毒素（$B_1+B_2+G_1+G_2$）的最大残留限量为 20μg/kg，牛奶中黄曲霉毒素 M_1 的最大残留量为 0.5μg/kg；国际食品法典委员会（Codex Alimentarius Commission，CAC）规定直接食用的杏仁、巴西坚果、榛子、开心果、无花果干中总黄曲霉毒素（$B_1+B_2+G_1+G_2$）的限量为 10μg/kg，用于进一步加工的杏仁、巴西坚果、榛子、花生、开心果中限量为 15μg/kg；我国国家标准 GB 2761—2017《食品安全国家标准 食品中真菌毒素限量》对食品中黄曲霉毒素 B_1 限量指标见表 1-1，乳及乳制品中黄曲霉毒素 M_1 的限量指标≤0.5μg/kg，检验方法按 GB 5009.22—2016《食品安全国家标准 食品中黄曲霉毒素 B 族和 G 族的测定》规定的方法测定。我国国家标准 GB 13078—2017《饲料卫生标准》对饲料原料及饲料产品中黄曲霉毒素 B_1 的限量及试验方法见表 1-2。

表 1-1　食品中黄曲霉毒素 B_1（AFB_1）限量指标

食品类别（名称）	限量（μg/kg）
谷物及其制品	
玉米、玉米面（渣、片）及玉米制品	20
稻谷[a]、糙米、大米	10
小麦、大麦、其他谷物	5.0
小麦粉、麦片、其他去壳谷物	5.0
豆类及其制品	
发酵豆制品	5.0
坚果及籽类	
花生及其制品	20
其他熟制坚果及籽类	5.0
油脂及其制品	
植物油脂（花生油、玉米油除外）	10
花生油、玉米油	20
调味品	
酱油、醋、酿造酱	5.0
特殊膳食用食品	
婴幼儿配方食品	
婴儿配方食品[b]	0.5（以粉状产品计）
较大婴儿和幼儿配方食品[b]	0.5（以粉状产品计）
特殊医学用途婴儿配方食品	0.5（以粉状产品计）
婴幼儿辅助食品	
婴幼儿谷类辅助食品	0.5
特殊医学用途配方食品[b]（特殊医学用途婴儿配方食品涉及的品种除外）	0.5（以固态产品计）
辅食营养补充品[c]	0.5
运动营养食品[b]	0.5
孕妇及乳母营养补充食品[c]	0.5

注：a. 稻谷以糙米计；b. 以大豆及大豆蛋白制品为主要原料的产品；c. 只限于含谷类、坚果和豆类的产品

表 1-2　饲料原料及饲料产品中黄曲霉毒素 B_1（AFB_1）的限量及试验方法

项目		产品名称	限量（μg/kg）	试验方法
黄曲霉毒素 B_1	饲料原料	玉米加工产品、花生饼（粕）	≤50	NY/T 2071
		植物油脂（玉米油、花生油除外）	≤10	
		玉米油、花生油	≤20	
		其他植物性饲料原料	≤30	
	饲料产品	仔猪、雏禽浓缩饲料	≤10	
		肉用仔鸭后期、生长鸭、产蛋鸭浓缩饲料	≤15	
		其他浓缩饲料	≤20	
		犊牛、羔羊精料补充料	≤20	
		泌乳期精料补充料	≤10	
		其他精料补充料	≤30	
		仔猪、雏禽配合饲料	≤10	
		肉用仔鸭后期、生长鸭、产蛋鸭配合饲料	≤15	
		其他配合饲料	≤20	

二、玉米赤霉烯酮

玉米赤霉烯酮（zearalenone，ZEN，ZEA，ZON），又称为F-2毒素，是1962年由Stob等从污染了禾谷镰刀菌的霉变玉米中分离得到的一种真菌毒素。ZEN主要由多种镰刀菌属（*Fusarium*）真菌，如禾谷镰刀菌（*F. graminearum*）、三线镰刀菌（*F. tricinctum*）、克地镰刀菌（*F. crookwellense*）、木贼镰刀菌（*F. equiseti*）等，通过聚酮类代谢合成的非类固醇真菌毒素，是全世界污染最为广泛的一种生物毒素。霉变谷类作物，如玉米、黑麦、燕麦、小麦等，以及谷类深加工产品如面粉、酱油、啤酒等均容易受到ZEN的污染。

ZEN为2,4-二羟基苯甲酸内酯类的化合物（图1-2），分子式$C_{18}H_{22}O_5$，白色晶体，熔点161～163℃，在236nm下有最大的紫外光谱吸收，最大红外吸收波长为970nm。ZEN在乙醚、苯及甲醇、乙醇等极性溶剂中有较好的溶解性。ZEN具有雌激素活性，对生殖发育系统有毒害作用，对肿瘤发生也有一定影响，因此对人和动物的健康都存在巨大的潜在危害，国际癌症研究机构将ZEN列入3类致癌物名单。

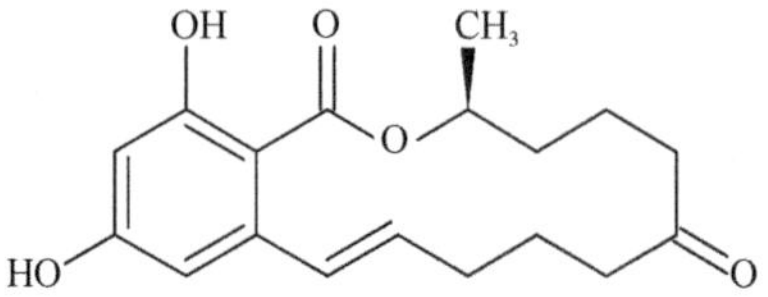

图1-2　玉米赤霉烯酮（ZEN）的化学结构式

欧盟委员会规定面包和糕点玉米赤霉烯酮的限量为50μg/kg，谷类/玉米以外的面粉限量为75μg/kg，其他未加工的谷物限量为100μg/kg；我国国家标准GB 2761—2017《食品安全国家标准 食品中真菌毒素限量》对食品中玉米赤霉烯酮限量指标见表1-3，检验方法按照GB 5009.209—2016《食品安全国家标准 食品中玉米赤霉烯酮的测定》规定的方法测定；我国国家标准GB 13078—2017《饲料卫生标准》对饲料原料及饲料产品玉米赤霉烯酮的限量及试验方法见表1-4。

表1-3　食品中玉米赤霉烯酮（ZEN）限量指标

食品类别（名称）	限量（μg/kg）
谷物及其制品	
小麦、小麦粉	60
玉米，玉米面（渣、片）	60

表 1-4　饲料原料及饲料产品中玉米赤霉烯酮（ZEN）的限量及试验方法

项目		产品名称	限量（mg/kg）	试验方法
玉米赤霉烯酮	饲料原料	玉米及其加工产品（玉米皮、喷浆玉米皮、玉米浆干粉除外）	≤0.5	NY/T 2071
		玉米皮、喷浆玉米皮、玉米浆干粉、玉米酒糟类产品	≤1.5	
		其他植物性饲料原料	≤1	
	饲料产品	犊牛、羔羊、泌乳期精料补充料	≤0.5	
		仔猪配合饲料	≤0.15	
		青年母猪配合饲料	≤0.1	
		其他猪配合饲料	≤0.25	
		其他配合饲料	≤0.5	

三、脱氧雪腐镰刀菌烯醇

脱氧雪腐镰刀菌烯醇（deoxynivalenol，DON）最早于 1970 年在日本香川县从感染赤霉病的大麦中分离、纯化得到，主要由禾谷镰刀菌（*F. graminearum*）和黄色镰刀菌（*F. culmorum*）等产生，在小麦、大麦、燕麦、玉米等谷物中含量较高。DON 污染在全球范围内易多发，主要原因是谷物在田间受到镰刀菌侵染，导致小麦发生赤霉病和玉米穗腐病，镰刀菌在适宜的气温和湿度等条件下繁殖并产生 DON。DON 具有很强的细胞毒性，人畜摄入了被 DON 污染的食物后，会产生厌食、呕吐、腹泻、发烧、站立不稳和反应迟钝等急性中毒症状，严重时损害造血系统导致死亡，慢性中毒主要造成人畜食欲降低、体重减轻、代谢紊乱等现象，国际癌症研究机构公布的致癌物清单中，DON 属于 3 类致癌物。

DON 化学名为 12,13-环氧-3α,7α,15-三羟基单端孢霉-9-烯-8-酮（图 1-3），为无色针状结晶，极性化合物，分子式 $C_{15}H_{20}O_6$，分子量为 296.32，沸点为（543.9±50.0）℃，熔点为 151～153℃，闪点为（206.9±2.5）℃，25℃蒸汽压 4.26×10^{-14}mmHg[①]，溶于极性有机溶剂（如甲醇、乙醇、氯仿、乙腈及乙酸乙酯）和水（Sobrova et al.，2010）。人类和动物食用污染 DON 的食物和饲料后，DON 与脑干后区呕吐中枢的 5-羟色胺受体及多巴胺受体相互作用产生催吐作用，因此又被称为呕吐毒素。DON 最重要的物理特征是它具有抗高温能力，因此，DON 在加工后的食品中如面包、糕点、意大利面、啤酒中仍会残留，对食品安全造成威胁。

欧盟委员会规定：除硬粒小麦、燕麦和玉米以外未加工谷物脱氧雪腐镰刀菌烯醇限量为 1250μg/kg；未加工的硬粒小麦和燕麦、预计通过湿磨加工的未加工玉米为 1750μg/kg；直接供人食用的谷物，作为最终产品供人直接食用的谷类面粉，

① 1mmHg=1.333 22×10^2Pa。

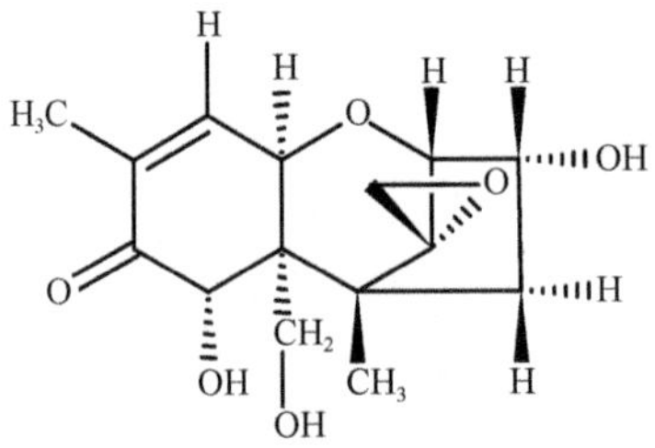

图 1-3 脱氧雪腐镰刀菌烯醇（DON）的化学结构式

麸皮、胚芽及意大利面为 750μg/kg；面包（包括制品）、糕点、饼干、谷类零食和谷类早餐限量为 500μg/kg；婴幼儿用谷类加工食品和婴儿食品限量为 500μg/kg。国际食品法典委员会规定：小麦、玉米或大麦的薄片，以及面粉、谷物粗粉、粗麦粉限量为 1000μg/kg；预计进一步加工的籽粒（小麦、玉米和大麦）的限量为 2000μg/kg；婴幼儿谷物制品限量为 200μg/kg。美国 FDA 建议人类食用的小麦制品，如面粉、麸皮和胚芽脱氧雪腐镰刀菌烯醇的限量为 1000μg/kg。我国国家标准 GB 2761—2017《食品安全国家标准 食品中真菌毒素限量》规定的食品中脱氧雪腐镰刀菌烯醇的限量详见表 1-5，检验方法按照 GB 5009.111—2016《食品安全国家标准 食品中脱氧雪腐镰刀菌烯醇及其乙酰化衍生物的测定》规定的方法测定，我国国家标准 GB 13078—2017《饲料卫生标准》对饲料原料及饲料产品中脱氧雪腐镰刀菌烯醇的限量及试验方法见表 1-6。

表 1-5 食品中脱氧雪腐镰刀菌烯醇（DON）限量指标

食品类别（名称）	限量（μg/kg）
谷物及其制品	
玉米、玉米面（渣、片）	1000
大麦、小麦、麦片、小麦粉	1000

表 1-6 饲料原料及饲料产品中脱氧雪腐镰刀菌烯醇（DON）的限量及试验方法

项目	产品名称		限量（mg/kg）	试验方法
脱氧雪腐镰刀菌烯醇（呕吐毒素）	饲料原料	植物性饲料原料	≤5	GB/T 30956
	饲料产品	犊牛、羔羊、泌乳期精料补充料	≤1	
		其他精料补充料	≤3	
		猪配合饲料	≤1	
		其他配合饲料	≤3	

四、其他真菌毒素

（一）伏马菌素

1988 年，Gelderblom 等首次从串珠镰刀菌［*Fusarium vertieilliodes*（曾用名

Fusarium moniliforme）〕培养液中分离出伏马菌素（fumonisin，FB）。随后，从伏马菌素中分离出伏马菌素 B_1（FB_1）和伏马菌素 B_2（FB_2）（Cawood et al.，1991）。在自然界中产生伏马菌素的真菌主要是串珠镰刀菌（*F. vertieilliodes*），其次是多育镰刀菌（*F. proliferatum*）。伏马菌素容易污染粮食类农产品，尤其是玉米及玉米制品。动物试验和流行病学资料已表明，伏马菌素主要损害肝肾功能，能引起马脑白质软化症和猪肺水肿等，并与我国和南非部分地区高发的食道癌有关，现已引起世界范围的广泛注意，国际癌症研究机构已将 FB_1 列为 2B 类致癌物。

伏马菌素是一类由不同的多氢醇和丙三羧酸组成的结构类似的双酯化合物，在自然界中，污染玉米及玉米制品的伏马菌素主要是 FB_1、FB_2 和 FB_3，FB_1 的化学结构式见图 1-4。伏马菌素纯品为白色针状结晶，易溶于水，对热稳定，100℃蒸煮 30min 也不能破坏其结构。伏马菌素酸解后会失去丙三羧酸酯基，但其水解产物仍然有毒。

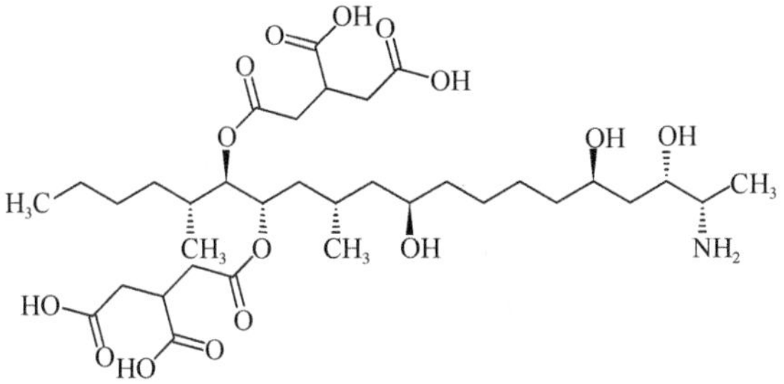

图 1-4　伏马菌素 B_1（FB_1）的化学结构式

欧盟委员会规定除了预计湿磨加工的未加工玉米，FB_1+FB_2 的限量为 4000μg/kg，直接用于人类食用的玉米和以玉米为原料直接供人食用的食品限量为 1000μg/kg，以玉米为主的早餐谷物和玉米小吃限量为 800μg/kg；国际食品法典委员会规定，未加工的玉米 FB_1+FB_2 的限量为 4000μg/kg，玉米粉及玉米粗粉为 2000μg/kg；美国 FDA 规定食品中去胚芽的干磨玉米制品（脂肪含量小于 2.25%）总的伏马菌素（$FB_1+FB_2+FB_3$）的限量为 2mg/kg，整粒或者部分去胚芽的玉米制品（脂肪含量大于 2.25%）、干碾磨的玉米麸皮和用于制作湿润粉糊的清理后的玉米的限量为 4mg/kg，用于制作爆米花的清理后的玉米为 3mg/kg；用于饲料的玉米及玉米副产品总的伏马菌素的限量根据饲养动物的不同，用于饲料的玉米及玉米副产品总的伏马菌素的限量范围为 5～100mg/kg。我国没有规定食品中伏马菌素的限量标准，检验方法按 GB 5009.240—2016《食品安全国家标准 食品中伏马毒素的测定》规定的方法进行。GB 13078—2017《饲料卫生标准》中对饲料原料及饲料产品中伏马菌素限量及试验方法见表 1-7。

表 1-7　饲料原料及饲料产品中伏马菌素限量及试验方法

项目	产品名称		限量（mg/kg）	试验方法
伏马菌素（B_1+B_2）	饲料原料	玉米及其加工产品、玉米酒糟类产品、玉米青贮饲料和玉米秸秆	≤60	NY/T 1970
	饲料产品	犊牛、羔羊精料补充料	≤20	
		马、兔精料补充料	≤5	
		其他反刍动物精料补充料	≤50	
		猪浓缩饲料	≤5	
		家禽浓缩饲料	≤20	
		猪、兔、马配合饲料	≤5	
		家禽配合饲料	≤20	
		鱼配合饲料	≤10	

（二）赭曲霉毒素 A

赭曲霉毒素包括 7 种结构类似的化合物，其中赭曲霉毒素 A（ochratoxin A，OTA）毒性最大，结构式见图 1-5，主要由部分曲霉属（*Aspergillus*）和青霉属（*Penicillium*）真菌产生，广泛污染小麦、玉米、稻谷、大豆、香料、干果、咖啡、可可、茶叶、葡萄等各种食用农产品及其加工制品，如面粉、饲料、啤酒、葡萄酒等。OTA 最早是由 Van der Merwe 等（1965）从赭曲霉（*A. ochraceus*）[Marquardt 和 Frohlich（1992）报道该菌为 *A. alutaceus*]培养物中提纯得到的，随后陆续发现多种曲霉属和青霉属真菌也能够产生该毒素。不同的地理和生态环境（温湿度、水活度等）中，污染不同作物的 OTA 的产生菌不尽相同。Northolt 等（1979）的研究表明，赭曲霉、圆弧青霉（*P. cyclopium*）和鲜绿青霉（*P. viridicatum*）产生 OTA 的最低水分活度分别为 0.83～0.87、0.87～0.9 和 0.83～0.86；最适产毒温度分别为 12～37℃、4～31℃和 4～31℃。因此，OTA 的产生菌在湿热的地区以赭曲霉为主；而寒冷干燥的地区以青霉属真菌为主，有些青霉属真菌在 0℃左右仍能生长，给饲料储藏带来极大困难。此外，不同菌株的适宜产毒底物也有差别，Madhyastha 等（1990）报道，赭曲霉在花生饼和大豆饼中的产毒量，显著高于在小麦和玉米中的产毒量，而疣孢青霉（*P. verruculosum*）则相反。

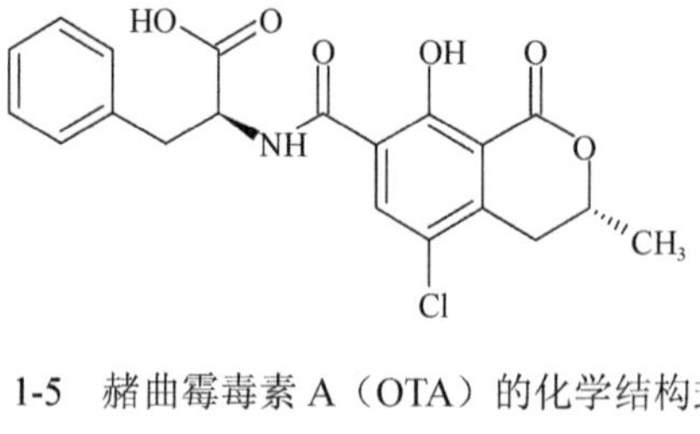

图 1-5　赭曲霉毒素 A（OTA）的化学结构式

OTA 是一种无色结晶化合物，可溶于极性有机溶剂和稀碳酸氢钠溶液，微溶于水，其苯溶剂化物熔点 94～96℃，二甲苯中结晶熔点 169℃，有光学活性 [α]D-118°。其紫外吸收光谱随 pH 和溶剂极性不同而不同，在乙醇溶液中最大吸收波长为 213nm 和 332nm。OTA 有很高的化学稳定性和热稳定性，主要危及人和动物肾脏和肝脏，它的第一靶器官是肾脏，还对免疫系统有毒性，国际癌症研究机构将 OTA 归为 2B 类致癌物。

国际食品法典委员会规定小麦、大麦和黑麦赭曲霉毒素 A 的限量为 5μg/kg；欧盟委员会规定未加工谷物赭曲霉毒素 A 的限量为 5μg/kg，加工过的谷类产品和供人类直接食用的谷物赭曲霉毒素 A 的限量为 3μg/kg；我国国家标准 GB 2761—2017《食品安全国家标准 食品中真菌毒素限量》规定的食品中赭曲霉毒素 A 的限量见表 1-8，检验方法按 GB 5009.96—2016《食品安全国家标准 食品中赭曲霉毒素 A 的测定》规定的方法测定；GB 13078—2017《饲料卫生标准》规定了饲料原料及饲料产品中赭曲霉毒素 A 的限量及试验方法，见表 1-9。

表 1-8　食品中赭曲霉毒素 A（OTA）的限量指标

食品类别（名称）	限量（μg/kg）
谷物及其制品[a]	
谷物	5.0
谷物碾磨加工品	5.0
豆类及其制品	
豆类	5.0
酒类	
葡萄酒	2.0
坚果及籽类	
烘焙咖啡豆	5.0
饮料类	
研磨咖啡（烘焙咖啡）	5.0
速溶咖啡	10.0

注：a. 稻谷以糙米计

表 1-9　饲料原料及饲料产品中赭曲霉毒素 A（OTA）的限量及试验方法

项目	产品名称		限量（μg/kg）	试验方法
赭曲霉毒素 A	饲料原料	玉米及其加工产品	≤100	GB/T 30957
	饲料产品	配合饲料	≤100	

（三）T-2 毒素

T-2 毒素是由多种镰刀菌属真菌产生的单端孢霉烯族化合物之一，1968 年由

Bamburg 首次从三线镰刀菌（*F. tricinctum*）的代谢产物中分离出来，已经发现产生 T-2 毒素的镰刀菌属真菌有三线镰刀菌、砖红镰刀菌（*F. lateritium*）、拟枝孢镰刀菌（*F. sporotrichioides*）、黄色镰刀菌（*F. culmorum*）、梨孢镰刀菌（*F. poae*）、禾谷镰刀菌（*F. graminearum*）等。T-2 毒素主要污染小麦、玉米、大麦、燕麦和饲料，是 A 类单端孢霉烯族毒素中毒性最强的一种真菌毒素，早在 1974 年 FAO 和世界卫生组织（WHO）在日内瓦召开的会议上，就把 T-2 毒素列为最危险的天然污染源之一。T-2 毒素主要危害动物的造血组织和免疫器官，具有消化系统和肝脏毒性、神经系统和皮肤毒性、基因毒性、免疫毒性及细胞毒性等，国际癌症研究机构将其列为 3 类致癌物。

T-2 毒素具有四环倍半萜烯结构，纯品为白色针状结晶，分子量为 466.22，化学名为 4β,15-二乙酰氧基-3α-羟基-8α-(3-异戊酰氧基)-12,13-环氧单端孢霉-9-烯。环氧环、C9 和 C10 间双键、羟基、乙酰氧基为其毒性基团，其化学结构如图 1-6 所示，难溶于水，易溶于有机溶剂，性质稳定，具有很强的耐热性和耐紫外线性，在食品生产和饲料加工过程中很难被破坏（黄凯等，2014）。

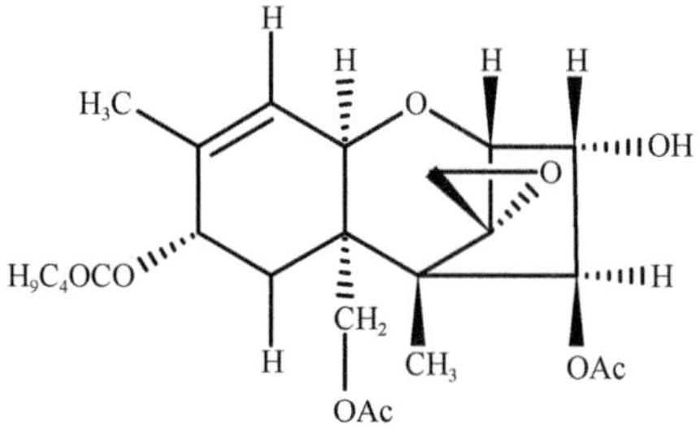

图 1-6　T-2 毒素的化学结构式

目前，国际上制定 T-2 毒素限量标准的国家和组织不多，我国国家标准 GB 5009.118—2016《食品安全国家标准　食品中 T-2 毒素的测定》规定了 T-2 毒素的检测方法，GB 13078—2017《饲料卫生标准》规定了饲料原料及饲料产品中 T-2 毒素限量及试验方法，见表 1-10。

表 1-10　饲料原料及饲料产品中 T-2 毒素限量及试验方法

项目	产品名称	限量（mg/kg）	试验方法
T-2 毒素	植物性饲料原料	≤0.5	NY/T 2071
	猪、禽配合饲料	≤0.5	

（四）展青霉素

展青霉素（patulin，PAT）又称为棒曲霉素，是一种对人和动物健康有害的次级代谢产物，能产生 PAT 的有扩展青霉、展青霉、棒形青霉、土壤青霉、新西兰青霉、石状青霉、粒状青霉、梅林青霉、圆弧青霉、产黄青霉、娄地青霉、棒曲霉、巨大曲霉、土曲霉和雪白丝衣霉等真菌（Cole，1981）。PAT 主要污染水果及其制品，尤其是苹果、山楂、梨、番茄、苹果汁和山楂片等。毒理学试验表明，PAT 具有急性毒性、亚急性毒性、生殖毒性、免疫毒性等多种危害，同时也是一种神经毒素（Escoula et al.，1988；Selmanoğlu，2006），被国际癌症研究机构归为 3 类可疑致癌物质。

PAT 的化学结构式见图 1-7，分子式为 $C_7H_6O_4$，分子量为 154，化学名称为 4-羟基-4-氢-呋喃(3,2-碳)吡喃-2(6-氢)酮。易溶于水、氯仿、丙酮、乙醇及乙酸乙酯，微溶于乙醚和苯，不溶于石油醚。其晶体呈无色棱形，熔点为 110.5～112℃，在氯仿、苯、二氯甲烷等溶剂中能长时间稳定，在水中和甲醇中逐渐分解，且在碱性溶液中不稳定，易被破坏，而在酸性环境中稳定性增加，溶液蒸干后形成薄膜则不稳定（Drusch et al.，2007）。

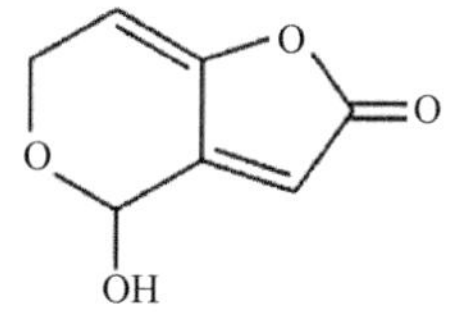

图 1-7　展青霉素（PAT）的化学结构式

国际食品法典委员会规定苹果汁中展青霉素的限量为 50μg/kg，欧盟委员会规定果汁及用于复原果汁和水果饮料的浓缩果汁、酒精饮料，苹果酒和其他来自苹果或含有苹果汁的发酵饮料展青霉素的限量为 50μg/kg，固体苹果制品，包括苹果蜜饯、直接食用的苹果酱展青霉素的限量为 25μg/kg；我国国家标准 GB 2761—2017《食品安全国家标准 食品中真菌毒素限量》规定的食品中展青霉素的限量见表 1-11，检验方法按 GB 5009.185—2016《食品安全国家标准 食品中展青霉素的测定》规定的方法测定。

表 1-11　食品中展青霉素（PAT）限量指标

食品类别（名称）[a]	限量（μg/kg）
水果及其制品	
水果制品（果丹皮除外）	50
饮料类	
果蔬汁类及其饮料	50
酒类	50

注：a. 仅限于以苹果、山楂为原料制成的产品

第二节　真菌毒素生物脱毒方法

生物脱毒是利用微生物自身的特性或在其生长过程中的代谢产物进行脱毒，包括微生物吸附和微生物及酶降解（孙建和等，2003）。生物脱毒具有去毒效率高，作用条件温和，对原料的感官性状、适口性等影响极小，一些脱毒微生物不仅不会造成营养物质的流失，还具有增加原料营养价值等优点。因此，生物脱毒被认为是最佳脱毒方法，具有良好的开发和应用前景。

一、微生物吸附法

微生物吸附真菌毒素主要是由于它们细胞壁具有特殊结构及含有糖类、蛋白质等组分，特别是结构复杂的糖类物质，它们与不同的真菌毒素通过官能团间的化学键、大分子之间的作用力及各种表面张力等与真菌毒素形成微生物-毒素复合体，微生物吸附作用通常不改变毒素分子本身的结构和性质，在一定条件下，所吸附的毒素有可能解吸，用于真菌毒素生物吸附法脱毒的微生物主要以乳酸菌和酵母菌为主（韩鹏飞等，2012）。

（一）乳酸菌吸附真菌毒素

1. 乳酸菌吸附黄曲霉毒素

利用乳酸菌（lactic acid bacteria，LAB）吸附黄曲霉毒素已经进行了广泛的研究，特定的乳酸菌能有效地从液体及饲料中去除 AFB_1 和 AFM_1。El-Nezami 等（1998a）评估了 5 种乳杆菌体外结合黄曲霉毒素的能力，结果表明鼠李糖乳杆菌菌株 GG 和鼠李糖乳杆菌菌株 LC-705 在 5μg/mL 的 AFB_1 溶液中可吸附 80%以上的毒素。对两种菌株进行化学和物理处理发现，用 HCl 处理或高压灭菌及加热处理的两种菌株显著提高了 AFB_1 的结合能力，乙醇处理、紫外线辐射、超声处理、碱性或 pH 处理都没有影响或降低细菌的结合能力（El-Nezami et al.，1998b）。Peltonen 等（2001）研究 12 种乳杆菌、5 种双歧杆菌和 3 种乳球菌对 AFB_1 的吸附能力，发现乳杆菌菌株结合了 17.3%～59.7%的 AFB_1，而乳球菌菌株结合了 5.6%～41.1%的 AFB_1，其中，2 株嗜淀粉乳杆菌和 1 株鼠李糖乳杆菌对 AFB_1 吸附能力达到 50%以上。李志刚等（2003）筛选出 8 株乳酸菌，均能够去除生理盐水中 4%～49%的 AFB_1，其中干酪乳杆菌干酪亚种 CGMCC1.539 吸附 AFB_1 的能力最强，为 49%。Khanafari 等（2007）研究了植物乳杆菌（PTCC 1058）结合 AFB_1 的功效，对数生长期的细菌吸附稳定性和吸附效率最高，1h 后 AFB_1 的吸附率为 45%，90h 后 AFB_1 吸附率为 100%，高压灭菌后吸附效率降低（1h 后吸附率为 31%）。

Shahin（2007）从牛奶、干酪等乳制品中分离出的嗜酸乳球菌和嗜热链球菌分别能吸附磷酸盐缓冲液（PBS）中 54.4%和 81.0%的 AFB_1，而热灭活处理后吸附能力分别提升至 86.1%和 100%；在实际应用中，将这两种菌高温加热处理后，直接加到玉米油、向日葵油及大豆油中，嗜酸乳球菌和嗜热链球菌对 AFB_1 的吸附去除率均增加。Hernandez- Mendoza 等（2009）筛选出 8 株干酪乳杆菌测试结合 AFB_1 的能力，其吸附率为 14%～49%。Hernandez-Mendoza 等（2010）认为即使经过长时间的毒素暴露，干酪乳杆菌代田株（*Lactobacillus casei* strain Shirota）的存在也可减少肠道的黄曲霉毒素吸收，从而避免其毒性作用，研究认为，干酪乳杆菌代田株具有将 AFB_1 结合到细菌细胞外壳的能力，并且图像还显示黄曲霉毒素的结合使细菌细胞表面的结构发生了改变。Lim（2013）分析了分离自大豆酱的乳酸菌与 AFB_1 的结合能力，发现乳酸菌结合 AFB_1 的范围为 19.3%～52.1%，结合能力受环境条件的影响，加热、酸性 pH、α-淀粉酶、蛋白酶、溶菌酶或偏高碘酸钠处理导致测试菌株的 AFB_1 结合显著降低，研究认为结合作用可能由疏水相互作用引起。Elsanhoty 等（2016）首次研究了棉籽粕中 AFB_1 与鼠李糖乳杆菌菌株 GG 的相互作用，结果显示，活的、热灭活的和酸灭活的细菌结合 AFB_1 的能力分别为 44%、47%和 49%。Damayanti 等（2017）研究认为植物乳杆菌 G7 是具有 AFB_1 结合活性的益生菌。在体内环境下，乳酸菌也能吸附 AFB_1，60min 内，鼠李糖乳杆菌 GG 使鸡小肠组织吸收的 AFB_1 减少了 74%，LC-705 减少了 37%（El-Nezami et al.，2000），乳酸菌与 AFB_1 形成的复合物能被排泄到体外，从而减少小肠中 AFB_1 的浓度，达到解毒的效果。用有机溶剂对二者形成的复合物进行 5 次萃取后，71%的 AFB_1 仍保持结合态，说明二者形成的复合物较稳定（Haskard et al.，2001）。

Pierides 等（2000）测试 6 种乳酸菌从液体培养基中去除 AFM_1 的能力，无论是活的还是灭活的菌株都可以降低液体培养基中的 AFM_1 含量。Kabak 和 Var（2004，2008）发现，在 24h 内，6 种乳酸菌菌株在 PBS 中结合 AFM_1 的能力为 25.7%～32.5%，在脱脂乳中为 21.2%～29.3%；在 4h 内，10^8cfu/mL 的 6 种乳酸菌和双歧杆菌及热灭活的乳酸菌和双歧杆菌对 PBS 中 AFM_1 结合能力分别为 10.22%～26.65%及 14.04%～28.97%，对复原乳中 AFM_1 结合能力分别为 7.85%～25.94%及 12.85%～27.31%。随后一些研究报道了 AFM_1 与乳酸菌结合的范围为 5%～50%（Khoury et al.，2011；Kabak and Ozbey，2012；Bovo et al.，2013；Corassin et al.，2013）。Elsanhoty 等（2014）研究认为使用特定的乳酸菌和双歧杆菌具有降低食物 AFM_1 的可能性。Ismail 等（2016）发现，浓度为 10^{10}cfu/mL 的酿酒酵母（*Saccharomyces cerevisiae*）和瑞士乳杆菌的微生物混合物可以 100%地结合 AFM_1。Assaf 等（2018）研究鼠李糖乳杆菌 GG（ATCC 53103）在液体培养基中结合 AFM_1 的效果，37℃孵育 18h，结合能力最高可达 63%。Sarlak 等（2017）研究了在 Doogh 发酵中，pH 为 4.5，嗜酸乳杆菌接种量为 10^7cfu/mL 时即可有效结

合 AFM_1 并生产安全健康的饮料。乳酸菌是益生菌，在乳品发酵工业中广泛应用，因此，有效利用高效吸附 AFM_1 的乳酸菌进行发酵乳制品的生产可在一定程度上降低人体对 AFM_1 的吸收，有助于提高乳制品的安全性。

2. 乳酸菌吸附镰刀菌毒素

Franco 等（2011）研究了植物乳杆菌、戊糖乳杆菌和副干酪乳杆菌对 DON 的去除作用，该研究采用 3 种处理方式——活细胞、巴氏灭菌细胞、高压灭菌细胞。单独使用时，高压灭菌细胞表现出最好的去除结果，植物乳杆菌使 DON 减少 67%，戊糖乳杆菌使 DON 减少 47%和副干酪乳杆菌使 DON 减少 57%。Zou 等（2012）对 5 种乳酸菌进行了从乳酸细菌肉汤培养基（MRS）中去除 DON 和 T-2 毒素的能力测试，37℃孵育 72h 后，植物乳杆菌菌株 102（LP102）降低 DON 和 T-2 水平的能力最强，去除的方式是物理结合，而不是生物转化，当通过 LP102 的活细胞去除单一毒素和去除混合毒素时，去除毒素的能力没有显著差异。

Niderkorn 等（2006）测试了几种细菌在 pH 4 的培养基中去除 FB_1 和 FB_2 的能力。FB_1 的去除率分别为肠膜明串珠菌 82%、戊糖片球菌 79%、植物乳杆菌 74% 和鼠李糖乳杆菌 74%。FB_2 完全被乳酸乳球菌去除（100%），而肠膜明串珠菌、嗜热链球菌、戊糖片球菌、干酪乳杆菌、瑞士乳杆菌、保加利亚乳杆菌、植物乳杆菌和鼠李糖乳杆菌对 FB_2 的去除率超过 90%。Niderkorn 等（2010）研究了类植物乳杆菌、嗜热链球菌和各种处理去除 FB_1 和 FB_2 的能力，在三氯乙酸中，嗜热链球菌对 FB_1 表现出最好的结合效果（37%），在相同的条件下，类植物乳杆菌结合 19%的 FB_1。FB_2 的结合率比 FB_1 高得多，三氯乙酸中嗜热链球菌结合 76%，类植物乳杆菌结合 65%，HCl 中嗜热链球菌结合 65%，类植物乳杆菌结合 51%，研究认为，pH 和细菌浓度在伏马菌素去除中起关键作用，细胞壁表面结构的改变影响毒素结合区域，通过增加肽聚糖的浓度可以促进结合作用。

El-Nezami 等（2002）研究了鼠李糖乳杆菌 GG 和鼠李糖乳杆菌 LC-705 从液体培养基中去除 ZEN 及其衍生物 α-玉米赤霉烯醇的能力。细菌沉淀结合了 38%～46%的毒素，热处理和酸处理的细菌都能去除毒素，表明去除毒素的原因是结合而不是降解，结合过程很快并依赖于细菌浓度和毒素浓度。El-Nezami 等（2004）对鼠李糖乳杆菌菌株 GG（LGG）进行不同的化学和酶学处理，表明 ZEN 通过疏水相互作用与 LAB 细胞壁的碳水化合物部分结合，Niderkorn 等（2007）提出，ZEN 结合不限于疏水连接，其他类型的相互作用也可能很重要。Niderkorn 等（2008）测定了乳酸菌-ZEN 复合物的稳定性，70%的乳酸菌-ZEN 复合物在瘤胃液孵育中稳定达 18h，并且在胃蛋白酶、溶菌酶、胰酶和胆汁单独或按顺序孵育后，约 50%的 ZEN 仍然保持结合，因此有效结合 ZEN 的乳酸菌菌株在单胃动物中对降低 ZEN 的危害更为有利。Abbès 等（2012）研究活的植物乳杆菌 MON03（LP）

细胞、突尼斯蒙脱石黏土（TM）及其复合物在液体培养基中结合 ZEN 的能力，24h 后 LP+TM 吸附的 ZEN 为（94.2±2.1）%，LP 单独孵育仅能去除 78%。Čvek 等（2012）调查乳酸菌鼠李糖乳杆菌 GG（ATCC 53103）和植物乳杆菌 A1 结合 ZEN 的能力，结果显示结合能力取决于培养基中细菌的浓度和孵育时间。随着孵育时间的延长，部分 ZEN 被释放回培养基中，认为毒素与细菌细胞的结合反应是可逆的。

3. 乳酸菌吸附 OTA

在酒类生产和酸奶发酵过程中，乳酸菌也可以去除原料中部分 OTA（Skrinjar et al.，1996；Perczak et al.，2018），Del 等（2007）研究了 OTA 和葡萄酒 LAB（乳酸杆菌、片球菌和酒类球菌）之间的体外相互作用，结果显示 LAB 菌株使葡萄酒中 OTA 降低了 8.23%～28.09%，并认为 OTA 与细菌细胞结合是 OTA 降低的原因。Piotrowska 和 Żakowska（2000，2005）筛选出 29 株乳酸杆菌和乳酸球菌，研究从液体培养基中去除 OTA 的能力，其中，鼠李糖乳杆菌去除率高达 87.5%，嗜酸乳杆菌对 OTA 的去除率为 70.5%，研究认为细菌主要通过结合的方式来去除毒素，并且还表明除了结合，还涉及未知的机制。在面团发酵过程去除 OTA 的研究中，植物乳杆菌最有效（56%），其次是旧金山乳杆菌（51.0%），植物乳杆菌、旧金山乳杆菌、短乳杆菌和酿酒酵母的组合与 OTA 共孵育 40h 后对 OTA 的去除率更高（68%）。Fuchs 等（2008）检测 30 种乳酸菌对 OTA 的去除能力，发现嗜酸乳杆菌脱毒能力高达 97%。该菌株脱毒效率与毒素添加浓度、菌液浓度和 pH 等密切相关，属于物理性吸附作用。Mateo 等（2010）研究了酒类酒球菌对 OTA 的去除效果，10 个菌株均能从培养基中去除 OTA，124M 菌株孵育 14 天后将培养基中 2μg/L OTA 最高减少 63%，6G 菌株孵育 10 天后将 5μg/L 的 OTA 减少 58%。Kapetanakou 等（2012）使用唾液链球菌、清酒乳杆菌和干酪乳杆菌来减少不同量的 OTA，两种乳杆菌菌株在 pH5 时去除率最高达 20%，唾液链球菌在 pH4 时最高的去除率约为 10%。Piotrowska（2014）分析了 OTA 与 3 种乳酸菌——植物乳杆菌、短乳杆菌和旧金山乳杆菌的结合效果。使用被 1000ng/mL OTA 污染的 MRS 培养基和 PBS 缓冲液进行实验，并以 1mg 干重/mL 或 5mg 干重/mL 的浓度接种活的或热灭活的细菌。结果表明，OTA 的减少取决于菌株和生物量密度，在反应 24h 后，活细菌细胞在 MRS 培养基中将 OTA 含量降低 16.9%～35%，并且在 PBS 中使 OTA 含量降低 14.8%～26.4%，在热灭活情况下，细胞与 OTA 的结合率更高（46.2%～59.8%）。在水和 1mol/L HCl 处理下，细胞对毒素的结合是部分可逆的，说明 OTA 被吸附到细胞壁的表面结构上，该吸附作用不仅受到细胞壁疏水性质的促进作用，而且受到电子供体-受体和路易斯酸-碱相互作用的促进作用。Tabari 等（2018）研究认为，与活体吸附剂相比，各种类型的灭活生物吸附剂吸附毒素的效果更好，酵母菌和乳酸菌细胞壁吸附 AFB_1 的效果没有显著差异，乳酸菌细胞壁吸附 OTA 的效果高于处理过的膨润土和酵母细胞壁。

4. 吸附剂吸附 PAT

Fuchs 等（2008）分析了 30 种不同乳酸菌菌株从液体培养基中去除 OTA 和 PAT 的作用，嗜酸乳杆菌 VM 20 使 OTA 降低 95%，而动物双歧杆菌 VM 12 使 PAT 降低 80%，毒素的结合能力与毒素浓度、细胞密度、pH 和细菌活力有关。Hatab 等（2012a）使用 10 种不同的灭活 LAB 菌株从苹果汁中去除 PAT，去除率为 47%～80%，PAT 的结合程度依赖于毒素的初始浓度和吸附温度。Hatab 等（2012b）研究了 LAB 从水溶液中去除展青霉素（PAT）的影响因素，包括：细菌活力、初始 PAT 浓度、孵育时间、温度和 pH。24h 后，双歧杆菌 6071 和鼠李糖乳杆菌 6149 菌株分别吸收 52.9%和 51.1%的 OTA，灭活细胞分别为 54.1%和 52.0%，pH4.0、37℃时 PAT 的去除率最高并随着毒素水平的降低吸附率增加。Wang 等（2015）分析了参与吸附 PAT 的不耐热乳酸菌细胞特征，发现具有最高比表面积和细胞壁体积的短乳杆菌 20023（LB-20023）从水溶液中吸附 PAT 的能力最高。扫描电镜能谱仪（SEM-EDS）检测 5 个主要元素（C、N、O、P 和 S）对吸附效果的影响，LB-20023 显示最高的氮碳比（0.2938）和最高的疏水性，但与其他细菌细胞相比 zeta 电位并不突出，参与吸附 PAT 的主要官能团是 C—O、OH 和/或 NH 基团，表明多糖和/或蛋白质是重要的功能组分。细菌细胞的吸附能力与细胞表面的物理化学性质密切相关，包括比表面积、细胞壁体积、氮碳比、疏水性和官能团等。Ling 等（2015）评估了 6 种 LAB 菌株的各种物理、化学和酶预处理对 PAT 吸附性能的影响，结果表明，肽聚糖的物理结构不是主要因素，邻羟基和羧基不参与 PAT 的吸附，而碱性氨基酸、巯基和酯类化合物对 PAT 的吸附很重要。此外，除了疏水相互作用，静电相互作用也参与了 PAT 的吸附，并随着 pH（4.0～6.0）的增加而增强。

（二）酵母吸附真菌毒素

目前对利用酵母活细胞、细胞壁和细胞壁提取物（yeast cell wall extract，YCW）、酵母菌渣去除真菌毒素进行了广泛的研究。酿酒酵母细胞壁内层主要由 β-葡聚糖组成，β-葡聚糖以 β-1,3-葡聚糖为骨架、β-1,6-葡聚糖为支链，并在氢键作用下构成三维网络结构，其与高度糖基化的甘露糖蛋白相连接。酵母细胞壁表面吸附是毒素和细胞壁表面官能团以物理吸附、离子交换和离子络合为基础的相互作用。细胞壁内的多糖（葡聚糖、甘露聚糖）、蛋白质和脂质显示出多种不同的吸附中心，从而展现出不同的吸附机制（氢键、离子作用或疏水作用）（Faucetmarquis et al.，2014）。

1. 酵母吸附黄曲霉毒素

Shetty 等（2007）筛选出的酵母菌株 A18 和 26.1.11 对 PBS 中 AFB_1 的最高吸附率分别为 79.3%和 77.7%，其中对数期的酵母吸附能力最强，且 AFB_1 的初始浓度越高，酵母对 AFB_1 的吸附量也越多，酵母细胞壁上的碳水化合物或者甘露糖是吸附毒素的主要成分，特定吸附 AFB_1 的酵母菌株已应用于玉米发酵制品中。刘畅等（2010）筛选出的酿酒酵母 Y1 对酵母浸出粉胨葡萄糖培养基（YPD）中 AFB_1 的最高吸附率可达 81.2%，加热处理可显著增加细胞壁表面积，大大提高对 AFB_1 的吸附能力；实际应用中，通过二次吸附能够将 AFB_1 初始含量为 30μg/kg 的花生奶中的毒素完全去除。葡甘露聚糖是从酵母细胞壁中提取出来的具有孔状结构的功能性碳水化合物，具有吸附真菌毒素的作用。酯化葡甘露聚糖吸附毒素的能力主要取决于它巨大的表面积，1kg 的酯化葡甘露聚糖具有高达 2.2m^2 的表面积。向 AFB_1 含量为 100μg/kg 的鸡饲料中加入 0.1%的葡甘露聚糖，可以显著减轻或基本消除黄曲霉毒素对组织器官及生长性能的不良影响（侯然然等，2008a，2008b）。Akkaya 和 Bal（2012）研究认为修饰的复合了酿酒酵母提取物和水合铝硅酸钠钙（hydrated sodium calcium alumino silicate，HSCAS）的吸附剂（MA）可以帮助结合瘤胃中的黄曲霉毒素，从而降低它们在瘤胃中的浓度，减少进入血液的量。Gonçalves 等（2014）研究酿酒酵母去除 PBS 溶液（pH 7.3，25℃）中的 AFB_1 的效率，甘蔗酵母对 AFB_1 的去除能力最高，平均降低 98.3%，自溶酵母、啤酒脱水残渣、酵母细胞壁去除率分别为 93.8%、84.6%和 82%。Faucetmarquis 等（2014）将 AFB_1、ZEN 和 OTA 在 pH 3、pH 5 或 pH 7 缓冲液中与酵母细胞壁一起孵育，结果发现 pH 为 5 时，AFB_1 和 ZEN 的吸附效果最好，分别为 45%和 75%，OTA 仅在 pH 为 3 时效果最好，为 50%。Appaiah（2015）筛选出 3 种具有高结合力的非酵母属酵母，被鉴定为异常毕赤酵母、鲁西坦念珠菌和热带假丝酵母，通过液相色谱-质谱联用仪（LC-MS）检测结合的毒素，表明有钠加合物的形成，其中热带假丝酵母可以有效结合黄曲霉毒素。Hamad 等（2017）利用热酸失活的细菌（嗜热链球菌 TH-4、双歧杆菌）和酵母（乳酸克鲁维酵母、酿酒酵母）研究它们对黄曲霉毒素的吸附作用，结果表明，细菌使 PBS 溶液中的 AFB_1 和 AFB_2 降低 28%～29%，两种细菌菌株组合使其降低 55%。酵母同样具有吸附 AFB_1 和 AFB_2 的能力，酿酒酵母使其降低 54%、乳酸克鲁维酵母使其降低 42%，两种酵母菌株组合使用时降低 66.6%。在婴儿五谷米粉中利用益生菌组合可将 AFB_1、AFB_2 分别减少 94.1%和 94.5%，扫描电子显微镜证实了这些益生菌吸附毒素的能力。

2. 酵母吸附镰刀菌毒素

Yiannikouris 等（2004）报道酿酒酵母细胞壁中的 β-D-葡聚糖可以吸附 ZEN。

随后又建立了 3 种实验室模型来验证酵母细胞壁提取物（YCW）和水合铝硅酸钠钙（HSCAS）这两种吸附剂对 ZEN 的吸附效果，结果表明在极酸性条件（pH 2.5 或 3.0）下，YCW 是一种有效的 ZEN 吸附剂，能够降低肠道组织中 40%的 ZEN（Yiannikouris et al.，2013）。张丽霞（2006）报道从啤酒废酵母中提取的 β-D-葡聚糖对 ZEN 具有较好的吸附效果，在 β-D-葡聚糖为 100μg/mL，ZEN 为 40μg/mL，37℃、200r/min 振荡 2h 的反应条件下，吸附量最大可达 2.296μg ZEN/mg 葡聚糖。Sabater-Vilar 等（2007）用高效液相色谱（HPLC）测定天然酵母细胞壁和修饰后的酵母细胞壁对 ZEN 的吸附能力，结果发现，酵母细胞壁浓度为 5mg/mL 时，天然酵母细胞壁和修饰后的酵母细胞壁对毒素的酸性吸附率分别是 71%和 67%，碱性吸附率分别是 68%和 59%；酵母细胞壁浓度为 2.5mg/mL 时，酸性吸附率分别是 55%和 48%，碱性吸附率分别是 50%和 39%；酵母细胞壁终质量浓度为 1mg/mL 时，酸性吸附率分别是 46%和 30%，碱性吸附率分别是 39%和 27%。Joannis-Cassan 等（2011）用 8 种不同的酵母细胞壁和灭活酵母来测定吸附 ZEN 的能力，发现面包酵母细胞壁能够吸附 68%的 ZEN，酵母细胞壁的吸附能力主要取决于细胞壁成分和毒素种类，但没有发现酵母成分与吸附能力直接相关，说明酵母产品对真菌毒素的吸附涉及复杂的现象。Armando 等（2012）测试了 4 株酿酒酵母去除 OTA 和 ZEN 的能力，酿酒酵母 RC012 和 RC016 对 OTA 去除效果最好，而 RC009 和 RC012 对 ZEN 去除效果好，细胞直径/细胞壁厚度与毒素去除能力有关，在胃肠条件下，毒素结合程度显著增加。

Souza 等（2015）评估了无机（活性炭）和有机（酵母细胞壁）吸附剂的混合物在体外去除 DON 的功效，研究认为活性炭和 2.0%浓度的酵母细胞壁的混合物在 pH 3.0～7.0 的单胃动物的胃肠道可有效吸收 DON。Liu 等（2016）评估了添加和不添加 YCW 的自然污染镰刀菌毒素（ZEN、FB、DON）饲料对仔猪的影响，YCW 的添加可以在一定程度上有效改善真菌毒素的不利影响。

3. 酵母吸附 OTA

酵母菌作为一种高效生物吸附剂，被用于葡萄酒酿造，以减少影响酒精发酵（中链脂肪酸）或影响葡萄酒质量的有害物质（乙基苯酚和硫黄制品）的浓度。近年来，一些研究已经证明酵母活细胞、细胞壁和细胞壁提取物、酵母渣具有去除 OTA 的能力。Joannis-Cassan 等（2011）测试了 8 种产品（酵母细胞壁或灭活酵母）吸附 OTA 的能力，效果最好是来自面包酵母的酵母细胞壁，可以吸附高达 62%的 OTA，且吸附效果取决于毒素的浓度。多名研究人员广泛研究了酵母在乙醇发酵过程中对 OTA 的去除作用（Cecchini et al.，2006；Meca et al.，2010；Esti et al.，2014；Bevilacqua et al.，2015；Petruzzi et al.，2013，2014a，2014b，2014c，2015a），并认为酵母细胞在发酵结束时也可以在 OTA 去除中发挥重要作用

（Petruzzi et al.，2015a）。Petruzzi 等（2015b）研究了两种热失活酿酒酵母（野生株 W13 和商业分离株 BM45）细胞及酵母细胞壁对 OTA 的吸附，结果表明，酵母细胞壁对 OTA 具有较高的吸附作用（50%），酵母细胞壁对 OTA 和花青素吸附不是竞争现象，但在酒中添加酵母细胞壁可能会导致颜色损失。Piotrowska 和 Masek（2015）评估酿酒酵母细胞壁制剂吸附 OTA 的效果，结果表明在中性条件下吸附效果最好（55%），而在碱性条件下吸附能力受到限制。

4. 酵母吸附 PAT

Guo 等（2012）测试了酿酒酵母活细胞、热处理细胞、细胞壁和细胞提取物及化学和酶处理的酵母去除 PAT 的作用，结果显示活细胞（53.28%）和热处理的细胞（51.71%）对 PAT 结合效果没有显著差异。细胞壁减少了 35.05%的 PAT，细胞提取物几乎不能与 PAT 结合。蛋白酶 E、甲醇、甲醛、高碘酸盐或尿素处理的酵母细胞显著降低（$P<0.05$）了结合 PAT 的能力。多糖和蛋白质是酵母细胞壁参与去除 PAT 的重要组分。另外，疏水性相互作用在结合过程中起主要作用。

二、微生物及酶降解法

利用微生物发酵产生的代谢产物将真菌毒素转化为低毒或无毒的物质，相对于其他方法，其优点在于特异性强、条件温和、不吸附营养物质且无污染等，目前的方法主要是利用微生物发酵直接进行降解和利用微生物的代谢产物——酶进行降解。

（一）微生物降解真菌毒素

1. 微生物降解黄曲霉毒素

利用微生物降解黄曲霉毒素已经进行了广泛的研究，主要包括真菌和细菌，降解黄曲霉毒素的真菌有根霉菌、茎点霉菌、黑曲霉、树状指孢霉、寄生曲霉、白腐菌、假蜜环菌、糙皮侧耳等。1984 年，Huynh 和 Lloyd 的研究表明，寄生曲霉有降解 AFB_1 的作用，但需培养 14 天以上，培养 4 天左右的新鲜菌体能产生 AFB_1。陈仪本等（1998）用黑曲霉菌株 F25 制备的生物制剂 BDA，具有降解花生油中的黄曲霉毒素的作用，BDA 具有生物酶的一系列重要特征（高效性，受温度、pH、金属离子影响大）。1999 年，Shantha 报道了茎点霉菌的胞外代谢产物能够降解 AFB_1，并指出起作用的可能是一种具有热稳定性的酶类物质。Motomura 等（2003）报道了平菇也能够降解 AFB_1，Yehia（2014）从平菇中分离出一种分子量大小为 42kDa 的锰过氧化物酶（MnP），酶比活 78U/mg，最适 pH 4～5，最适温度 25℃。Slaven 等（2006）发现云芝能够抑制寄生曲霉产生 AFB_1，在小麦和玉米种子中也同样适用，并指出起作用的可能为云芝中的β-葡聚糖成分。

降解黄曲霉毒素的细菌有橙色黄杆菌、分枝杆菌、橙色粘球菌、红串红球菌和嗜麦芽窄食单胞菌等。1967 年，Lillehoj 等首次报道一种细菌——橙色黄杆菌的胞外代谢产物能够降解黄曲霉毒素。Smiley 和 Draughon（2000）做了进一步研究，当粗蛋白浓度为 800mg/mL 时，能够降解溶液中 74.5%的 AFB_1，将粗酶液加热处理后，仅能降解溶液中 5.5%的 AFB_1，用蛋白酶 K 处理粗酶液后，降解率降低为 34.5%。当 pH 为 7.0 时，能够最大限度地降解 AFB_1。这些结果表明，起降解作用的极可能是酶类物质。2004 年，Hormisch 和 Brost 用荧蒽作为碳源，从被多环芳烃物质（PAH）污染的土壤中筛选到一株分枝杆菌 FA4，能够降解 AFB_1。2005 年，Teniola 等对分枝杆菌胞外代谢产物进行加热或蛋白酶 K 处理，都会显著降低其对 AFB_1 的降解率，此结果表明，分枝杆菌降解 AFB_1 应该为酶促反应。Teniola 等（2005）从被多环芳烃污染的土壤中分离得到一株能够降解 AFB_1 的红串红球菌，48h 时能够降解 83%的 AFB_1，72h 时能降解 94%～97%的 AFB_1。30℃条件下，其胞外酶能够在 4h 内降解 90%以上的 AFB_1，8h 后检测不到 AFB_1 残留。红串红球菌高效快速降解黄曲霉毒素的特性使其在食品和饲料的生产上有很大的应用潜力。Guan 等（2008）以香豆素作为唯一碳源从貘的粪便上筛选到一株能够降解 AFB_1 的嗜麦芽窄食单胞菌，37℃条件下，其发酵上清液能够在 72h 内降解 82.5%的 AFB_1。Prettl 等（2017）研究了嗜吡啶红球菌 K408 菌株降解玉米全酒糟中 AFB_1 的能力，在反应的第 3 天和第 7 天 AFB_1 浓度显著降低。Rao 等（2017）以香豆素作为唯一碳源分离出 56 个细菌，在液体培养基中，7 种菌株显示 AFB_1 减少 70%以上。其中，CFR1 分离物减少了 94.7%的 AFB_1，并被鉴定为地衣芽孢杆菌，CFR1 降解 AFB_1 的最适温度为 37℃、时间为 24h、pH 为 7。Xia 等（2017）使用含有香豆素作为唯一碳源的培养基从土壤样品中分离出能够降解 AFB_1 的枯草芽孢杆菌 JSW-1，在 30℃下培养 72h 后可以降解 67.2%的 AFB_1。菌株 JSW-1 降解 AFB_1 的活性主要归因于无细胞上清液，并且发现该活性热稳定，但对蛋白酶 K 处理敏感，表明是胞外酶引起 AFB_1 降解。

2. 微生物降解 ZEN

能够降解 ZEN 的真菌有毛孢子菌、粉红粘帚霉（*Gliocladium roseum*）、酵母等。Molnar 等（2004）从白蚁肠道中分离到一株酵母 *Trichosporon mycotoxinivorans*，具有较强的降解 ZEN 和 OTA 毒素的能力，OTA（400μg/L）在矿物质溶液（MM）中 37℃培养 2.5h 即可被全部降解，而 ZEN（1mg/L）在 37℃下培养 24h 可被完全降解，毒理实验表明产物无雌激素毒性。Elisavet 等（2010）鉴定和表征由 *T. mycotoxinivorans* 降解的 ZEN 的主要转化产物，*T. mycotoxinivorans* 的活性成分作用于 ZEN 内酯环 C-6 上的羰基，在 C-6 位置加氧后进行酯键的水解，生成具有羧基和羟基的降解产物 ZOM-1 及一些小分子，但该过程降解 ZEN 效率较低，而且 ZOM-1 较难进一步水解成为小分子，不利于大量投入应用。Hideaki 等（2002）发现粉红粘帚霉 IFO 7063 能有效地将 ZEN 转化为没有雌激素活性的裂解产物 1-(3,5-二羟苯基)-10′-羟基-1′E-十一碳烯-6′-酮。Keller 等（2015）研究了利用青贮饲料中分离的酿酒酵母菌株去除 ZEN 及其衍生物 α-ZOL 和 β-ZOL 的能力，结果发现，酿酒酵母去除 ZEN 的主要原因是 ZEN 在酿酒酵母的作用下转化为 β-ZOL（53%）和 α-ZOL（8%），而不是源于酵母细胞壁的吸附作用。此外，未观察到 α-ZOL 的生物转化，但少量 β-ZOL（6%）从培养基中消失。酵母对 ZEN 的生物转化不能视为解毒过程，因为两种主要终产物毒性并未降低。

能够降解 ZEN 的细菌有不动杆菌、假单胞菌、芽孢杆菌等。Yu 等（2011a，2011b）从土壤中分离出一株可将 ZEN（20μg/mL）完全降解成极低雌激素活性代谢物的不动杆菌 *Acinetobacter* sp. SM04。目前已从 SM04 培养液中分离纯化出一种可高效降解ZEN的过氧化物酶，基于MALDI- TOF-TOF/MS鉴定了蛋白质序列；在大肠杆菌（*Escherichia coli*）和酿酒酵母中成功表达了重组硫氧还蛋白过氧化物酶，并研究了其高效 ZEN 降解能力，以及酿酒酵母的优化表达。得出其优化培养条件为 80℃，20mmol/L H_2O_2 浓度，pH 9.0，后续在毕赤酵母中的表达及产物分析均正在研究中。Abdulla（2007）及 Abdulla 和 Bahig（2008）从土壤中分离一株假单胞菌 *Pseudomonas* sp. ZE-1，实验证明该菌对 ZEN 的降解能力来源于菌种质粒编码的酶作用。将质粒转入大肠杆菌 BL21 中表达所得的粗酶在 28℃下孵育 12h，可完全降解浓度为 100μg/mL 的 ZEN、α-ZOL 或 β-ZOL，且产物的雌激素毒性较低，未影响卤虫（*Artemia salina*）的生长，但产物结构及反应机理未知。Samuel 等（2011）报道了两株芽孢杆菌枯草芽孢杆菌（*Bacillus subtilis*）168 和纳豆芽孢杆菌（*B. natto*）CICC24640 在 30℃厌氧条件下与 ZEN 共孵育 24h，可分别降解 81%和 100%的 ZEN（20μg/mL），降解产物无雌激素毒性。初步判断降解反应与金属蛋白酶有关，且发生了脱羧反应。Yi 等（2011）分离的地衣芽孢杆菌 CK1 在 LB 液体培养基中能降解 95%的 ZEN（2mg/kg），能降解玉米粉培养基（1%）中 98%的 ZEN。此菌株的特殊性在于在其胞外液中能够检测到高水平的木聚糖酶、纤维素酶和蛋白酶酶活力，这表明 CK1 可提高饲料营养物质的消化性，但未对降解产物进行毒性分析。Cho 等（2010）分离得到一株枯草芽孢杆菌亚种，能完全降解 1mg/kg ZEN，研究指出降解 ZEN 的成分位于细胞内，但菌株降解 ZEN 的具体机制及产物未知。程波财等（2010）分离出一株可降解 ZEN 的藤黄微球菌，但降解效率及产物毒性分析等均未有具体结果。其他菌种，如红球菌属（Rókus et al.，2012）、动性球菌（Lu et al.，2010）、乳酸杆菌（Long et al.，2012），均有学者对其进行研究，但对这些菌内关键降解 ZEN 的酶研究很少。

3. 微生物降解 DON

据报道，来源于土壤、动物内脏和植物的一些微生物具有降解 DON 的能力。从土壤中分离出的塔宾曲霉 NJA-1 可将 DON 转化为荧光产物，分子量比 DON 大 18.1kDa（He et al.，2008）。来自土壤的农杆菌属根瘤菌菌株 E3-39 氧化 DON 的 3-羟基基团以产生 3-酮基-DON，其免疫毒性显著降低（小于 1/10）。在从农田土壤、谷物、昆虫和其他来源获得的 1285 种微生物培养物中，Völkl 等（2004）获得一种混合培养物，能将 DON 转化为 3-酮基-DON。从麦田收集的土壤样品中分离的诺卡氏菌 WSN05-2 降解 DON 产生 3-epi-DON（Ikunaga et al.，2011）。Sato 等（2012）从土壤和小麦叶片中分离出总共 13 种好氧 DON 降解细菌，9 种属于革兰氏阳性菌类诺卡氏菌属（*Nocardioides*），4 种属于革兰氏阴性菌德沃斯氏菌属（*Devosia*）。He 等（2015a）从农业土壤中筛选出 *Devosia mutans* 17-2-E-8，该细菌能够将 DON 转化为 3-epi-DON（主要产物）和 3-酮基-DON（次要产物）并证实代谢物 3-epi-DON 的毒性小于 DON（He et al.，2015b）。

DON 的毒性主要来自于 C-12,13-环氧基团，来自不同反刍动物的瘤胃液中的微生物和动物肠道微生物可以破坏 DON 的环氧结构。Yoshizawa 等（1983）是最先在大鼠尿液和粪便中发现 DON 的脱环氧化合物，即脱环氧 DON（DOM-1）。随后，多名研究者发现牛的瘤胃液对 DON 的脱环氧作用（King et al.，1984；Cote et al.，1986；Swanson et al.，1987）。从牛瘤胃液中分离出来的真杆菌菌株 BBSH 797（He et al.，1992）被证实具有将 DON 转化为 DOM-1 的能力（Schatzmayr et al.，2006；Zhou et al.，2008），并进行了商业应用（Fuchs et al.，2002）。Awad 等（2004，2006）研究表明，真杆菌菌株 DSM 11798 可以消除 DON 对家禽的不利影响。动物肠道中的微生物也具有转化 DON 的能力。Lun 等（1988）发现利用母鸡胃肠道液体孵育 DON 时，DON 减少。来自鸡肠道的微生物（He et al.，1992）和来自鸡肠道的微生物分离物（LS100 和 SS3）（Young et al.，2007）具有脱环氧的能力。Yu 等（2010）采用变性梯度凝胶电泳（PCR-DGGE）细菌谱来指导分离 DON 转化细菌，16S rRNA 基因序列分析表明，所获得的 10 个菌株属于 4 个不同的菌群：梭菌目（Clostridiales）、细杆菌属（*Anaerofilum*）、柯林斯氏菌属（*Collinsella*）、芽孢杆菌属（*Bacillus*）。此外，在饲喂猪之前，芽孢杆菌属 LS100 可以在污染饲料中对 DON 进行降解，从而完全消除 DON 对猪的不良影响（Li et al.，2011）。研究还表明，DON 可以通过包括大鼠（Worrell et al.，1989）和猪（Kollarczik et al.，1994）等其他动物的肠道微生物转化为 DOM-1。另外，Guan 等（2009）从云斑鮰（*Ameiurus nebulosus*）食糜中筛选出一种微生物群落，即微生物培养物 C133，在孵育 96h 后可将 DON 完全转化为 DOM-1。

4. 微生物降解 OTA

能够降解 OTA 的降解菌包括糙皮侧耳（*Pleurotus ostreatus*）、解毒毛孢酵母（*Trichosporon mycotoxinivorans*）、黑曲霉（*Aspergillus niger*）、小片球菌（*Pediococcus parvulus*）、枯草芽孢杆菌（*Bacillus subtilis* CW 14）和不动杆菌（*Acinetobacter* sp.）等。Engelhardt（2002）用固体发酵法测定不同菌种对大麦中 OTA 的降解率，经过 4 周的孵育，发现白腐菌糙皮侧耳对 OTA 的降解率达到 77%，降解终产物为 OTα，表明水解 OTA 酯键是降解 OTA 的关键一步。Schatzmayr 等（2003）报道了解毒毛孢酵母能将 OTA 解降为 OTα 和苯基丙氨酸，且用解毒毛孢酵母细胞的冻干粉喂食肉鸡后，明显地减少了饲料中 OTA 对肉鸡生长的影响。Abrunhosa 等（2006）从黑曲霉（*A. niger*）的培养液中分离得到了一种能够高效降解 OTA 的酶，对 OTA 的降解率达到了 99.8%。Abrunhosa 等（2014）从葡萄酒中分离了能降解 OTA 的小片球菌，降解产物为 OTα，在 6h 和 19h 孵育后，对 OTA 的降解率分别为 50%和 90%。Shi 等（2014）从新鲜的麋鹿粪便中分离了枯草芽孢杆菌 CW14，对产 OTA 的赭曲霉菌（*Aspergillus ochraceus* 3.4412）和炭黑曲霉（*Aspergillus carbonarius*）的抑制率分别为 33%和 33.3%，灭活后的枯草芽孢杆菌 CW14 菌体对 OTA 的吸附率为 60%，30℃孵育 24h 后，培养上清液对 OTA 的降解率 97.6%。De Bellis 等（2015）从葡萄园土壤中分离了醋酸钙不动杆菌（*Acinetobacter calcoaceticus* 396.1）和不动杆菌 neg1，在 24℃孵育 6 天后对 OTA 的降解率分别为 82%和 91%，降解产物为 OTα。

5. 微生物降解 FB_1

降解 FB_1 的降解菌有棘状外瓶霉（*Exophiala spinifera*）、暗绿色喙枝孢霉（*Rhinocladiella atrovirens*）、代尔夫特菌属/丛毛单胞菌属（*Delftia*/*Comamonas*）和鞘氨醇单胞菌（*Sphingomonas* spp. MTA144）等。Duvick 等（1998）首先从玉米粒表面分离得到了两株能够降解 FB_1 的类似黑酵母的真菌 *E. spinifera* 和 *R. atrovirens* 及一株降解 FB_1 的革兰氏阴性菌 ATC55552，能将 FB_1 降解为三羧酸和水解的 FB_1（HFB_1）。HFB_1 的毒性仅为 FB_1 的 30%～40%。Benedetti 等（2006）从土壤中分离得到了一株能在 FB_1 作为唯一碳源的培养基中生长的细菌，鉴定为代尔夫特菌属/丛毛单胞菌属，但不能鉴定到具体的种，降解产物有 4 种。Heinl 等（2009）和 Hartinger 等（2011）验证了鞘氨醇单胞菌细菌 MTA144 对 FB_1 的高效降解能力，克隆和表达了羧酸酯酶 FumD 和氨基转移酶 FumI。

6. 微生物降解 T-2 毒素

T-2 毒素的降解菌有短小杆菌属（*Curtobacterium* sp. Strain 114-2）和细菌

BBSH 797 等。Ueno 等（1983）报道了一株短小杆菌 114-2 能在用 T-2 毒素作为唯一的碳源的培养基上生长，降解产物为 HT-2 和 T-2 三醇。Fuchs 等（2002）发现了一株能降解 T-2 毒素为 HT-2 的细菌 BBSH 797，还能降解其他多种单端孢霉烯族毒素包括 DON 和 T-2 三醇等。

（二）酶降解真菌毒素

自然界中微生物所产的酶具有丰富性和多样性，为了满足酶制剂生产及应用的特殊要求，需要对各种来源的微生物进行基因资源挖掘；而深入开展真菌毒素降解酶克隆表达研究成为实际生产和基础研究的迫切需求。分离纯化和鉴定真菌毒素降解酶，解析其降解机理，具体而言，在确证微生物通过胞内或胞外酶起到降解黄曲霉毒素作用的基础上，采用蛋白质纯化策略分离纯化黄曲霉毒素降解酶，结合氨基酸序列分析，鉴定蛋白质种类，克隆其基因，实现其异源表达，表征其理化特性、催化特性和结构特征，分析产物结构与毒性。

Shapira 等（2004）认为利用整个微生物降解可能会损害产品的感官特性且微生物本身具有毒性作用。酶的使用更方便，因为它们是底物特异性的、有效的、对环境无害的，此外，酶在食品和饲料工业中的应用已经受到广泛关注（Kolosova and Stroka，2011）。

1. 酶降解黄曲霉毒素

能够降解黄曲霉毒素的酶已经从不同的微生物系统中提取和纯化，目前黄曲霉毒素降解酶主要包括单加氧酶、漆酶、锰过氧化物酶、$F_{420}H_2$ 依赖型还原酶等（Alberts et al.，2009；Taylor et al.，2010；Yehia，2014；Adebo et al.，2015；Wu et al.，2015）。氧化酶（AFO）是第一个被鉴定为能够降解 AFB_1 的酶，是唯一一个从细胞提取物分离的 AFB_1 降解酶。AFO 与 AFB_1（K_m=0.334μmol/L）和其中间产物杂色曲霉素（ST）（K_m=0.106μmol/L）具有强亲和力。然而，AFO 降解 AFB_1 的催化常数（K_{cat}）相对较低，为 0.045/s（Wu et al.，2015）。商业化的辣根过氧化物酶和部分纯化的过氧化物酶可降解 60%和 38%的 AFB_1（Das and Mishra，2000a），辣根过氧化物酶（200U/mg）和从新鲜萝卜根里初步纯化的辣根过氧化物酶（蛋白质浓度分别为 20μg/L、30μg/L 和 50μg/L）对花生粕中的 AFB_1 的降解作用分别为 53%、28%、35%和 41%（Das and Mishra，2000b）。暨南大学 Liu 等（2001）从假蜜环菌胞内酶中分离纯化获得氧化酶 ADTZ，通过污染物致突变性检测试验（Ames 试验）初步证实了 ADTZ 对黄曲霉毒素的降解效果；采用高效薄层色谱（HPTLC）分析发现该酶作用于黄曲霉毒素的双呋喃环上，生成黄曲霉毒素环氧化物，随后环氧化物发生水解反应，双呋喃环断裂；目前，该酶成功实现了异源表达，并采用圆二色谱对其结构进行了初步的分析（Liu et al.，2001；Cao et al.，2011；左振宇等，2007；胡熔等，2011）。Motomura 等（2003）从平菇胞外分离到漆酶，分子量为 90kDa，可降解黄曲霉毒素，通过荧光测定表明该酶可破坏黄曲霉毒素内酯环，将其转化为黄曲霉毒醇（AFL）。Wang 等（2011）从白腐菌胞外分离纯化获得锰过氧化物酶（MnP），证实该酶处理后可降低黄曲霉毒素的致突变活性，并通过质谱分析表明其降解产物为 AFB_1-8,9-二氢二醇，在随后的水解步骤中打开二呋喃环并检测到诱变活性的降低。Taylor 等（2010）从分枝杆菌胞外分离到 9 个黄曲霉毒素降解酶，发现属于两类 $F_{420}H_2$ 依赖型还原酶，可催化还原黄曲霉毒素的 α,β-不饱和酯基团；并通过结构解析探讨了其在异生物质代谢过程中的作用。中国农业大学计成团队从橙色粘球菌胞外分离获得降解黄曲霉毒素新型活性蛋白，通过对比该蛋白质作用于 AFB_1 前后的质谱和红外光谱变化，推测其作用机理与 AFB_1 中氧杂萘邻酮环的芳香内酯和甲氧基发生变化有关（计成等，2010），对来自黄色粘球菌的纯化酶（MADE）进行类似研究，显示 AFM_1 和 AFG_1 分别降解了 97%和 96%（Zhao et al.，2015），然而，并没有说明降解产物和降解机制。Loi 等（2016）从肺形侧耳（*Pleurotus pulmonarius*）中分离和纯化了能降解 AFB_1 和 AFM_1 的漆酶 Lac2，但是此酶对 AFB_1 的高效降解需要氧化还原介质如乙酰丁香酮（acetosyringone，AS）、丁香醛（syringaldehyde，SA）的存在。在无氧化还原介质存在时，对 AFB_1 的降解率仅为 23%，但在 AS 存在的条件下，对 AFB_1 的降解率达到 90%。Xu 等（2017）从一种芽孢杆菌（*Bacillus shackletonii* L7）中分离出了芽孢杆菌黄曲霉降解酶（BADE），此酶的分子量为 22kDa，最适 pH 条件为 pH8.0，最适温度为 70℃。Cu^{2+}可以增强此酶的活性，而 Zn^{2+}、Mn^{2+}、Mg^{2+}、Li^{+}可以抑制酶的活性。这些酶可能在 AFB_1 分子上具有不同的靶标，不同的活性位点导致不同的 AFB_1 降解产物（Verheecke et al.，2016）。

2. 酶降解 ZEN

ZEN 降解酶主要包括酯水解酶、氧化酶、过氧化物酶等。Takahashi- Ando 等（2004，2005）、Higa-Nishiyama 等（2005）及 Igawa 等（2007）研究了粉红粘帚霉 IFO 7063 降解 ZEN 的机制及产物结构，确定了关键作用酶为内酯水解酶（ZHD101），并将 ZHD101 编码基因在裂殖酵母、大肠杆菌和酿酒酵母中实现了活性表达。重组大肠杆菌的粗酶在 37℃下反应 30min 后可几乎完全降解 ZEN（2μg/mL）。重组酿酒酵母表达的 ZHD101 在 28℃孵育 48h 或 37℃孵育 8h 可完全降解 ZEN（2μg/mL），且产物中无大量 β-ZEL 聚集。*Egfp::zhd101* 基因分别被转入谷类植物和玉米籽粒中，发现其受 ZEN 的污染受到明显控制。最常见的 ZEN 降解机制是作用于 ZEN 的二羟基苯甲酸内酯的内酯键，在内酯水解酶的作用下，ZEN 的内酯键断裂，使其球形结构打开变成直链形结构，然后自发脱羧成断裂产物，产物因不能与雌激素受体结合，从而毒性减弱。Banu 等（2013）从一种白腐菌变色栓菌（*Trametes versicolor*）分离和纯化了能够降解 ZEN 的漆酶。在漆酶浓度为 0.5mg/mL 时，经过 4h 的孵育，它对 ZEN 的降解率达到 81.7%。Yu 等（2011a，2011b，2012）和 Tang 等（2013）利用分离出的不动杆菌菌株 SM04 上清液降解 ZEN，纯化得到产物 ZEN-1、ZEN-2，并对产物进行初步紫外-可见吸收光谱分析，结果表明 ZEN-1、ZEN-2 为无苯环、含羧基结构的极低雌激素毒性化合物，并已在 *Acinetobacter* sp. SM04 的胞外液中检测到氧化酶组分和过氧化物酶组分。目前已纯化得到该过氧化物酶（Prx），其分子量为 20kDa，有时以二聚体的形式存在，分子量为 40kDa。过氧化物酶组分能催化 H_2O_2 氧化降解 ZEN，且生成的代谢物具有极低雌激素毒性。过氧化物酶的最适 pH、最适温度分别为 9.0、70℃，具有很强的耐碱性。氧化酶和过氧化物酶组分的作用机制及产物分析尚在研究中。由于 ZEN 的二羟基苯环与大环烯酮内酯结构，无论是大环内酯键上的水解、氧化，还是破坏 ZEN 的球形立体结构，均无法破坏二羟基苯环，导致产物难以进一步降解成小分子物质，因此 ZEN-1、ZEN-2 的无苯环结构对 ZEN 降解具有重大意义。不动杆菌 *Acinetobacter* sp. SM04 内的酶系作用可破坏二羟基苯环，使其降解成小分子物质，无论是从发现新酶系还是揭示酶的新功能方面，都为真菌毒素的控制和最终去除提供了另外一个方向。

3. 酶降解 DON

降解 DON 的酶主要有乙酰转移酶、糖基转移酶、细胞色素 P450 酶系统、脱氢酶和醛糖还原酶等。Kimura 等（1998）在禾谷镰刀菌中克隆和表达得到的单端孢霉烯 3-*O*-乙酰基转移酶 Tri101，它能够对 DON 的 C-3 位置乙酰化，体外实验表明此产物对蛋白质的合成没有抑制作用。Ito 等（2013）从鞘氨醇单胞菌（*Sphingomonas* sp. strain KSM1）的基因组文库中筛选了具有降解 DON 活性的细胞色素 P450 基因 *ddnA*，此基因编码的 P450 酶降解 DON 需要额外的两个氧化还原介体酶 KdR、Kdx 和辅助底物 NADH，共同组成一个电子传递链，这个酶复合物催化 DON 降解的效率为 6.4mL/(mol·s)，降解产物为 16-羟基-DON，降解产物对小麦幼苗生长的抑制效果为 DON 的 1/10。Shin 等（2012）通过转基因方法在拟南芥中表达了大麦的 UDP 糖基转移酶，转基因植株幼苗对 DON 的抗性增强，此酶作用于 DON 的 C-3 位置，生成产物为 D3G（DON-3-*O*-glucoside）。Wetterhorn 等（2016）也在水稻中克隆和表达了 UDP 糖基转移酶 Os79，此酶能够和多种单端孢霉烯底物，如 DON、雪腐镰刀菌烯醇（nivalenol）和 HT-2 等发生反应，但是却不能催化 T-2 毒素的 C-3 位置糖基化，表明此酶具有一定的底物特异性。He 等（2017）从鞘氨醇单胞菌（*Sphingomonas* S3-4）基因文库中发现了新的醛糖还原酶家族成员 AKR8A1，它能在 NADPH 作为辅助底物的条件下把 DON 氧化为 3-酮基-DON，此酶在 pH7.5～11 和温度为 10～50℃的条件下，都有催化活性。

Carere 等（2018a）从 *Devosia mutans* 17-2-E-8 中分离和纯化了脱氢酶 DepA，能够在吡咯并喹啉醌（PQQ）作为辅助底物的条件下催化 DON 为 3-酮基-DON。随后，Carere 等（2018b）又在 *D. mutans* 17-2-E-8 中分离和纯化了 NADPH 依赖性脱氢酶 DepB，此酶能够将 3-酮基-DON 还原为 3-epi-DON，并在多种缓冲液中和 pH5～9 条件下都具有催化活性，有一定的耐热性，在 55℃条件下不会有明显的酶活性降低，降解产物毒性比 DON 低 50 倍。

4. 酶降解 OTA

能够降解 OTA 的降解酶包括羧酸肽酶、胰凝乳蛋白酶和蛋白酶 A 等。Pitout（1969）首先测定了商业酶羧酸肽酶 A 和胰凝乳蛋白酶对 OTA 的降解效果。结果发现，羧酸肽酶 A 和胰凝乳蛋白酶均能够通过水解 OTA 的羧肽键来降解 OTA，25℃条件下米氏常数 Km 分别为 1.5×10^{-4}mol/L 和 1.0×10^{-3}mol/L，蛋白水解系数为 4.4 和 0.01，表明羧酸肽酶 A 比胰凝乳蛋白酶对 OTA 有着更大的亲和性。Abrunhosa 等（2006）也用几种商业酶测试对 OTA 的降解效果，在 pH7.5 条件下，分别与 OTA 孵育 25h，发现蛋白酶 A 和胰酶对 OTA 的降解率分别为 87.3%和 43.4%。此外，Abrunhosa 等也从黑曲霉（*Aspergillus niger*）的培养液中分离得到了一种能够高效降解 OTA 的酶，此酶在 pH7.5 的条件下对 OTA 的降解率达到了 99.8%。它的酶活性可被 EDTA 和 PMSF 抑制，表明了此酶很有可能是一种金属蛋白酶。Dobritzsch 等（2014）从黑曲霉的基因组中扩增得到了 1443 个碱基的基因序列，同源表达后得到了一种 480 个氨基酸的蛋白质，它具有较高的耐热性，最适 pH 和温度分别为 6 和 66℃。经过对 OTA 的降解效果测试，发现此酶对 OTA 的水解效果比羧酸肽酶 A 和羧酸肽酶 Y 更好，此酶被命名为 ochratoxinase。随后，作者对此酶的晶体结构进行了解析，发现此酶为同源八聚体结构，它的亚基由两个结构域折叠成一个典型的金属依赖型的氨基水解酶结构。此外还有一个磷酸丙糖异构酶（triosephosphate isomerase）构成的桶形结构和一个小型的片层结构域，它的活性位点包括天冬氨酸残基、一个羧化的赖氨酸残基和四个组氨酸残基。

5. 酶降解 FB_1

已报道的 FB_1 降解酶为羧酸酯酶、氨基转移酶和氨基氧化酶等。Duvick 和 Rood（1998）首先从玉米粒表面分离得到了两株能够降解 FB_1 的类似黑酵母的真菌 *Exophiala spinifera* 和 *Rhinocladiella atrovirens* 及一株降解 FB_1 的革兰氏阴性菌 ATC55552，随后在 *E. spinifera* 中分离得到了羧酸酯酶（carboxylesterase）ESP1，它通过作用于 FB_1 的酯键，将 FB_1 降解为三羧酸和水解的 FB_1（HFB_1）。HFB_1 的毒性仅为 FB_1 的 30%～40%（Norred et al., 1997）。随后，Duvick 等（2001）在 *E. spinifera* 中分离得到了氨基氧化酶（amino oxidase）APAO，此酶能够氧化 HFB_1

的氨基为酮基，氧化产物为 2-酮基-HFB_1，此产物被认为无毒，达到完全脱毒。同样地，Duvic 等（2000）从革兰氏阴性细菌 ATC55552 的基因组中克隆和表达了羧酸酯酶，它也能够降解 FB_1 为 HFB_1。但是，在降解 HFB_1 为 2-酮基-HFB_1 的过程中，细菌 ATC55552 使用了与真菌不同的降解酶类氨基转移酶（aminotransferase），此酶能够在无氧的条件下，以丙酮酸为辅基，催化 HFB_1 为 2-酮基-HFB_1（Heinl et al.，2011）。Heinl 等（2009）和 Hartinger 等（2011）从细菌 *Sphingopyxis* sp. MTA144 中克隆和表达了羧酸酯酶 FumD 和氨基转移酶 FumI，验证了其高效降解 FB_1 的能力。其中，氨基转移酶的最适 pH 和最适温度分别为 8.5 和 35℃，需要丙酮酸或者吡哆醛磷酸盐作为辅助底物。这两种酶已经被申请专利且用作商用的饲料添加剂，且被证明是一种有效的 FB_1 的解毒制剂（Masching et al.，2016）。

6. 酶降解 T-2 毒素

T-2 毒素的降解酶有羧酸酯酶和乙酰基转移酶等。Johnsen 等（1986）发现小鼠肝脏微粒体匀浆液羧酸酯酶能够将 T-2 毒素降解为 HT-2，丝氨酸酯酶抑制剂对氧磷可以完全抑制降解活性，但 EDTA 和芳香基酯酶抑制剂 4-羟基苯甲酸汞都不能抑制降解活性。Kimura 等（1998）在禾谷镰刀菌的基因组中克隆和表达了一种能降解 T-2 毒素的单端孢霉烯 3-*O*-乙酰基转移酶 Tri101，此酶编码 451 个氨基酸序列，在乙酰辅酶 A 存在的条件下，能够对 T-2 毒素的 C-3 位置乙酰化，此降解机制被认为是一种真菌的自我保护机制。

真菌毒素生物脱毒方法与物理、化学脱毒方法相比，具有处理条件温和、环境友好、专一性强等优点，是食品和饲料中真菌毒素脱毒的主要发展方向，具有巨大的应用前景，开发耐酸和耐热的真菌毒素生物脱毒制剂更是产业发展的迫切需求。但是，真菌毒素生物脱毒制剂的安全性以及真菌毒素降解产物的安全性是必须要重视的问题。用于食品的脱毒微生物必须在卫生部发布的《可用于食品的菌种名单》（卫办监督发〔2010〕65 号）中，脱毒酶必须符合我国国家标准（GB 2760—2014）《食品安全国家标准 食品添加剂使用标准》的规定；用于饲料的脱毒微生物和脱毒酶必须在农业部公告（第 2045 号）《饲料添加剂品种目录（2013）》中。食品新型脱毒微生物和脱毒酶必须根据国家卫生和计划生育委员会令（2017 年第 18 号）修改的《新食品原料安全性审查管理办法》和《食品添加剂新品种管理办法》的要求进行安全性评价，经国家卫生和计划生育委员会安全性审查后，方可用于食品生产经营。饲料新型脱毒微生物及脱毒酶必须根据农业部令（2012 年第 4 号）《新饲料和新饲料添加剂管理办法》的要求进行安全性评价，经农业部评审委评审后，才允许生产经营。

参考文献

陈仪本, 蔡斯赞, 黄伯爱, 等. 1998. 生物学法降解花生油中黄曲霉毒素的研究. 卫生研究, (S1): 81-85.

程波财, 姜淑英, 汪孟娟, 等. 2010. 藤黄微球菌降解真菌毒素玉米赤霉烯酮的研究. 中国微生态学杂志, 22(5): 389-392.

韩鹏飞, 贺稚非, 李洪军, 等. 2012. 微生物细胞壁结构及结合真菌毒素的研究进展. 食品科学, 33(11): 294-298.

侯然然, 谢鹏, 张敏红, 等. 2008a. 葡甘露聚糖对饲喂黄曲霉毒素 B_1 日粮的肉仔鸡肝生化指标和组织的影响. 动物营养学报, 20(2): 152- 157.

侯然然, 郑姗姗, 张敏红, 等. 2008b. 葡甘露聚糖对饲喂黄曲霉毒素 B_1 日粮肉仔鸡生长性能、血清指标及器官指数的影响. 动物营养学报, 20(2): 146-151.

胡熔, 刘大岭, 谢春芳, 等. 2011. 黄曲霉毒素解毒酶在大肠杆菌中的可溶性表达、纯化及其圆二色谱分析. 中国生物工程杂志, 31(4): 71-76.

黄凯, 朱祖贤, 朱凤华, 等. 2014. 饲料中 T-2 毒素的毒性作用研究进展. 中国饲料, (18): 9-10.

计成, 赵丽红, 马秋刚, 等. 2010. 黄曲霉毒素生物降解的研究及前景展望. 动物营养学报, 22(2): 241-245.

李志刚, 杨宝兰, 姚景会, 等. 2003. 乳酸菌对黄曲霉毒素 B_1 吸附作用的研究. 中国食品卫生杂志, 15(3): 212-215.

刘畅, 刘阳, 邢福国, 等. 2010. 黄曲霉毒素 B_1 吸附菌株的筛选及其吸附机理研究. 核农学报, 24(4): 766- 771.

吕聪, 邢福国, 刘阳. 2017. 国内外真菌毒素防控新技术. 中国猪业, 12(6): 27-32.

孙建和, 陆苹, 顾红香. 2003. 真菌毒素的微生物脱毒技术. 微生物学通报, 30(1): 60-63.

张丽霞. 2006. 啤酒酵母 β-D-葡聚糖及其衍生物吸附玉米赤霉烯酮(ZEA)的研究. 无锡: 江南大学硕士学位论文.

赵志辉. 2012. 农产品和饲料中常见真菌毒素的种类和危害. 食品科学技术学报, 30(4): 8-11.

周育, 吉小凤, 李文均. 2012. 曲霉类真菌毒素污染、危害及生物脱毒技术研究进展. 中国兽医学报, 32(11): 1741-1746.

左振宇, 刘大岭, 胡亚冬, 等. 2007. 密码子优化的重组黄曲霉毒素解毒酶(rADTZ)在毕氏酵母中组成型分泌表达的研究. 中国农业科技导报, 9(5): 87-94.

Abbès S, Ben S J, Sharafi H, et al. 2012. Interaction of *Lactobacillus plantarum* MON03 with Tunisian montmorillonite clay and ability of the composite to immobilize Zearalenone *in vitro* and counteract immunotoxicity *in vivo*. Journal of Immunopharmacology, 34(6): 944-950.

Abdel-Haq H, Palmery M, Leone M G, et al. 2000. Relaxant effects of aflatoxins on isolated guinea pig trachea. Toxicological Sciences, 55(1): 162-170.

Abdulla D A. 2007. Plasmid-mediated mycotoxin zearalenone in *Pseudomonas putida* ZEA-1. Am. J. Biotech. Biochem, 3(3): 150-158.

Abdulla D A, Bahig E. 2008. Localization of zearalenone detoxification gene(s) in pZEA-1 plasmid of *Pseudomonas putida* ZEA-1 and expressed in *Escherichia coli*. J Hazard Mater, 161(11): 66-72.

Abrunhosa L, Santos L, Venâncio A. 2006. Degradation of ochratoxin a by proteases and by a crude

enzyme of *Aspergillus niger*. Food Biotechnology, 20(3): 231-242.
Abrunhosa L, Ines A, Rodrigues A I, et al. 2014. Biodegradation of ochratoxin A by *Pediococcus parvulus* isolated from Douro wines. International Journal of Food Microbiology, 188: 45-52.
Adebo O A, Njobeh P B, Gbashi S, et al. 2015. Review on microbial degradation of aflatoxins. Critical Reviews in Food Science & Nutrition, 57(15): 3208-3217.
Akkaya M R, Bal M A. 2012. Efficacy of modified yeast extract and HSCAS containing mycotoxin adsorbent on ruminal binding characteristics of various aflatoxins. Kafkas Üniversitesi Veteriner Fakültesi Dergisi, 18(6): 951-955.
Alberts J F, Gelderblom W C A, Botha A, et al. 2009. Degradation of aflatoxin B_1 by fungal laccase enzymes. International Journal of Food Microbiology, 135(135): 47-52.
Appaiah A. 2015. Aflatoxin binding and detoxification by non-saccharomyces yeast a new vista for decontamination. Int. J. Curr. Microbiol. App. Sci, 4: 310-317.
Armando M R, Pizzolitto R P, Dogi C A, et al. 2012. Adsorption of ochratoxin A and zearalenone by potential probiotic *Saccharomyces cerevisiae* strains and its relation with cell wall thickness. Journal of Applied Microbiology, 113(2): 256-264.
Assaf J C, Atoui A, Khoury A E, et al. 2018. A comparative study of procedures for binding of aflatoxin M_1 to *Lactobacillus rhamnosus* GG. Brazilian Journal of Microbiology, 49(1): 120-127.
Awad W A, Böhm J, Razzazifazeli E, et al. 2004. Effects of deoxynivalenol on general performance and electrophysiological properties of intestinal mucosa of broiler chickens. Poultry Science, 83(12): 1964-1972.
Awad W A, Böhm J, Razzazifazeli E, et al. 2006. Effect of addition of a probiotic microorganism to broiler diets contaminated with deoxynivalenol on performance and histological alterations of intestinal villi of broiler chickens. Poultry Science, 85(6): 974-979.
Bamburg J R, Riggs N V, Strong F M. 1968. The structures of toxins from two strains of *Fusarium tricinctum*. Tetrahedron, 24(8): 3329-3336.
Banu I, Lupu A, Aprodu I, et al. 2013. Degradation of zearalenone by laccase enzyme. Scientific Study & Research, 14(2): 79-84.
Benedetti R, Nazzi F, Locci R, et al. 2006. Degradation of fumonisin B_1 by a bacterial strain isolated from soil. Biodegradation, 17(1): 31-38.
Bevilacqua A, Petruzzi L, Corbo M R, et al. 2015. Ochratoxin A released back into the medium by *Saccharomyces cerevisiae* as a function of the strain, washing medium and fermentative conditions. Journal of the Science of Food & Agriculture, 94(15): 3291-3295.
Bhatnagar D, Ehrlich K C, Cleveland T E. 1992. Oxidation-reduction reactions in biosynthesis of secondary metabolites. *In*: Bhatnagar D, Lillehoj E B, Arrora D K. Handbook of Applied Mycology: Mycotoxins in Ecological Systems. New York: Marcel Dekker: 255-286.
Bovo F, Corassin C H, Rosim R E, et al. 2013. Efficiency of lactic acid bacteria strains for decontamination of aflatoxin M_1, in phosphate buffer saline solution and in skimmed milk. Food & Bioprocess Technology, 6(8): 2230-2234.
Cao H, Liu D, Mo X, et al. 2011. A fungal enzyme with the ability of aflatoxin B_1 conversion: purification and ESI-MS/MS identification. Microbiological Research, 166(6): 475-483.
Carere J, Hassan Y I, Lepp D, et al. 2018a. The enzymatic detoxification of the mycotoxin deoxynivalenol: identification of DepA from the DON epimerization pathway. Microbial Biotechnology, 11(6): 1106-1111.
Carere J, Hassan Y I, Lepp D, et al. 2018b. The Identification of DepB: an enzyme responsible for the final detoxification step in the deoxynivalenol epimerization pathway in *Devosia mutans*

17-2-E-8. Frontiers in Microbiology, 9: 1573.
Cawood M E, Gelderblom W C A, Vleggaar R, et al. 1991. Isolation of the fumonisin mycotoxins: a quantitative approach. Journal of Agricultural & Food Chemistry, 39(11): 1958-1962.
Cecchini F, Morassut M, Moruno E G, et al. 2006. Influence of yeast strain on ochratoxin A content during fermentation of white and red must. Food Microbiology, 23(5): 411-417.
Cho K J, Kang J S, Cho W T, et al. 2010. *In vitro* degradation of zearalenone by *Bacillus subtilis*. Biotechnol Lett, 32: 1921-1924.
Cole R L. 1981. Handbook of toxic fungal metabolites. New York: Academic Press: 511.
Corassin C H, Bovo F, Rosim R E, et al. 2013. Efficiency of *Saccharomyces cerevisiae* and lactic acid bacteria strains to bind aflatoxin M_1 in UHT skim milk. Food Control, 31(1): 80-83.
Cote L M, Nicoletti J, Swanson S P, et al. 1986. Production of deepoxydeoxynivalenol (DOM-1), a metabolite of deoxynivalenol, by *in vitro* rumen incubation. Journal of Agricultural & Food Chemistry, 34(34): 458-460.
Čvek, D, Markov K, Frece J, et al. 2012. Adhesion of zearalenone to the surface of lactic acid bacteria cells. Croatian Journal of Food Technology Biotechnology & Nutrition, 7: 49-52.
Damayanti E, Istiqomah L, Saragih J E, et al. 2017. Characterization of lactic acid bacteria as poultry probiotic candidates with aflatoxin B_1 binding activities. IOP Conference Series Earth and Environmental, 012030.
Das C, Mishra H N. 2000a. *In vitro* degradation of aflatoxin B_1 by horse radish peroxidase. Food Chemistry, 68(3): 309-313.
Das C, Mishra H N. 2000b. *In vitro* degradation of aflatoxin B_1 in groundnut (*Arachis hypogea*) meal by horse radish peroxidase. LWT-Food Science and Technology, 33(4): 308-312.
De Bellis P, Tristezza M, Haidukowski M, et al. 2015. Biodegradation of ochratoxin A by bacterial strains isolated from vineyard soils. Toxins, 7(12): 5079-5093.
Del P V, Rodriguez H, Carrascosa A V, et al. 2007. *In vitro* removal of ochratoxin A by wine lactic acid bacteria. Journal of Food Protection, 70(9): 2155.
Dobritzsch D, Wang H, Schneider G, et al. 2014. Structural and functional characterization of ochratoxinase, a novel mycotoxin-degrading enzyme. Biochemical Journal, 462(3): 441-452.
Drusch S, Kopka S, Kaeding J. 2007. Stability of patulin in a juice-like aqueous model system in the presence of ascorbic acid. Food Chemistry, 100(1): 192-197.
Duvick J, Rood T. 1998. Fumonisin detoxification enzymes. United States Patent, 5716820.
Duvick J P, Gilliam J T, Maddox J R, et al. 2001. Amino polyol amine oxidase polynucleotides and related polypeptides and methods of use. United States Patent, 6211435.
Elisavet V, Christian H, Rudolf M, et al. 2010. Cleavage of zearalenone by *Trichosporon mycotoxinivorans* to a novel nonestrogenic metabolite. Applied and Environmental Microbiology, 76(7): 2353-2359.
Ellis W O, Smith J P, Simpson B K, et al. 1991. Aflatoxins in food: occurrence, biosynthesis, effects on organisms, detection, and methods of control. Critical Reviews in Food Science & Nutrition, 30(4): 403-439.
El-Nezami H, Kankaanpää P, Salminen S, et al. 1998a. Ability of dairy strains of lactic acid bacteria to bind a common food carcinogen, aflatoxin B_1. Food & Chemical Toxicology, 36(4): 321-326.
El-Nezami H, Kankaanpää P, Salminen S, et al. 1998b. Physicochemical alterations enhance the ability of dairy strains of lactic acid bacteria to remove aflatoxin from contaminated media. Journal of Food Protection, 61(4): 466-468.
El-Nezami H, Mykkänen H, Kankaanpää P, et al. 2000. Ability of *Lactobacillus* and *Propionibacterium* strains to remove aflatoxin B, from the chicken duodenum. Journal of Food

Protection, 63(4): 549-552.

El-Nezami H, Polychronaki N, Lee Y-K, et al. 2004. Chemical moieties and interactions involved in the binding of zearalenone to the surface of *Lactobacillus rhamnosus* strains GG. J Agric Food Chem, 52: 4577-4581.

El-Nezami H, Polychronaki N, Salminen S, et al. 2002. Binding rather than metabolism may explain the interaction of two food-grade *Lactobacillus* strains with zearalenone and its derivative ά-zearalenol. Applied & Environmental Microbiology, 68(7): 3545-3549.

Elsanhoty R M, Al-Turki I A, Ramadan M F. 2016. Application of lactic acid bacteria in removing heavy metals and aflatoxin B_1 from contaminated water. Water Science & Technology, 74(3): 625-638.

Elsanhoty R M, Salam S A, Ramadan M F, et al. 2014. Detoxification of aflatoxin M_1 in yoghurt using probiotics and lactic acid bacteria. Food Control, 43(5): 129-134.

Engelhardt G. 2002. Degradation of ochratoxin A and B by the white rot fungus *Pleurotus ostreatus*. Mycotoxin Research, 18(1): 37-43.

Escoula L, Thomsen M, Bourdiol D, et al. 1988. Patulin immunotoxicology: effect on phagocyte activation and the cellular and humoral immune system of mice and rabbits. International Journal of Immunopharmacology, 10(8): 983-989.

Esti M, Benucci I, Liburdi K, et al. 2012. Monitoring of ochratoxin A fate during alcoholic fermentation of wine-must. Food Control, 27(1): 53-56.

Faucetmarquis V, Joanniscassan C, Hadjebamedjdoub K, et al. 2014. Development of an *in vitro* method for the prediction of mycotoxin binding on yeast-based products: case of aflatoxin B_1, zearalenone and ochratoxin A. Applied Microbiology & Biotechnology, 98(17): 7583-7596.

Franco T S, Garcia S, Hirooka E Y, et al. 2011. Lactic acid bacteria in the inhibition of *Fusarium graminearum* and deoxynivalenol detoxification. Journal of Applied Microbiology, 111(3): 739-748.

Fuchs E, Binder E M, Heidler D, et al. 2002. Structural characterization of metabolites after the microbial degradation of type A trichothecenes by the bacterial strain BBSH 797. Food Additives & Contaminants, 19(4): 379-386.

Fuchs S, Sontag G, Stidl R, et al. 2008. Detoxification of patulin and ochratoxin A, two abundant mycotoxins, by lactic acid bacteria. Food & Chemical Toxicology, 46(4): 1398-1407.

Garvey G S, McCormick S P, Rayment I. 2008. Structural and functional characterization of the TRI101 trichothecene 3-*O*-acetyltransferase from *Fusarium sporotrichioides* and *Fusarium graminearum*: kinetic insights to combating *Fusarium* head blight. Journal of Biological Chemistry, 283(3): 1660-1669.

Gelderblom W C, Jaskiewicz K, Marasas W F, et al. 1988. Fumonisins—novel mycotoxins with cancer-promoting activity produced by *Fusarium moniliforme*. Appl Environ Microbiol, 54(7): 1806-1811.

Gonçalves B L, Rosim R E, Oliveira C A F, et al. 2014. Efficiency of different sources of *Saccharomyces cerevisiae* to bind aflatoxin B_1 in phosphate buffer saline. Journal of Food Processing & Technology, 5(7): 342-358.

Guan S, He J W, Young J C, et al. 2009. Transformation of trichothecene mycotoxins by microorganisms from fish digesta. Aquaculture, 290(3-4): 290-295.

Guan S, Ji C, Zhou T, et al. 2008. Aflatoxin B_1 degradation by *Stenotrophomonas maltophilia* and other microbes selected using coumarin medium. International Journal of Molecular Sciences, 9(9): 1489-1503.

Guo C, Yuan Y, Yue T, et al. 2012. Binding mechanism of patulin to heat-treated yeast cell. Letters in

Applied Microbiology, 55(6): 453-459.

Hai Y, Zhou T, Gong J, et al. 2010. Isolation of deoxynivalenol-transforming bacteria from the chicken intestines using the approach of PCR-DGGE guided microbial selection. BMC Microbiology, 10(1): 182-190.

Halttunen T, Collado M C, Elnezami H, et al. 2010. Combining strains of lactic acid bacteria may reduce their toxin and heavy metal removal efficiency from aqueous solution. Letters in Applied Microbiology, 46(2): 160-165.

Hamad G M, Zahran E, Hafez E E. 2017. The efficacy of bacterial and yeasts strains and their combination to bind aflatoxin B_1 and B_2 in artificially contaminated infants food. Journal of Food Safety, 37(4): 1-9.

Hartinger D, Schwartz H, Hametner C, et al. 2011. Enzyme characteristics of aminotransferase FumI of *Sphingopyxis* sp. MTA144 for deamination of hydrolyzed fumonisin B_1. Applied Microbiology and Biotechnology, 91(3): 757-768.

Haskard C, El- Nezami H, Kankaanpää P, et al. 2001. Surface binding of aflatoxin B_1 by lactic acid bacteria. Applied and Environmental Microbiology, 67(7): 3086-3091.

Hatab S, Yue T, Mohamad O. 2012a. Removal of patulin from apple juice using inactivated lactic acid bacteria. Journal of Applied Microbiology, 112(5): 892-899.

Hatab S, Yue T, Mohamad O. 2012b. Reduction of patulin in aqueous solution by lactic acid bacteria. Journal of Food Science, 77(4): M238-M241.

Hathout A S, Aly S E. 2014. Biological detoxification of mycotoxins: a review. Annals of Microbiology, 64(3): 905-919.

Hawar S, Vevers W, Karieb S, et al. 2013. Biotransformation of patulin to hydroascladiol by *Lactobacillus plantarum*. Food Control, 34(2): 502-508.

He C, Fan Y, Liu G, et al. 2008. Isolation and identification of a strain of *Aspergillus tubingensis* with deoxynivalenol biotransformation capability. International Journal of Molecular Sciences, 9(12): 2366-2375.

He J W, Bondy G S, Zhou T, et al. 2015b. Toxicology of 3-epi-deoxynivalenol, a deoxynivalenol-transformation product by *Devosia mutans* 17-2-E-8. Food & Chemical Toxicology, 84: 250-259.

He J W, Yang R, Zhou T, et al. 2015a. An epimer of deoxynivalenol: purification and structure identification of 3-epi-deoxynivalenol. Food Additives & Contaminants, 32(9): 1523-1530.

He P, Young L G, Forsberg C. 1992. Microbial transformation of deoxynivalenol (vomitoxin). Appl Environ Microbiol, 58(12): 3857-3863.

He W J, Zhang L, Yi S Y, et al. 2017. An aldo-keto reductase is responsible for *Fusarium* toxin-degrading activity in a soil *Sphingomonas* strain. Scientific Reports, 7(1): 9549.

Heinl S, Hartinger D, Moll W D, et al. 2009. Identification of a fumonisin B_1 degrading gene cluster in *Sphingomonas* spp. MTA144. New Biotechnology, 25: S61-S62.

Heinl S, Hartinger D, Thamhesl M, et al. 2011. An aminotransferase from bacterium ATCC 55552 deaminates hydrolyzed fumonisin B1. Biodegradation, 22(1): 25-30.

Hernandez-Mendoza A, Guzman-De-Peña D, Garcia H S. 2009. Key role of teichoic acids on aflatoxin B_1 binding by probiotic bacteria. Journal of Applied Microbiology, 107(2): 395-403.

Hernandez-Mendoza A, Guzman-De-Peña D, Vallejo-Córdoba B, et al. 2010. *In vivo* assessment of the potential protective effect of *Lactobacillus casei* Shirota against aflatoxin B_1. Dairy Science & Technology, 90(6): 729-740.

Hideaki K, Takahashi-Ando N, Makoto K, et al. 2002. Biotransformation of the mycotoxin, zearalenone, to a non-estrogenic compound by a fubgal strain of *Clonostachys* sp. Biosci

Biotechnol Biochem, 66(12): 2723-2726.

Higa-Nishiyama A, Takahashi-Ando N, Shimizu T, et al. 2005. A model transgenic cereal plant with detoxification activity for the estrogenic mycotoxin zearalenone. Transgenic Research, 14: 713-717.

Hormisch D, Brost I. 2004. *Mycobacterium fluoranthenivorans* sp. nov., a fluoranthene and aflatoxin B_1 degrading bacterium from contaminated soil of a former coal gas plant. Systematic & Applied Microbiology, 27(6): 653-660.

Huynh V L, Lloyd A B. 1984. Synthesis and degradation of aflatoxins by *Aspergillus parasiticus*. I. Synthesis of aflatoxin B_1 by young mycelium and its subsequent degradation in aging mycelium. Australian Journal of Biological Sciences, 37(1-2): 37-43.

Igawa T, Takahashi-Ando N, Ochiai N, et al. 2007. Reduced contamination by the *Fusarium mycotoxin* zearalenone in maize kernels through genetic modification with a detoxification gene. Applied and Environmental Microbiology, 73(5): 1622-1629.

Ikunaga Y, Sato I, Grond S, et al. 2011. *Nocardioides* sp. strain WSN05-2, isolated from a wheat field, degrades deoxynivalenol, producing the novel intermediate 3-epi-deoxynivalenol. Applied Microbiology and Biotechnology, 89(2): 419-427.

Ismail A, Levin R E, Riaz M, et al. 2016. Effect of different microbial concentrations on binding of aflatoxin M_1, and stability testing. Food Control, 19: 1-5.

Ito M, Sato I, Ishizaka M, et al. 2013. Bacterial cytochrome P450 system catabolizing the *Fusarium* toxin deoxynivalenol. Applied and Environmental Microbiology, 79(5): 1619-1628.

Jan U, Petr K. 2007. Role of zearalenone lactonase in protection of *Gliocladium roseum* from fungitoxic effects of the mycotoxin zearalenone. Applied and Environmental Microbiology, 73(2): 637-642.

Ji C, Fan Y, Zhao L. 2016. Review on biological degradation of mycotoxins. Animal Nutrition, 2(3): 127-133.

Joannis-Cassan C, Tozlovanu M, Hadjeba-Medjdoub K, et al. 2011. Binding of zearalenone, aflatoxin B_1, and ochratoxin A by yeast-based products: a method for quantification of adsorption performance. Journal of Food Protection, 74(7): 1175-1185.

Johnsen H, Odden E, Lie Ø, et al. 1986. Metabolism of T-2 toxin by rat liver carboxylesterase. Biochemical Pharmacology, 35(9): 1469-1473.

Kabak B, Ozbey F. 2012. Aflatoxin M in UHT milk consumed in Turkey and first assessment of its bioaccessibility using an *in vitro* digestion model. Food Control, 28(2): 338-344.

Kabak B, Var I. 2004. Binding of aflatoxin M_1 by *Lactobacillus* and *Bifidobacterium* strains. Milchwissenschaft-milk Science International, 59(5): 301-303.

Kabak B, Var I. 2008. Factors affecting the removal of aflatoxin M_1 from food model by *Lactobacillus* and *Bifidobacterium* strains. Journal of Environmental Science & Health. Part. B. Pesticides Food Contaminants & Agricultural Wastes, 43(7): 617-624.

Kapetanakou A E, Kollias J N, Drosinos E H, et al. 2012. Inhibition of *A. carbonarius*, growth and reduction of ochratoxin A by bacteria and yeast composites of technological importance in culture media and beverages. International Journal of Food Microbiology, 152(3): 91-99.

Keller L, Abrunhosa L, Keller K, et al. 2015. Zearalenone and its derivatives α-zearalenol and β-zearalenol decontamination by *Saccharomyces cerevisiae* strains isolated from bovine forage. Toxins, 7(8): 3297-3308.

Khanafari A, Soudi H, Miraboulfathi M, et al. 2007. An *in vitro* investigation of aflatoxin B_1 biological control by *Lactobacillus plantarum*. Pak J Biol Sci, 10(15): 2553-2556.

Khatibi P A, Newmister S A, Rayment I, et al. 2011. Bioprospecting for trichothecene

3-*O*-acetyltransferases in the fungal genus *Fusarium* yields functional enzymes with different abilities to modify the mycotoxin deoxynivalenol. Applied and Environmental Microbiology, 77(4): 1162-1170.

Khoury A E, Atoui A, Yaghi J. 2011. Analysis of aflatoxin M_1 in milk and yogurt and AFM_1 reduction by lactic acid bacteria used in Lebanese industry. Food Control, 22(10): 1695-1699.

Kimura M, Kaneko I, Komiyama M, et al. 1998. Trichothecene 3-O-Acetyltransferase protects both the producing organism and transformed yeast from related mycotoxins: cloning and characterization of Tri101. Journal of Biological Chemistry, 273(3): 1654-1661.

King R R, Mcqueen R E, Levesque D, et al. 1984. Transformation of deoxynivalenol (vomitoxin) by rumen microorganisms. Journal of Agricultural & Food Chemistry, 32(5): 1181-1183.

Kollarczik B, Gareis M, Hanelt M. 1994. *In vitro* transformation of the *Fusarium mycotoxins* deoxynivalenol and zearalenone by the normal gut microflora of pigs. Natural Toxins, 2(3): 105-110.

Kolosova A, Stroka J. 2011. Substances for reduction of the contamination of feed by mycotoxins: a review. World Mycotoxin Journal, 215(4): 225-256.

Li X Z, Zhu C, Lange C F M D, et al. 2011. Efficacy of detoxification of deoxynivalenol-contaminated corn by *Bacillus* sp. LS100 in reducing the adverse effects of the mycotoxin on swine growth performance. Food Addit Contam Part A: Chem Anal Control Expo Risk Assess, 28(7): 894-901.

Lillehoj E B, Ciegler A, Hall H H. 1967. Aflatoxin B_1 uptake by *Flavobacterium aurantiacum* and resulting toxic effects. Journal of Bacteriology, 93(1): 464-535.

Lim S M. 2013. Incubation conditions and physico-chemical factors affecting aflatoxin B_1 binding of lactic acid bacteria. Korean Journal of Microbiology, 49(3): 253-261.

Ling W, Wang Z, Yuan Y, et al. 2015. Identification of key factors involved in the biosorption of patulin by inactivated lactic acid bacteria (LAB) cells. PLoS ONE, 10(11): 95-105.

Liu D L, Yao D S, Liang Y Q, et al. 2001. Production, purification, and characterization of an intracellular aflatoxin-detoxifizyme from *Armillariella tabescens* (E-20). Food & Chemical Toxicology, 39(5): 461-466.

Liu N, Yang L, Yang W R, et al. 2016. Effects of feeding naturally contaminated diet with zearalenone, fumonisin and deoxynivalenol with or without yeast cell wall adsorbent on growth, vulva size and organ weights of gilts. Journal of Animal & Feed Sciences, (2): 145-151.

Loi M, Fanelli F, Zucca P, et al. 2016. Aflatoxin B_1 and M_1 degradation by Lac2 from *Pleurotus pulmonarius* and redox mediators. Toxins, 8(9):245-261.

Long M, Li P, Zhang W K, et al. 2012. Removal of zearalenone by strains of *Lactobacillus* sp. isolated from Rumen *in vitro*. Journal of Animal and Veterinary Advances, 11(14): 2417-2422.

Lu Q J, Liang X C, Chen F. 2011. Detoxification of zearalenone by viable and inactivated cells of *Planococcus* sp. Food Control, 22: 191-195.

Lun A K, Jr M E, Young L G, et al. 1988. Disappearance of deoxynivalenol from digesta progressing along the chicken's gastrointestinal tract after intubation with feed containing contaminated corn. Bulletin of Environmental Contamination & Toxicology, 40(3): 317-324.

Madhyastha S M, Marquardt R R, Frohlich A A, et al. 1990. Effects of different cereal and oilseed substrates on the growth and production of toxins by *Aspergillus alutaceus* and *Penicillium verrucosum*. J Agric Food Chem, 38(7): 1506-1510.

Marquardt R R, Frohlich A A. 1992. A review of recent advances in understanding ochratoxicosis. Journal of Animal Science, 70(12): 3968-3988.

Masching S, Naehrer K, Schwartz-Zimmermann H E, et al. 2016. Gastrointestinal degradation of fumonisin B_1 by carboxylesterase FumD prevents fumonisin induced alteration of sphingolipid metabolism in turkey and swine. Toxins, 8(3): 84-101.

Mateo E M, Ángel Medina, Mateo F, et al. 2010. Ochratoxin A removal in synthetic media by living and heat-inactivated cells of *Oenococcus oeni* isolated from wines. Food Control, 21(1): 23-28.

Meca G, Blaiotta G, Ritieni A. 2010. Reduction of ochratoxin A during the fermentation of Italian red wine Moscato. Food Control, 21(4): 579-583.

Molnar O, Schatzmayr G, Fuchs E, et al. 2004. *Trichosporon mycotoxinivorans* sp. nov. A new yeast species useful in biological detoxification of various mycotoxins. Systematic & Applied Microbiology, 27(6): 661-671.

Motomura M, Toyomasu T, Mizuno K, et al. 2003. Purification and characterization of an aflatoxin degradation enzyme from *Pleurotus ostreatus*. Microbiological Research, 158(3): 237-242.

Niderkorn V, Boudra H, Morgavi D P. 2006. Binding of *Fusarium* mycotoxins by fermentative bacteria *in vitro*. J Appl Microbiol, 101: 849-856.

Niderkorn V, Boudra H, Morgavi D P. 2008. Stability of the bacteria-bound zearalenone complex in ruminal fluid and in simulated gastrointestinal environment *in vitro*. World Mycotoxin Journal, 1(1): 463-467.

Niderkorn V, Morgavi D P, Aboab B, et al. 2010. Cell wall component and mycotoxin moieties involved in the binding of fumonisin B_1 and B_2 by lactic acid bacteria. Journal of Applied Microbiology, 106(3): 977-985.

Niderkorn V, Morgavi D P, Pujos E, et al. 2007. Screening of fermentative bacteria for their ability to bind and biotransform deoxynivalenol, zearalenone and fumonisins in an *in vitro* simulated corn silage model. Food Additives & Contaminants, 24(4): 406-415.

Norred W P, Plattner R D, Dombrink-Kurtzman M A, et al. 1997. Mycotoxin-induced elevation of free sphingoid bases in precision-cut rat liver slices: Specificity of the response and structure–activity relationships. Toxicology and Applied Pharmacology, 147(1): 63-70.

Northolt M D, Hpvan E, Paulsch W E. 1979. Ochratoxin A production by some fungal species in relation to water activity and temperature. Journal of Food Protection, 42(6): 485.

Peltonen K, El-Nezami H, Haskard C, et al. 2001. Aflatoxin B_1 binding by dairy strains of lactic acid bacteria and bifidobacteria. Journal of Dairy Science, 84(10): 2152-2156.

Perczak A, Goliński P, Bryła M, et al. 2018. The efficiency of lactic acid bacteria against pathogenic fungi and mycotoxins. Archives of Industrial Hygiene & Toxicology, 69(1): 32-45.

Petruzzi L, Baiano A, Gianni A D, et al. 2015b. Differential adsorption of ochratoxin A and anthocyanins by inactivated yeasts and yeast cell walls during simulation of wine aging. Toxins, 7(10): 4350-4365.

Petruzzi L, Bevilacqua A, Baiano A, et al. 2013. *In vitro* removal of ochratoxin A by two strains of *Saccharomyces cerevisiae* and their performances under fermentative and stressing conditions. Journal of Applied Microbiology, 116(1): 60-70.

Petruzzi L, Bevilacqua A, Baiano A, et al. 2014a. Study of *Saccharomyces cerevisiae*, W13 as a functional starter for the removal of ochratoxin A. Food Control, 35(1): 373-377.

Petruzzi L, Bevilacqua A, Corbo M R, et al. 2014b. Selection of autochthonous *Saccharomyces cerevisiae* strains as wine starters using a polyphasic approach and ochratoxin A removal. Journal of Food Protection, 77(7): 1168-1177.

Petruzzi L, Corbo M R, Baiano A, et al. 2015a. *In vivo*, stability of the complex ochratoxin A-*Saccharomyces cerevisiae*, starter strains. Food Control, 50: 516-520.

Petruzzi L, Corbo M R, Sinigaglia M, et al. 2014c. Yeast cells as adsorbing tools to remove ochratoxin A in a model wine. International Journal of Food Science & Technology, 49(3):

936-940.

Pierides M, El- Nezami H, Peltonenet K, et al. 2000. Ability of dairy strains of lactic acid bacteria to bind aflatoxin M_1 in a food model. Journal of Food Protection, 63(5): 645-650.

Piotrowska M, Masek A. 2015. *Saccharomyces cerevisiae* cell wall components as tools for ochratoxin A decontamination. Toxins, 7(4): 1151-1162.

Piotrowska M, Żakowska Z. 2000. The biodegradation of ochratoxin A in food products by lactic acid bacteria and baker's yeast. Progress in Biotechnology, 17(00): 307-310.

Piotrowska M, Żakowska Z. 2005. The elimination of ochratoxin A by lactic acid bacteria strains. Polish Journal of Microbiology, 54(4): 279-286.

Piotrowska M. 2014. The adsorption of ochratoxin a by lactobacillus species. Toxins, 6(9): 2826-2839.

Pitout M J. 1969. The hydrolysis of ochratoxin a by some proteolytic enzymes. Biochemical Pharmacology, 18(2): 485-491.

Prettl Z, Dési E, Lepossa A, et al. 2017. Biological degradation of aflatoxin B_1 by a *Rhodococcus pyridinivorans* strain in by-product of bioethanol. Animal Feed Science & Technology, 224: 104-114.

Rao K R, Vipin A V, Hariprasad P, et al. 2017. Biological detoxification of aflatoxin B_1 by *Bacillus licheniformis*, CFR1. Food Control, 71: 234-241.

Rókus K, Csilla K, Sándor S, et al. 2012. A new zearalenone biodegradation strategy using non-pathogenic *Rhodococcus pyridinivorans* K408 strain. PLoS ONE, 7(9): e43608.

Sabater-Vilar M , Malekinejad H , Selman M H J , et al. 2007. *In vitro* assessment of adsorbents aiming to prevent deoxynivalenol and zearalenone mycotoxicoses. Mycopathologia, 163(2): 81-90.

Sabater-Vilar M, Malekinejad H, Selman M H, et al. 2007. *In vitro* assessment of adsorbents aiming to prevent deoxynivalenol and zearalenone mycotoxicoses. Mycopathologia, 163(2): 81-90.

Samuel E T, Cuthbert W, Dan X, et al. 2011. Adsorption and degradation of zearalenone by *Bacillus* strain. Folia Microbiologica, 56(4): 321-327.

Sarlak Z, Rouhi M, Mohammadi R, et al. 2017. Probiotic biological strategies to decontaminate aflatoxin M_1, in a traditional Iranian fermented milk drink (Doogh). Food Control, 71: 152-159.

Sato I, Ito M, Ishizaka M, et al. 2012. Thirteen novel deoxynivalenol-degrading bacteria are classified within two genera with distinct degradation mechanisms. Fems Microbiology Letters, 327(2): 110-117.

Schatzmayr G, Schatzmayr D, Fuchs E, et al. 2003. Investigation of different yeast strains for the detoxification of ochratoxin A. Mycotoxin Research, 19: 124-128.

Schatzmayr G, Zehner F, Tãeubel M, et al. 2006. Microbiologicals for deactivating mycotoxins. Molecular Nutrition & Food Research, 50(6): 543-551.

Selmanoğlu G. 2006. Evaluation of the reproductive toxicity of patulin in growing male rats. Food & Chemical Toxicology, 44(12): 2019-2024.

Shahin A A M. 2007. Removal of aflatoxin B_1 from contaminated liquid media by dairy lactic acid bacteria. International Journal of Agriculture & Biology, 9(1): 71-75.

Shantha T. 1999. Fungal degradation of aflatoxin B_1. Natural Toxins, 7(5): 175-178.

Shapira R, Paster N, Magan N, et al. 2004. Control of mycotoxins in storage and techniques for their decontamination. Mycotoxins in Food, 190-223.

Shetty P H, Hald B, Jespersen L. 2007. Surface binding of aflatoxin B_1 by *Saccharomyces cerevisiae* strains with potential decontaminating abilities in indigenous fermented foods. International Journal of Food Microbiology, 113(1): 41-46.

Shi L, Liang Z, Li J, et al. 2014. Ochratoxin A biocontrol and biodegradation by *Bacillus subtilis* CW 14. Journal of The Science of Food and Agriculture, 94(9): 1879-1885.

Shin S, Torres-Acosta J A, Heinen S J, et al. 2012. Transgenic *Arabidopsis thaliana* expressing a barley UDP-glucosyltransferase exhibit resistance to the mycotoxin deoxynivalenol. Journal of Experimental Botany, 63(13): 4731-4740.

Shu G, Jchristopher Y, Li X Z, et al. 2009. Transformation of trichothecene mycotoxins by microorganisms from fish digesta. Aquaculture, 290(3): 290-295.

Skrinjar M, Rasic J L, Stojicic V. 1996. Lowering of ochratoxin A level in milk by yoghurt bacteria and bifidobacteria. Folia Microbiol (Praha), 41: 26-28.

Slaven Z, Mssimo R, Alessandra R, et al. 2006. *Trametes versicolor*: a possible tool for aflatoxin control. International Journal of Food Microbiology, 107(107): 243-249.

Smiley R D, Draughon F A. 2000. Preliminary evidence that degradation of aflatoxin B_1 by *Flavobacterium aurantiacum* is enzymatic. Journal of Food Protection, 63(3): 415-418.

Sobrova P, Adam V, Vasatkova A, et al. 2010. Deoxynivalenol and its toxicity. Interdisciplinary Toxicology, 3(3): 94-99.

Souza A F D, Borsato D, Lofrano A D, et al. 2015. *In vitro* removal of deoxynivalenol by a mixture of organic and inorganic adsorbents. World Mycotoxin Journal, 8(1): 113-119.

Swanson S P, Nicoletti J, Jr H D R, et al. 1987. Metabolism of three trichothecene mycotoxins, T-2 toxin, diacetoxyscirpenol and deoxynivalenol, by bovine rumen microorganisms. Journal of Chromatography, 414(2): 335-342.

Tabari D G, Kermanshahi H, Golian A, et al. 2018. *In vitro* binding potentials of bentonite, yeast cell wall and lactic acid bacteria for aflatoxin B_1 and ochratoxin A. Iranian Journal of Toxicology, 12(2): 7-13.

Takahashi-Ando N, Shuichi O, Takehiko S, et al. 2004. Metabolism of zearalenone by genetically modified organisms expressing the detoxification gene from *Clonostachys rosea*. Applied and Environmental Microbiology, 70(6): 3239-3249.

Takahashi-Ando N, Tokai T, Hamamoto H, et al. 2005. Efficient decontamination of zearalenone, the mycotoxin of cereal pathogen, by transgenic yeasts through the expression of a synthetic lactonohydrolase gene. Appl Microbiol Biotechnol, 67: 838-844.

Tang Y Q, Xiao J M, Wu H, et al. 2013. Secretory expression and characterization of a novel peroxiredoxin for zearalenone detoxification in *Saccharomyces cerevisiae*. Microbiological Research, 168(1): 6-11.

Taylor M C, Jackson C J, Tattersall D B, et al. 2010. Identification and characterization of two families of $F_{420}H_2$-dependent reductases from *Mycobacteria* that catalyse aflatoxin degradation. Molecular Microbiology, 78(3): 561-575.

Teniola O D, Addo P A, Brost I M, et al. 2005. Degradation of aflatoxin B_1 by cell-free extracts of *Rhodococcus erythropolis* and *Mycobacterium fluoranthenivorans* sp. nov. DSM44556(T). International Journal of Food Microbiology, 105(2): 111-117.

Ueno Y, Nakayama K, Ishii K, et al. 1983. Metabolism of T-2 toxin in *Curtobacterium* sp. strain 114-2. Applied and Environmental Microbiology, 46(1): 120-127.

Van der Merwe K J, Steyn P S, Fourie L. 1965. Mycotoxins. II. The constitution of ochratoxins A, B, and C, metabolites of *Aspergillus ochraceus* Wilh. J Chem Soc Perkin, 1(DEC): 7083-7088.

Verheecke C, Liboz T, Mathieu F. 2016. Microbial degradation of aflatoxin B_1: current status and future advances. International Journal of Food Microbiology, 237: 1-9.

Völkl A, Vogler B, Schollenberger M, et al. 2004. Microbial detoxification of mycotoxin deoxynivalenol. Journal of Basic Microbiology, 44(2): 147-156.

Wang J, Ogata M, Hirai H, et al. 2011. Detoxification of aflatoxin B_1 by manganese peroxidase from the white-rot fungus *Phanerochaete sordida* YK-624. FEMS Microbiology Letters, 314: 164-169.
Wang L, Yue T, Yuan Y, et al. 2015. A new insight into the adsorption mechanism of patulin by the heat-inactive lactic acid bacteria cells. Food Control, 50: 104-110.
Wetterhorn K M, Newmister S A, Caniza R K, et al. 2016. Crystal Structure of Os79 (Os04g0206600) from *Oryza sativa*: A UDP-glucosyltransferase Involved in the Detoxification of Deoxynivalenol. Biochemistry, 55(44): 6175-6186.
Wogan G N. 2000. Impacts of chemicals on liver cancer risk. Seminars in Cancer Biology, 10(3): 201-210.
Worrell N R, Mallett A K, Cook W M, et al. 1989. The role of gut micro-organisms in the metabolism of deoxynivalenol administered to rats. Xenobiotica, 19(1): 25-32.
Wu Y Z, Lu F P, Jiang H L, et al. 2015. The furofuran-ring selectivity, hydrogen peroxide-production and low Km value are the three elements for highly effective detoxification of aflatoxin oxidase. Food & Chemical Toxicology, 76: 125-131.
Xia X, Zhang Y, Li M, et al. 2017. Isolation and characterization of a *Bacillus subtilis*, strain with aflatoxin B_1, biodegradation capability. Food Control, 75: 92-98.
Xu L, Eisa Ahmed M F, Sangare L, et al. 2017. Novel aflatoxin-degrading enzyme from *Bacillus shackletonii* L7. Toxins, 9(1): 36-51.
Yehia R S. 2014. Aflatoxin detoxification by manganese peroxidase purified from *Pleurotus ostreatus*. Brazilian Journal of Microbiology, 45(1): 127-133.
Yi P J, Pai C K, Liu J R, et al. 2011. Isolation and characterization of a *Bacillus licheniformis* strain capable of degrading zearalenone. World J Microbiol Biotechnol, 27: 1035-1043.
Yiannikouris A, François J, Poughon L, et al. 2004. Adsorption of zearalenone by β-D-glucans in the *Saccharomyces cerevisiae* cell wall. Journal of Food Protection, 67(6): 1195-1200.
Yiannikouris A, Kettunen H, Apajalahti J, et al. 2013. Comparison of the sequestering properties of yeast cell wall extract and hydrated sodium calcium aluminosilicate in three *in vitro* models accounting for the animal physiological bioavailability of zearalenone. Food Additives & Contaminants Part A Chemistry Analysis Control Exposure & Risk Assessment, 30(9): 1641-1650.
Yoshizawa T, Takeda H, Ohi T. 1983. Structure of a novel metabolite from deoxynivalenol, a trichothecene mycotoxin, in animals. Agricultural and Biological Chemistry, 47(9): 2133-2135.
Young J C, Zhou T, Yu H, et al. 2007. Degradation of trichothecene mycotoxins by chicken intestinal microbes. Food & Chemical Toxicology, 45(1): 136-143.
Yu H, Zhou T, Gong J, et al. 2010. Isolation of deoxynivalenol-transforming bacteria from the chicken intestines using the approach of PCR-DGGE guided microbial selection. BMC Microbiology, 10(1): 182-192.
Yu Y S , Qiu L P, Wu H, et al. 2011a. Degradation of zearalenone by the extracellular extracts of *Acinetobacter* sp. SM04 liquid cultures. Biodegradation, 22: 613-622.
Yu Y S , Qiu L P, Wu H, et al. 2012. Cloning, expression of a peroxiredoxin gene from *Acinetobacter* sp. SM04 and characterization of its recombinant protein for zearalenone detoxification. Microbiological Research, (167): 121-126.
Yu Y S, Qiu L P, Wu H, et al. 2011b. Oxidation of zearalenone by extracellular enzymes from *Acinetobacter* sp. SM04 into smaller estrogenic products. World Journal of Microbiology and Biotechnology, 27(11): 2675-2681.
Zhao L H, Guan S, Gao X, et al. 2015. Preparation, purification and characteristics of an aflatoxin

degradation enzyme from *Myxococcus fulvus* ANSM068. Journal of Applied Microbiology, 110(1): 147-155.

Zhou T, He J, Gong J. 2008. Microbial transformation of trichothecene mycotoxins. World Mycotoxin Journal, 1(1): 23-30.

Zou Z Y, He Z F, Li H J, et al. 2012. *In vitro* removal of deoxynivalenol and T-2 toxin by lactic acid bacteria. Food Science & Biotechnology, 21(6): 1677-1683.

第二章　益生菌对黄曲霉毒素 B_1（AFB_1）的吸附作用

第一节　益生菌对 AFB_1 的吸附机理

一、吸附 AFB_1 的益生菌筛选

目前，利用益生菌吸附 AFB_1，形成菌体-毒素复合物，然后通过离心或过滤的方法，将菌体-毒素复合物与食品和饲料分离，能够达到去除食品和饲料中 AFB_1 的目的，该方法简便、经济，不会产生二次污染，具有较好的开发应用前景。

我们选用如下菌株进行了 AFB_1 的吸附研究，见表 2-1，菌种经培养基扩大培养后，根据计数结果取适量菌液，确保每份样品中细胞个数：酵母为 1.0×10^9 个/mL，细菌为 2.0×10^{10} 个/mL。将菌液分成活菌和死菌两组，活菌组 10 000r/min 离心 5min 弃去上清液，菌体直接用 pH 6.0 的 PBS 冲洗两次，高速离心后收集菌体，最后将活菌体置于鼓风干燥箱中，37℃干燥 1h；死菌组是将活菌 10 000r/min 离心 5min 弃去上清液后，先将菌体悬浮在 pH 6.0 的 PBS 中 100℃加热 30min 灭活菌体，然后用 pH 6.0 的 PBS 冲洗两次，高速离心后收集菌体，最后将死菌体置于鼓风干燥箱中，80℃干燥 5min。

表 2-1　菌种来源一览表

	菌株编号	中文名称	来源
有吸附作用（14 株）	Y1～Y8	酵母	传统发酵食品
	Y9	酵母	黑河红茶菌
	Sc	酵母	中国工业微生物菌种保藏管理中心
	Lp	干酪乳杆菌干酪亚种	中国普通微生物菌种保藏管理中心
	Bn	纳豆芽孢杆菌	日本纳豆
	L7	乳酸菌	郑州爽心悦红茶菌
	L8	乳酸菌	黑河红茶菌
无吸附作用（8 株）	L1～L3	乳酸菌	乳制品
	L4	嗜热链球菌	中国工业微生物菌种保藏管理中心
	L5	乳酸乳球菌	中国工业微生物菌种保藏管理中心
	C1	醋酸菌	郑州爽心悦红茶菌
	C2	醋酸菌	黑河红茶菌
	Y10	酵母	黑河红茶菌

向装有上述干燥菌体的离心管中加入 1.95mL 相应培养基和 0.05mL 1000ng/mL AFB_1 标准溶液，在 30℃（酵母）或 37℃（细菌），200r/min 的条件下，振荡孵育 2h。

然后将菌悬液 10 000r/min 离心 5min，收集上清液。对照组是向相同容积的空白离心管中加 1.95mL 相应培养基和 0.05mL 1000ng/mL AFB_1 标准溶液，并进行同样的处理。

移取 1mL 上清液于 100mL 三角瓶中，再向其中依次加入 1mL 正己烷、5mL 乙腈/水（84/16，*V*/*V*）（分析纯），高速振荡 10min，然后静置 30min。最后取下层溶液 2mL 于尖底刻度试管中，60℃下氮气吹干。向尖底刻度试管中加 200μL 正己烷（色谱纯）和 50μL 三氟乙酸衍生，剧烈振荡 30s，静置 5min，再加入 1.95mL 纯净水/乙腈(9/1，*V*/*V*)，剧烈振荡 30s，静置分层 10min，取下层水相于 2mL 离心管中，10 000r/min 离心 5min 以去除杂质，最后取上清液于进样瓶中进行高效液相色谱（HPLC）测定。

液相条件：流速为 0.6mL/min，进样量为 25μL，流动相为纯净水/乙腈/甲醇（70/17/17，*V*/*V*/*V*）及 100%甲醇。

益生菌菌体对 AFB_1 的吸附率：$y=(x_1-x_2)/x_1\times100\%$

式中，x_1 为对照组 AFB_1 浓度；x_2 为处理组 AFB_1 浓度；y 为吸附率。

在 22 株益生菌中，有 14 株菌对培养基中的 AFB_1 有明显的吸附作用(表 2-2)。活菌对培养基中 AFB_1 的吸附率为 0～35.66%，而热灭活的菌体对 AFB_1 的吸附能力为 8.57%～49.53%，并且不同菌株对 AFB_1 的吸附能力差别很大，这与酵母吸附赭曲霉毒素的情况类似（Bejaoui et al.，2004），Hernandez-Mendoza 等（2009）筛选出的乳酸菌对 AFB_1 的吸附能力差别也很大。此外，经 100℃加热 30min 处理后，除编号为 Y6 的酵母之外，这 14 株菌的吸附能力均显著增强（$P<0.05$），这与 Shetty 等（2007）的研究结果相一致。在活菌状态下，Y1 对培养基中 AFB_1 的吸附率为 32.11%，仅低于编号为 Y9 的酵母，而经加热处理后，Y1 对培养基中 AFB_1 的吸附率最高，达 49.53%，吸附率提高了 17.42%。

表 2-2　不同益生菌对 AFB_1 的吸附率

菌株编号	AFB_1 吸附率（%）	
	活菌	热灭活菌
Y1	32.11±0.29b	49.53±0.75a
Y2	29.26±0.64c	47.02±0.29a
Y3	11.52±0.94g	21.49±1.01f
Y4	6.31±0.65i	12.92±1.73h
Y5	3.17±0.73j	8.57±1.47i
Y6	27.21±1.05d	25.62±0.38de
Y7	25.16±3.38e	30.89±2.08c
Y8	23.56±1.42e	26.40±1.70d
Y9	35.66±1.56a	40.07±1.74b
Sc	0.00±0.00k	25.12±3.54de
Bn	17.84±1.51f	23.08±1.71ef
Lp	8.90±0.89h	16.62±1.81g
L7	16.84±1.90f	21.16±1.93f
L8	16.46±1.62f	23.80±1.01def

注：同列数字后字母不同表示差异显著（$P<0.05$）

二、益生菌（Y1）的形态特征及培养

该菌株细胞呈椭圆形，出芽生殖，每个细胞产 1 个或多个芽孢，芽孢也呈椭圆形，该菌株细胞的具体形态见图 2-1A。

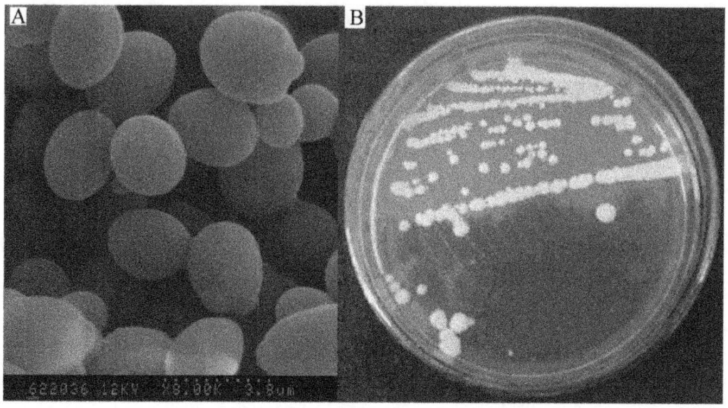

图 2-1　Y1 的扫描电镜图片及平板培养图片

Y1 菌落呈乳白色、光滑、圆形、边缘整齐、菌落直径 3～4mm、好氧、菌落软而湿润、质地均匀容易挑取。该菌株的平板菌落培养形态见图 2-1B。

用接种环挑取少量菌体，染色后在光学显微镜下观察，由图 2-2 可见，Y1 细胞个体很大，在 400×的倍数下，就能够清晰地看到它的形状。

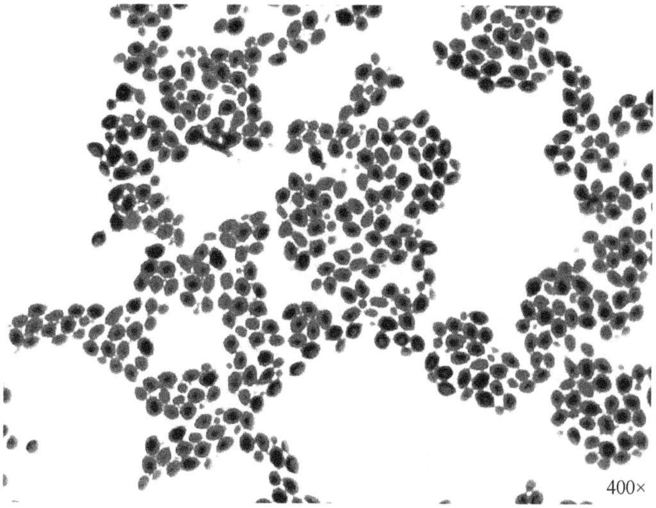

图 2-2　Y1 在光学显微镜下的染色图（另见彩图）

三、益生菌对 AFB_1 吸附稳定性的影响因素

（一）Y1-AFB_1 复合物的稳定性

吸附实验完成之后，高速离心收集上清液测定其中剩余 AFB_1 的浓度，再用 3mL 蒸馏水冲洗留有 Y1 菌体的离心管壁，以除去管壁上残留的 AFB_1，10 000r/min 离心 10min 去除上清液，再向离心管中加 2mL 溶剂，剧烈振荡 10min，溶出复合物中的 AFB_1，再次 10 000r/min 离心 10min 后收集溶液，采用 HPLC 法测定溶液中 AFB_1 的含量。

从表 2-3 可以看出，甲醇、乙腈等试剂都能溶出 Y1-AFB_1 复合物中的 AFB_1，其中乙腈和甲醇对复合物中 AFB_1 的溶出率显著高于其他试剂（$P<0.05$），溶出率分别为 56.56%和 52.06%，0.1mol/L HCl 的溶出率最低，只有 2.95%，这表明 Y1 与 AFB_1 是通过物理方式结合在一起的，AFB_1 没有被降解。关于 AFB_1 与益生菌的结合，有些文献报道是可逆的，有些则报道是不可逆的（El-Nezami et al.，2002），复合物稳定性实验发现，甲醇、乙腈等试剂可以溶出酵母 Y1-AFB_1 复合物中的 AFB_1，表明 Y1 与 AFB_1 的结合是可逆的。另外，甲醇和乙腈这两种对 AFB_1 溶解能力很强的有机溶剂，对 AFB_1 的溶出率也未达到 60%，表明 Y1 与 AFB_1 之间的结合能力比较强。

表 2-3　不同试剂对 Y1-AFB_1 复合物中 AFB_1 的溶出率

溶液	AFB_1 溶出率（%）
乙腈	56.56±0.58a
甲醇	52.06±2.36b
苯	16.63±2.36c
NaOH	18.28±1.41c
HCl	2.95±0.50e
蒸馏水	6.21±0.34d

注：同列数字后字母不同表示差异显著（$P<0.05$）

此外，当吸附时间为 60min 时达到吸附饱和点（吸附率为 81.16%）之后，随着时间增加 Y1 对 AFB_1 的作用显著减弱，这也说明 Y1 是通过物理吸附去除 AFB_1 的，达到吸附饱和点之后，Y1 还会释放出少量已吸附的 AFB_1，Y1 对 AFB_1 的吸附是一个动态的过程。

（二）扫描及透射电镜观察加热 Y1 细胞对吸附的影响

取适量 100℃加热前后的 Y1 菌体，扫描菌体样品经 2.5%戊二醛固定，乙醇逐级脱水及临界点干燥处理，透射菌体样品经 2.5%戊二醛固定、包埋、切片及乙酸铀染色处理后，分别在扫描及透射电子显微镜下观察 Y1 细胞加热前后的变化。

扫描电子显微镜观察结果显示，经 100℃加热 30min 处理后，Y1 细胞表面由光滑变得凹凸不平（图 2-3）。透射电子显微镜观察结果显示，加热后，Y1 的细胞壁明显增厚（图 2-4）：加热前 Y1 的细胞壁厚度为（90.70±0.18）nm，加热后变为（225.58±1.06）nm，加热后细胞壁厚度比加热前增加了 148.73%。这些结果表明，加热处理后 Y1 细胞与 AFB_1 的接触面积明显增大，从而导致 Y1 对 AFB_1 的吸附能力明显增强。

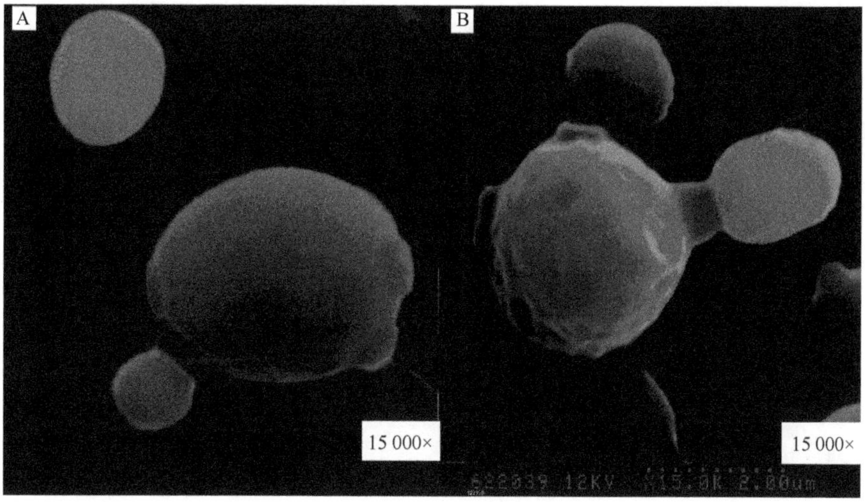

图 2-3　Y1 细胞扫描电镜观察结果

A. 加热前；B. 加热后

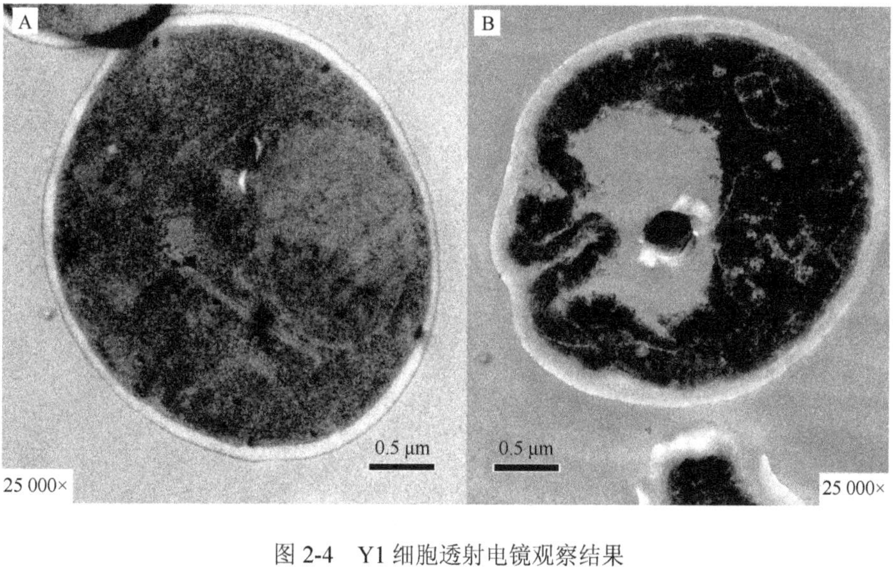

图 2-4　Y1 细胞透射电镜观察结果

A. 加热前；B. 加热后

目前，科学家们已经对益生菌吸附 AFB_1 的位点进行了一系列的推测和研究，但是还没有得出确切的结论。Haskard 等（2001）通过 ELISA 实验发现是鼠李糖乳杆菌细胞表面的某种成分吸附了 AFB_1，Raju 和 Devegowda（2000）及 Stanley 等（1993）将酵母细胞壁提取物分别加入混有 AFB_1 的肉鸡日粮中，均有效降低了 AFB_1 对肉鸡的毒害作用，说明吸附 AFB_1 的是酵母细胞壁上的某种成分。本研究通过电镜观察发现，经 100℃加热 30min 处理后，Y1 细胞壁由光滑变得凹凸不平，并且明显增厚，因此推断，Y1 吸附 AFB_1 的位点也是在其细胞壁上，但参与吸附的具体成分目前尚不清楚。加热处理后 Y1 细胞壁由光滑变得凹凸不平可能是由以下两种变化引起的：一是加热使细胞壁的结构由致密变得疏松；二是加热使细胞表面的一些物质发生了溶解，这两种变化都能增加细胞壁的通透性，导致细胞表面一些隐藏的吸附位点暴露，同时增加其与 AFB_1 的接触面积，从而提高 Y1 对 AFB_1 的吸附能力。加热处理后 Y1 细胞壁增厚可能是细胞壁上的某些物质变性引起的，Y1 细胞壁增厚也可以增加其与 AFB_1 的接触面积，提高 Y1 对 AFB_1 的吸附能力。因此，经 100℃加热处理后，Y1 对 AFB_1 的吸附能力显著增强。

第二节　益生菌对 AFB_1 的吸附条件

一、益生菌的吸附条件

酿酒酵母（*S. cerevisiae*）是与人类关系最密切的一种微生物，它不仅可用于面包、馒头的发酵及各种酒类的酿造，而且在现代分子和细胞生物学中可作为真核模式生物。酵母的细胞为球形或者卵形，直径 5～10μm，其繁殖的方法多为出芽生殖，但在外界条件恶劣时则进入减数分裂，生成一系列单倍体的孢子。

近年来，酵母，特别是啤酒酵母作为生物吸附剂得到了广泛的应用。用于生物吸附的啤酒酵母的形式多种多样，有活性啤酒酵母和非活性啤酒酵母、固定化啤酒酵母和游离啤酒酵母、未经处理的啤酒酵母和经过物理化学预处理的啤酒酵母等。随着生物吸附研究的深入，许多学者发现死细胞能以相等甚至更高的效率吸附金属和真菌毒素，进而减轻高浓度金属离子及真菌毒素的毒性作用（李志东等，2006）。因此，在本研究中，我们选择 Y1 做进一步吸附条件的优化。

（一）AFB_1 浓度对 Y1 吸附 AFB_1 的影响

菌体添加量为 2.5×10^9 个/mL，在菌体处理方式为 100℃加热 30min、吸附时间 3h、吸附温度 25℃、转速 200r/min，AFB_1 浓度分别为 5ng/mL、10ng/mL、15ng/mL、25ng/mL、50ng/mL 和 100ng/mL 的条件下，Y1 吸附 AFB_1 的效率见图 2-5，Y1 对 YPD 培养基中 AFB_1 的吸附率分别为 86.59%、80.36%、76.37%、

73.23%、58.22%和 50.76%。随着 AFB_1 浓度升高，吸附率明显降低，但是在毒素浓度逐渐升高的条件下，相同数量的细胞吸附毒素的绝对量却明显升高（分别为 8.66ng、16.07ng、22.19ng、36.62ng、58.22ng 和 101.51ng），这说明 Y1 对 AFB_1 的吸附存在巨大的潜力，即使在 100ng/mL 这样的高毒素浓度条件下，Y1 对 AFB_1 的吸附也并没有达到饱和状态，YPD 培养基中 AFB_1 的初始浓度对 Y1 的吸附能力有显著影响。

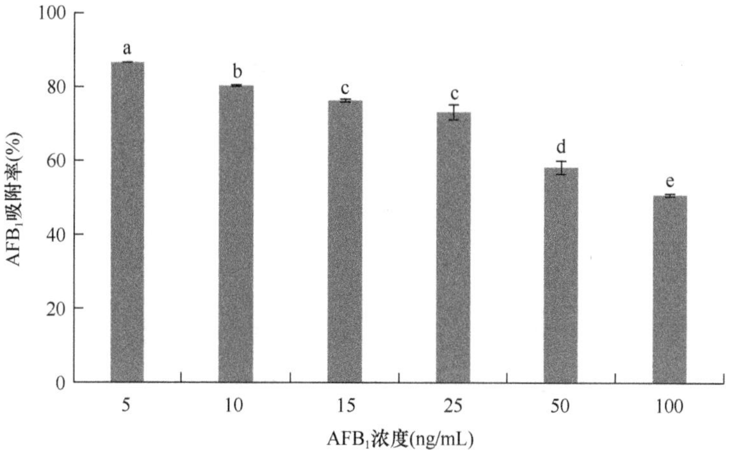

图 2-5　AFB_1 浓度对 Y1 吸附 AFB_1 的影响

字母不同表示差异显著（$P<0.05$），本章下同

上述结论与 Shetty 等（2007）的研究结果一致，在 AFB_1 浓度为 1μg/mL 时，该文献报道的酵母 A18 和 26.1.11，对 PBS 中 AFB_1 的吸附率分别为 69.1%和 65.1%，当 AFB_1 浓度提高到 5μg/mL 时，吸附率则分别为 41.0%和 37.2%，仅从吸附率来看，当毒素浓度升高时，吸附率明显降低，但是酵母 A18 和 26.1.11 对 AFB_1 的绝对吸附量却升高了，当 AFB_1 浓度为 1μg/mL 时，这两种菌分别能够吸附 0.69μg 和 0.65μg 的 AFB_1，当 AFB_1 浓度为 5μg/mL 时，这两种菌吸附 AFB_1 的量提高到 2.1μg 和 1.9μg。当微囊藻毒素浓度为 1μg/mL 时，乳酸菌 LBGG 和 LC705 对毒素的吸附率分别为 55.5%和 59.3%，当微囊藻毒素浓度升高为 10μg/mL 时，吸附率则分别为 52.0%和 52.9%，由此可见，当毒素浓度变为原来的 10 倍时，吸附率依然在 50%以上（Nybom et al.，2007）。鉴于我国食品中 AFB_1 污染水平大多集中在 2～20ng/g，最终确定 AFB_1 为 25ng/mL 时作为分析其他条件对吸附影响的试验浓度。

（二）菌体添加量对 Y1 吸附 AFB_1 的影响

在 AFB_1 浓度为 25ng/mL、菌体处理方式为 100℃加热 30min、吸附时间 3h、吸附温度 25℃、转速 200r/min 的条件下，菌体添加量分别为 2.5×10^8 个/mL、7.5×10^8

个/mL、2.5×10^9 个/mL 和 7.5×10^9 个/mL 时，Y1 分别能够吸附 31.37%、56.11%、76.86%和 94.32%的 AFB_1，见图 2-6。随着一定体积（2mL）体系中 Y1 细胞数量的增加，吸附率也明显升高，但二者增加的数值并不呈固定的比例。因此推测，在理想条件下，当溶液中菌体量足够多时，AFB_1 可被完全去除。但是，考虑到以下两点，最终确定 2.5×10^9 cfu/mL 作为菌体添加量。

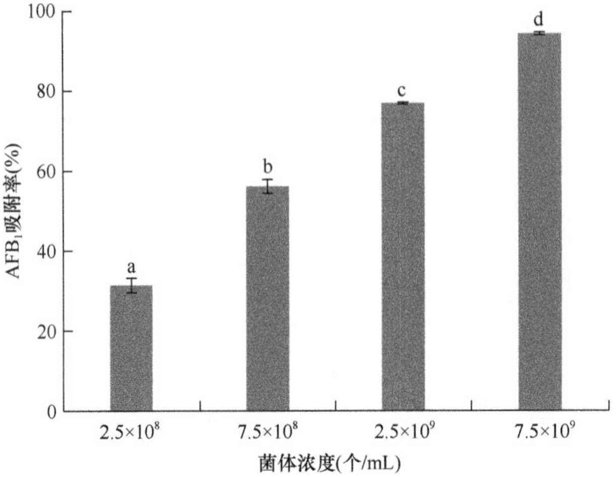

图 2-6　菌体添加量对 Y1 吸附 AFB_1 的影响

1）若菌体添加量为 7.5×10^9 个/mL，则 2mL 的含毒培养基中共需添加 1.5×10^{10} 个 Y1 细胞，这些菌体的体积约为 1.5mL，占含毒培养基体积的 3/4，所占比例太大；若菌体添加量为 2.5×10^9 个/mL，则 2mL 的含毒培养基中共需添加 5.0×10^9 个 Y1 细胞，这些菌体的体积约为 0.5mL，占含毒培养基体积的 1/4，比例较适宜。

2）菌体添加量越高，经济成本也越高。在 El-Nezami 等（1998a）的报道中，随着菌体添加量的升高，乳酸菌 LBGG 对 PBS 中 AFB_1 的吸附率也逐渐升高，当菌体添加量达到 1.0×10^{10} 个/mL 时，检测不到 PBS 中残留的 AFB_1（AFB_1 浓度为 5μg/mL）。同样地，LBGG 在吸附微囊藻毒素时，随着菌体添加量的升高，吸附率也升高，当菌体添加量小于 5.0×10^9 个/mL 时，吸附率升高的幅度很小，而当菌体添加量大于 5.0×10^9 个/mL 时，吸附率急剧升高（Nybom et al.，2007）。Bejaoui 等（2004）筛选出的酵母，也是随着菌体添加量的升高，其对培养基中赭曲霉毒素的吸附能力明显增强（$P<0.05$）。

综上，益生菌对 AFB_1 的吸附与菌体添加量密切相关，菌体添加量越高，吸附率也越高。

（三）菌体处理方式对 Y1 吸附 AFB_1 的影响

在 AFB_1 浓度为 25ng/mL、菌体添加量为 2.5×10^9 个/mL、吸附时间 3h、吸附温度 25℃、转速 200r/min 的条件下，活菌、100℃加热 30min、121℃高压灭菌 30min、悬浮在 0.1mol/L CH_3COOH 溶液中振荡处理 1h 及悬浮在 0.1mol/L $NaHCO_3$ 溶液中振荡处理 1h 后，Y1 对培养基中 AFB_1 的吸附率分别为 65.14%、80.69%、81.59%、66.52% 和 55.35%，见图 2-7。100℃加热 30min 和 121℃高压灭菌 30min，均能够明显提高 Y1 对 AFB_1 的吸附率，与活菌相比，经 100℃加热 30min 和 121℃高压灭菌 30min 后，吸附率由 65.13%分别提高到 80.69%和 81.59%，分别提高了 15.56%和 16.46%，而用 0.1mol/L CH_3COOH 溶液和 0.1mol/L $NaHCO_3$ 溶液处理 Y1 并不能显著提高 Y1 对 AFB_1 的吸附率。因此，最终确定菌体处理方式为 121℃高压灭菌 30min。

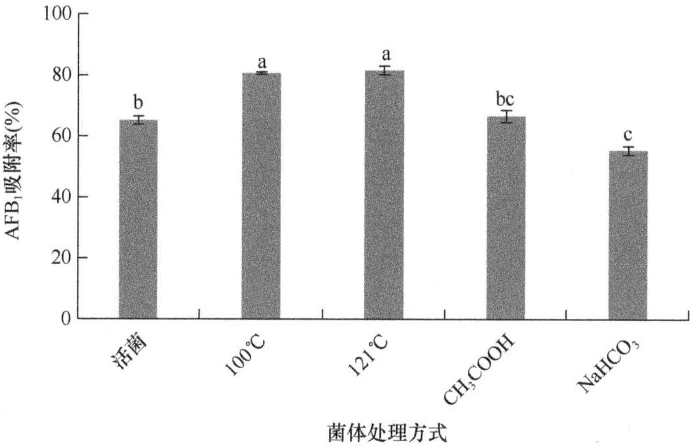

图 2-7　菌体处理方式对 Y1 吸附 AFB_1 的影响

经热灭活及酸碱处理后的菌体依然能够吸附，这再次说明 Y1 与 AFB_1 是通过物理吸附结合在一起的，并不是 Y1 代谢产生的酶降解了 AFB_1。

Shetty 等（2007）筛选出的酵母 A18 和 26.1.11 经加热处理后，其吸附 AFB_1 的能力均显著提高（$P<0.05$），且加热温度越高，加热时间越长，吸附率提高的幅度越大。与没有经过任何处理的活菌相比，酵母 A18 和 26.1.11 的细胞经 120℃加热处理 20min 后，吸附率分别由 38.7%和 36.1%提高到 79.3%和 77.7%，分别提高了 40.6%和 41.6%。这种加热处理能显著提高菌体吸附 AFB_1 能力的结论，与本实验的研究结果一致。

而在其他关于乳酸菌吸附 AFB_1 的报道中，加热处理却降低了菌体对 AFB_1 的吸附能力，其他处理方式如酸、碱、超声波、紫外辐照等能够提高菌体对 AFB_1 的吸附能力。LBGG 和 LC705 在吸附微囊藻毒素时，活菌的吸附能力明显高于死菌，且弱碱和 HCl 处理过的菌体对微囊藻毒素的吸附能力也明显升高（Nybom et al., 2007)。El-Nezami（1998b）研究了不同的物理化学处理方法对 LBGG 和 LC705 在培养基中吸附 AFB_1 的影响，结果显示，与没有经过任何处理的活菌相比，能够显著降低菌体对 AFB_1 吸附能力的处理方式包括：将菌体在 100℃加热煮沸、121℃高压灭菌 30min 及将菌体悬浮在 pH 2.0 HCl 溶液振荡处理；能够显著提高菌体对 AFB_1 吸附能力的处理方式包括：将菌体悬浮在 pH 10.0 的 Na_2CO_3-$NaHCO_3$ 混合溶液、pH 10.0 的 NaOH 溶液、70%的乙醇溶液及 70%的正丙醇溶液中振荡处理；紫外辐照不能显著提高这两种乳酸菌吸附 AFB_1 的能力（$P>0.05$）；对于 pH 2.0 KCl-HCl 溶液及超声波处理这两种方式而言，它们对 LBGG 和 LC705 的影响并不一致，前一种菌体处理方式不能显著提高 LBGG 对 AFB_1 的吸附能力（$P>0.05$），而 LC705 经后一种方式处理过后，吸附 AFB_1 的能力显著升高（$P<0.05$）。

综上，同一种菌体处理方式对不同菌株的影响是不同的，因此，当筛选出一株新的 AFB_1 吸附菌株时，须重新研究不同菌体处理方式对其吸附 AFB_1 的影响。

（四）吸附时间对 Y1 吸附 AFB_1 的影响

在 AFB_1 浓度为 25ng/mL、菌体添加量为 2.5×10^9 个/mL、菌体处理方式为 121℃高压灭菌 30min、吸附温度 25℃、转速 200r/min 的条件下，将 Y1 菌体与 AFB_1 在 YPD 培养基中分别作用 5min、10min、30min、60min、90min、120min、240min、480min 和 720min 后，Y1 对 AFB_1 的吸附率分别为 78.59%、80.31%、80.89%、81.16%、80.81%、80.12%、79.72%、79.04%和 79.27%，见图 2-8。由此可知，Y1 对 AFB_1 的吸附是一个快速过程，在最初的 5min，Y1 即能吸附 78.59%的 AFB_1，之后随着吸附时间的延长，吸附率逐渐升高，60min 达到吸附饱和点（吸附率为 81.16%），在饱和点之后，Y1 还可能释放出少量已吸附的 AFB_1，吸附率也显著降低，这也再次说明 Y1 和 AFB_1 是通过物理方式结合在一起的，AFB_1 并没有被降解，且 Y1 对 AFB_1 的吸附是一个动态的过程。本实验确定了最佳吸附时间为 60min。

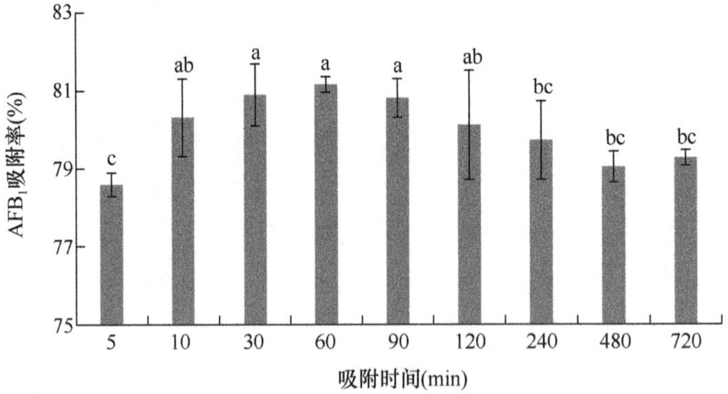

图 2-8 吸附时间对 Y1 吸附 AFB_1 的影响

（五）吸附温度对 Y1 吸附 AFB_1 的影响

在 AFB_1 浓度为 25ng/mL、菌体添加量为 2.5×10^9 个/mL、菌体处理方式为 121℃高压灭菌 30min、转速 200r/min 的条件下，将 Y1 菌体与 AFB_1 分别在 20℃、23℃、25℃、27℃和 30℃作用 60min 后，Y1 对培养基中 AFB_1 的吸附率分别为 78.69%、79.43%、78.42%、77.16%和 76.92%，见图 2-9。由此可见，温度对吸附率的影响也很大，23℃是 Y1 吸附 AFB_1 的最佳温度，此温度接近室温（25℃）。因此，在实际应用时，无须耗费巨大的能量来进行温度控制（加热或制冷），有利于节约能源和资源。

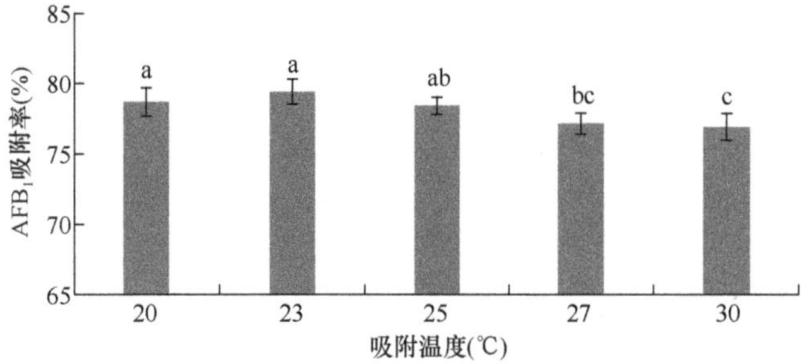

图 2-9　吸附温度对 Y1 吸附 AFB_1 的影响

（六）转速对 Y1 吸附 AFB_1 的影响

在 AFB_1 浓度为 25ng/mL、菌体添加量为 2.5×10^9 个/mL、菌体处理方式为 121℃高压灭菌 30min、吸附温度 23℃的条件下，将 Y1 菌体与 AFB_1 分别在不同转速 50r/min、100r/min、150r/min、200r/min 和 250r/min 条件下作用 1h 后，Y1 对培养基中 AFB_1 的吸附率分别为 81.91%、81.94%、83.91%、84.17%和 85.08%，见图 2-10。随着转速的增加，Y1 对 AFB_1 的吸附率也升高。考虑到以下两点，最终确定 200r/min 为最佳转速。

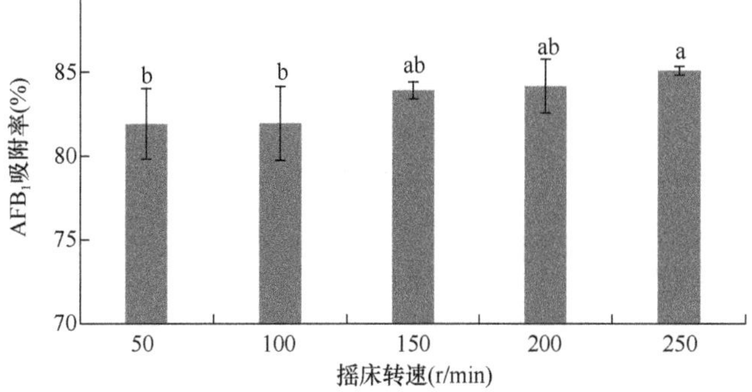

图 2-10　转速对 Y1 吸附 AFB_1 的影响

1）转速为 200r/min 和 250r/min 时，Y1 对 AFB_1 的吸附并无显著差异。

2）实验室所用摇床的最大转速即 250r/min，在此转速下，仪器的振荡非常剧烈，所受损伤也很大。

（七）菌体保存方式对 Y1 吸附 AFB_1 的影响

为了减少血球计数板计数误差对实验精确度的影响，考虑一次培养出大量菌体，并将其置于冰箱中保存，待需要时将其取出进行吸附实验，因此，本实验研究了不同菌体保存方式对 Y1 吸附 AFB_1 的影响。将菌体进行前处理之后再置于 4℃冰箱保存（保存方式一），在第 0 天、第 4 天、第 8 天、第 12 天分别进行吸附实验，结果表明，Y1 对培养基中 AFB_1 的吸附率分别为 80.35%、67.95%、57.89%和 49.55%，见图 2-11。在这种保存方式下，Y1 对 AFB_1 的吸附能力随着放置时间的延长而明显降低，放置 4 天后，吸附率即降低了 12.40%，放置 12 天之后，吸附率则降低了 30.80%。可见，将菌体进行前处理之后再置于 4℃冰箱的保存方式并不适用。

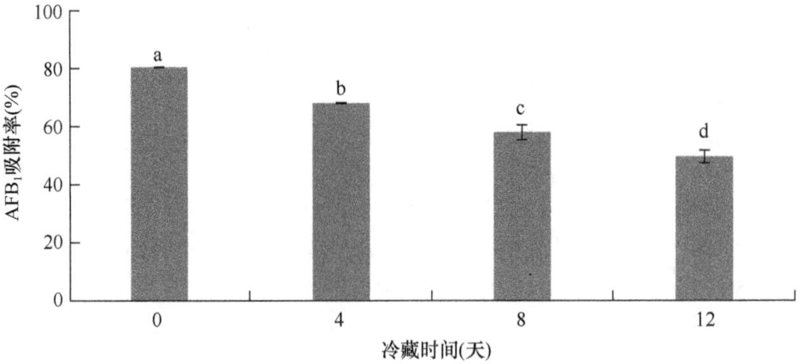

图 2-11　冷藏时间对 Y1 吸附 AFB_1 的影响（保存方式一）

而将 Y1 发酵液离心，再用 pH 6.0 的 PBS 冲洗菌体两次后，直接将获得的菌体置于 4℃冰箱中（保存方式二），在第 0 天、第 4 天、第 8 天、第 12 天、第 16 天、第 20 天、第 24 天将菌体取出，进行前处理，分别进行吸附实验。结果表明，Y1 对培养基中 AFB_1 的吸附率分别为 79.81%、79.50 %、79.49 %、79.43%、79.56%、79.50%和 79.58%，见图 2-12。在这种保存方式下的 Y1，在 0～24 天内，对培养基中 AFB_1 的吸附能力并无显著差异（$P>0.05$）。

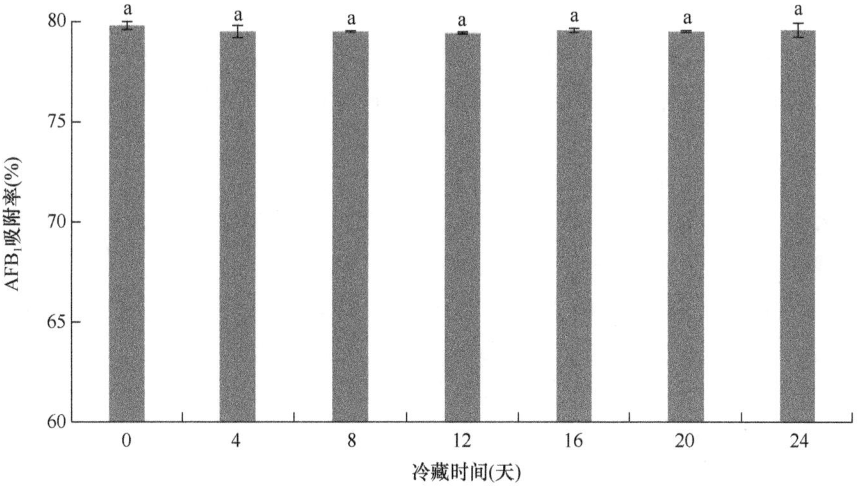

图 2-12　冷藏时间对 Y1 吸附 AFB_1 的影响（保存方式二）
字母相同表示差异不显著（$P>0.05$）

二、二次吸附作用

已知一次吸附后培养基中 AFB_1 浓度为 4.38ng/mL，在菌体添加量为 2.0×10^9 个/mL、菌体处理方式为 121℃高压灭菌 30min、吸附温度 23℃、转速 200r/min 的条件下，Y1 菌体与 AFB_1 作用 1h 后，经 HPLC 检测不到 AFB_1。上述结果说明，在一次吸附不能达到限量标准要求的情况下，采用二次吸附的方式可完全去除 AFB_1，见表 2-4。

表 2-4　二次吸附对 Y1 吸附培养基中 AFB_1 的影响

吸附次数	菌体添加量	AFB_1 浓度（ng/mL）
0	0	25
1	2.5×10^9 个/mL	4.38
2	2.0×10^9 个/mL	未检出

第三节　益生菌吸附 AFB_1 的应用

在中国，花生是一种非常重要的食品和饲料，也是我国出口创汇的主要农产品。花生的主要制品有花生油及花生奶。花生榨油之后残留的花生粕中粗蛋白、粗脂肪和氨基酸的含量都很高，是禽类和牲畜的精饲料。但是，近年来我国花生及其制品安全形势日益严峻，主要表现在黄曲霉毒素污染呈加重趋势。2007 年，黄湘东等对广东省市售的花生及主要花生制品中黄曲霉毒素污染水平进行了摸底调查，结果显示，抽样的花生、花生油、花生酱及花生渣中 AFB_1 的污染率分别为 26.9%、35.3%、66.7%及 100.0%，农贸市场中小作坊压榨的花生油及其他花生制品中黄曲霉毒素残留量更高，尤其是花生渣，黄曲霉毒素浓度是我国限量标准的几十倍。中国农业科学院油料作物研究所也曾对全国 22 个省份的 1685 份花生仁、1172 份花生油样品进行了 AFB_1 浓度检测，结果显示，花生仁中 AFB_1 污染率为 26.3%，花生油中 AFB_1 的污染率为 47.3%（刘晓津等，2002）。华南理工大学余以刚等（2007）应用酶联免疫法测定了广东省市售的几种传统食品中 AFB_1 的含量，抽检的几种食品中 AFB_1 的含量分别为，花生粕约 40μg/kg，花生油约 20μg/kg，月饼 5～20μg/kg，花生糖约 4μg/kg。河南是我国的花生种植大省，臧秀旺等（2008）对河南省花生 AFB_1 污染水平的调查显示，在抽检的 43 份不同品种花生样品中，有 16 份样品检测出 AFB_1 的污染，污染率为 37.2%，在这 16 份样品中，AFB_1 浓度在 2ng/g（欧盟限量标准）以下的只有 1 份，其余 15 份污染了 AFB_1 的样品，AFB_1 浓度为 2.06～9.76ng/g。鉴于我国花生及其制品 AFB_1 污染的严重程度，迫切需要一种高效、安全的脱毒方法来消除黄曲霉毒素对人类健康的影响和对出口贸易造成的损失。

由于花生奶的主要成分是花生，而花生中 AFB_1 污染非常严重，因此，有必要探索出一种去除花生奶中 AFB_1 的方法。在单因素实验确定 Y1 吸附培养基中 AFB_1 的最适条件之后，研究 Y1 应用到花生的主要制品之一花生奶中，分析 Y1 对花生奶中 AFB_1 的吸附效果。

一、Y1 对花生奶中 AFB_1 的吸附

称取 2g 花生置于榨汁机杯中，向其中加入 200mL 蒸馏水后开启食物搅拌机，充分搅碎使其成浆，用 4 层纱布过滤除去残渣，滤液即为花生奶。称取 2g 花生奶置于装有干燥菌体的离心管中，再向其中添加 0.05mL 1000ng/mL AFB_1 标准品，设置 AFB_1 浓度为 25ng/mL，菌体添加量为 2.5×10^9 个/mL，菌体处理方式为活菌、121℃高压灭菌 30min、UHP-H（将 121℃高压灭菌 30min 之后的菌体置于 400MPa 高压处理 10min）及 UHP-V（将活菌置于 400MPa 高压处理 10min），吸附温度 23℃，吸附时间 60min，转速 200r/min。吸附作用完毕后，将上述菌体与花生奶的混合溶液在 10 000r/min 离心 10min 收集上层溶液即可得到脱毒的花生奶，然后应用 HPLC 检测脱毒花生奶中 AFB_1 的浓度。

处理过的 Y1 对花生奶中 AFB_1 的吸附率分别为 40.54%、88.32%、84.06%和 74.75%，见图 2-13。由此可见，加热处理也能够显著提高 Y1 对花生奶中 AFB_1 的吸附率（$P<0.05$），此外，与没有经过任何处理的活菌相比，超高压处理之后的 Y1 对花生奶中 AFB_1 的吸附能力也明显升高（$P<0.05$），但是两种超高压处理

菌体的方式对吸附率的提高幅度均小于加热处理的提高幅度。

花生奶作为花生的主要制品之一，其较高的营养价值和良好的口感受到越来越多消费者的喜爱，因此在以后的实验中，将继续优化其他吸附条件，得到 Y1 吸附花生奶中 AFB_1 的最佳条件，获得一种更成熟的去除花生奶中 AFB_1 的方法。

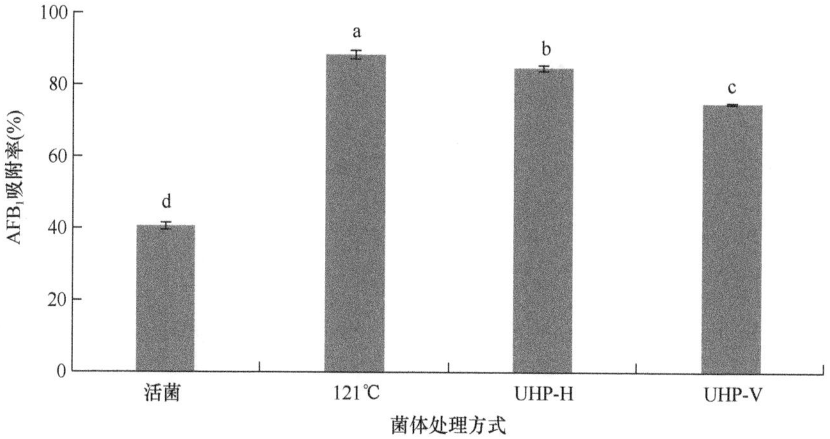

图 2-13　不同菌体处理方式下 Y1 对花生奶中 AFB_1 的吸附率

二、二次吸附作用

将一定量的 Y1 菌体加到经一次吸附后的花生奶中，在菌体添加量为 2.0×10^9 个/mL、菌体处理方式为 121℃高压灭菌 30min、吸附时间 60min、吸附温度 23℃、转速 200r/min 的条件下，利用 HPLC 测定二次吸附后花生奶中 AFB_1 的浓度。

已知一次吸附后花生奶中 AFB_1 浓度为 2.63ng/mL，在菌体添加量为 2.0×10^9 个/mL、菌体处理方式为 121℃高压灭菌 30min、吸附温度 23℃、转速 200r/min 的条件下，Y1 菌体与 AFB_1 作用 1h 后，经 HPLC 检测不到 AFB_1，见表 2-5。上述结果说明，在一次吸附不能达到限量标准要求的情况下，采用二次吸附的方式可完全去除花生奶中的 AFB_1。

表 2-5　二次吸附对 Y1 吸附花生奶中 AFB_1 的影响

吸附次数	菌体添加量	AFB_1 浓度（ng/mL）
0	0	25
1	2.5×10^9 个/mL	2.63
2	2.0×10^9 个/mL	未检出

参考文献

黄湘东, 龙朝阳, 梁春穗, 2007. 广东省市售大米、花生及其制品中黄曲霉毒素污染水平调查. 华南预防医学, 33(3): 62-63.

李志东, 李娜, 邱峰, 等. 2006. 影响啤酒酵母菌吸附铅离子条件的研究. 化学与生物工程, 23(10): 37-39.

刘晓津, 刘炜, 李一聪, 等. 2002. "绿色花生"生产、出口的现状、主要问题与对策. 农业科技管理, 21(3): 12-13.

余以刚, 邱杨, 吴晖, 等. 2007. 几种传统食品中黄曲霉毒素 B_1 的检测与安全评价. 食品与机械, 23(4): 110-111.

臧秀旺, 张新友, 汤丰收, 等. 2008. 河南省花生黄曲霉毒素污染研究初报. 河南农业科学, 12: 59-60.

Bejaoui H, Mathieu F, Taillandier P, et al. 2004. Ochratoxin A removal in synthetic and natural grape juices by selected oenological *Saccharomyces* strains. Journal of Applied Microbiology, 97(5): 1038-1044.

El-Nezami H, Kankaanpää P, Salminen S, et al. 1998a. Ability of dairy strains of lactic acid bacteria to bind a common food carcinogen, aflatoxin B_1. Food & Chemical Toxicology, 36(4): 321-326.

El-Nezami H, Kankaanpää P, Salminen S, et al. 1998b. Physicochemical alterations enhance the ability of dairy strains of lactic acid bacteria to remove aflatoxin from contaminated media. Journal of Food Protection, 61(4): 466-468.

El-Nezami H S, Chrevatidis A, Auriola S, et al. 2002. Removal of common *Fusarium* toxins *in vitro* by strains of *Lactobacillus* and *Propionibacterium*. Food Additives & Contaminants, 19(7): 680-686.

Haskard C A, Elnezami H S, Kankaanpää P E, et al. 2001. Surface binding of aflatoxin B_1 by lactic acid bacteria. Applied & Environmental Microbiology, 67(7): 3086-3091.

Hernandez-Mendoza A, Garcia H S, Steele J L. 2009. Screening of *Lactobacillus casei* strains for their ability to bind aflatoxin B_1. Food and Chemical Toxicology, 47(6): 1064-1068.

Nybom S M K, Salminen S J, Meriluoto J A O. 2007. Removal of microcystin-LR by strains of metabolically active probiotic bacteria. FEMS Microbiology Letters, 270(1): 27-33.

Raju M V, Devegowda G. 2000. Influence of esterified-glucomannan on performance and organ morphology, serum biochemistry and haematology in broilers exposed to individual and combined mycotoxicosis (aflatoxin, ochratoxin and T-2 toxin). British Poultry Science, 41(5): 640-650.

Shetty P H, Hald B, Jespersen L. 2007. Surface binding of aflatoxin B_1 by *Saccharomyces cerevisiae* strains with potential decontaminating abilities in indigenous fermented foods. International Journal of Food Microbiology, 113(1): 41- 46.

Stanley V G, Ojo R, Woldesenbet S, et al. 1993. The use of *Saccharomyces cerevisiae* to suppress the effects of aflatoxicosis in broiler chicks. Poultry Science, 72(10): 1867-1872.

第三章 真菌毒素降解微生物的筛选及降解机制分析

平菇（*Pleurotus ostreatus*）又名糙皮侧耳，属于真菌担子菌纲伞菌目侧耳科侧耳属。平菇是目前我国栽培最多的主要食用菌之一。平菇由于其适应性强、易栽培、生长快、产量高等特性，广泛分布于全球各地，平菇的主要生产国有中国、美国和荷兰（Kothe，2001），年产量都在 100 万 t 以上。

平菇含有抗肿瘤的多糖蛋白复合物(杨海龙和李燕文，1999；樊小英等，2011)，以及抗衰老、降血压、防治心脑血管疾病的牛磺酸等，具有很高的药用价值，从平菇中也可以提取到多种抗肿瘤的活性物质，如多糖、萜类化合物、类固醇、核酸等（Wasser and Weis，1999）。Zusman 等（1997）发现在玉米芯中培养后的平菇，可以抑制小鼠结肠癌的生长。Karacsonyi 和 Kuniak（1994）研究发现，从平菇子实体中提取得到的 β-D-葡聚糖，能提高受细菌感染小鼠的存活率。

平菇不仅能进行固体栽培，还能进行液体培养，获得菌丝体、菌类蛋白、调味剂等产物。研究表明，液态发酵和固体栽培得到的平菇菌丝体在化学组成上基本相似，都含有蛋白质、氨基酸和脂肪酸等（Cohen et al.，2002），经液体发酵培养得到的胞内组分和次级代谢产物，可对宿主的免疫系统发挥作用，并能用于治疗各种疾病。

第一节 平菇降解黄曲霉毒素的研究

平菇具有多种降解作用，主要产生锰过氧化物酶（MnP）、漆酶（Lac）和藜芦醇氧化酶(VAO)，但不能产生木质素过氧化物酶(LiP)。Pozdnyakova 等(2006)证明，平菇所产漆酶具有很高的活性，在降解酶系中起关键作用。漆酶是含铜的多酚氧化酶，大多含有 4 个铜离子，位于酶的活性部位。漆酶能够氧化酚类或芳胺类化合物，并将氧还原成水。添加适当的介导物质后，漆酶还可以氧化具有更高氧化还原电势能的非酚类化合物(Pozdnyakova et al.，2006)。Motomura 等（2003）从平菇胞外分离到漆酶分子量为 90kDa，可降解黄曲霉毒素，通过荧光测定表明该酶可破坏黄曲霉毒素内酯环，将其转化为黄曲霉毒醇（AFL）。

一、高产漆酶平菇菌株的筛选方法

（一）高产漆酶平菇菌株的初筛方法

漆酶是一种胞外酶，能将愈创木酚、α-萘酚聚合为低分子聚合物——愈创木酚或α-萘酚的四聚体和五聚体，从而在培养基上显色，显色越深，显色范围越大，表示漆酶酶活越高。漆酶能够降解木质素，且其降解产物可为菌体生长提供所需要的碳源，因此木质素降解选择培养基（LDSM）可作为筛选高产漆酶平菇菌株的培养基。通过在LDSM（浦军平等，1999）中添加愈创木酚或α-萘酚，可以直接用肉眼观察菌株产漆酶能力的大小。向木质素降解选择培养基中加入愈创木酚-乙醇溶液，使其终浓度为0.04%，则成为愈创木酚-木质素降解选择培养基（GLDS），向木质素降解选择培养基中加入α-萘酚-乙醇溶液，使其终浓度为0.5mmol/L，则变成α-萘酚-木质素降解选择培养基（NLDS）（Alessandra et al.，2005；王剑锋等，2007；任广明等，2010），根据选择培养基平板上菌株的生长情况、变色圈的大小、颜色深浅等特征，可以初步筛选出高产漆酶的菌株。

确定所选择的菌株是否产漆酶，需要将菌株进行活化。先将菌株从马铃薯培养基（PDA）试管斜面转接到葡萄糖-麦芽膏-酵母膏培养基（GMY）固体平板中央，30℃恒温培养5天，进行活化。在保藏菌株时，通常用马铃薯培养基，马铃薯培养基的配制比较简单，配制1000mL PDA培养基，材料用去皮马铃薯200g，葡萄糖20g，琼脂15g，蒸馏水1000mL，pH自然。

1. 颜色反应

菌株在GLDS和NLDS两种选择培养基上培养时，会产生不同的漆酶，漆酶与愈创木酚和α-萘酚反应，分别产生明显的红褐色和蓝黑色的变色圈（图3-1），且随着培养时间的延长，变色圈直径越来越大，变色圈色泽越来越深。菌株在GLDS培养基上的变色圈的色泽深于NLDS培养基上的，但变色圈直径小于NLDS培养基上的，这可能是由于平菇可以分泌多种同工漆酶，对愈创木酚和α-萘酚的催化专一性不同，王剑峰等（2007）研究发现，愈创木酚对漆酶的生物合成具有明显的诱导作用，使得菌株在添加愈创木酚的培养基上的变色圈色泽深，但变色圈直径小。

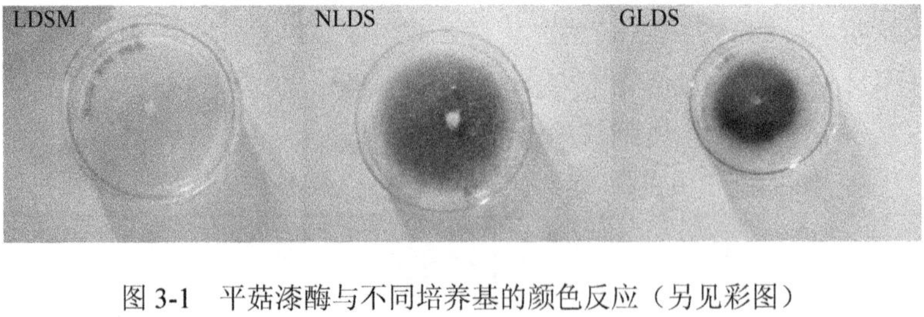

图3-1　平菇漆酶与不同培养基的颜色反应（另见彩图）

2. 生长圈

平菇分别在选择培养基平板上生长 6 天后，生长圈直径都大于 40mm（表 3-1），说明菌株在三种培养基上生长良好，其中，在 GLDS 培养基中，平菇 P1、P2、PUI、SK 和 H 生长圈直径没有显著差异，但明显大于其他三株菌株；在 NLDS 培养基上，平菇 P1、P2、PUI 三株菌株的生长圈直径明显大于其他菌株。菌株在 NLDS 培养基上的生长圈直径明显大于 GLDS 培养基上的生长圈直径，并且都明显小于在 LDSM 培养基上的生长圈直径，说明愈创木酚和 α-萘酚对菌株的生长具有一定的抑制作用，可以减缓菌株细胞生长的速率，导致菌株在添加愈创木酚和 α-萘酚的平板上的长势没有不添加的效果好，并对菌株的生长产生不同的影响，同时菌株对 α-萘酚的耐受性比对愈创木酚的耐受性高。

表 3-1　平菇在选择平板上培养 6 天的生长直径　　（单位：mm）

菌株	LDSM	GLDS	NLDS
P1	68.17±2.02a	55.33±2.08a	64.33±3.51a
P2	65.83±0.76a	54.33±1.04a	64.33±0.58a
SK	59.83±1.26b	52.17±1.26a	55.00±2.00b
H	58.83±0.76b	51.50±2.78a	55.00±3.00b
PUI	64.50±0.50a	53.50±1.80a	60.17±1.61a
HX	55.50±0.46bc	45.50±0.76b	49.50±1.76c
WB5	53.17±1.31c	41.33±0.51c	47.33±0.56c
A10	51.83±1.76c	40.50±0.24c	46.00±1.00c

注：同列数字后不同字母表示差异显著（$P<0.05$），下同

3. 变色圈

8 株平菇菌株在选择培养基平板上培养 6 天后，在 NLDS 培养基平板和 GLDS 培养基平板上的变色圈直径都大于 40mm（表 3-2），说明这 8 株平菇产漆酶的能力比较高，菌株在 NLDS 培养基上的变色圈直径明显大于 GLDS 培养基上的变色圈直径，其中，平菇 P1、P2、PUI 在 NLDS 培养基平板上的变色圈直径明显大于其他平菇菌株，但彼此之间没有显著差异，表明这 3 株平菇产漆酶的能力明显高于其他菌株；在 GLDS 培养基平板上，平菇 P1、P2、PUI 和 SK 变色圈直径之间没有显著差异，但明显大于其他平菇菌株。

表 3-2 平菇在选择平板上的变色圈直径结果 （单位：mm）

菌株	LDSM	GLDS	NLDS
P1	0（–）	57.33±2.08ab（+++）	67.33±3.51a（+++）
P2	0（–）	54.67±1.15ab（+++）	67.00±1.73a（+++）
SK	0（–）	58.33±1.53a（++）	58.67±2.08b（++）
H	0（–）	54.00±2.65b（++）	59.33±6.11b（++）
PUI	0（–）	56.67±2.52ab（+++）	63.33±2.31ab（+++）
HX	0（–）	46.50±1.25b（+）	53.17±2.35c（+）
WB5	0（–）	44.17±1.63c（+）	50.67±1.42cd（+）
A10	0（–）	41.17±2.23c（+）	48.33±1.37d（+）

注：括号中表示颜色深浅（–无反应，+较强，++强，+++很强）；数字后不同字母表示相同培养基下，不同菌株间变色圈直径间差异显著（$P<0.05$）

（二）高产漆酶平菇菌株的复筛方法

1. 漆酶酶活力的测定方法

通过改良的方法测定漆酶的活性（Jönsson et al.，1997；Motomura et al.，2003），在石英比色皿中分别加入 1500μL 蒸馏水、1000μL ABTS（1.6mmol/L）溶液、500μL 乙酸钠溶液（400mmol/L，pH 5.2），混匀后，再加入 500μL 酶液，并用紫外分光光度计测定反应体系在 414nm 处吸光度值的变化，漆酶酶活以每分钟氧化 1μmol ABTS 所需要的漆酶量作为 1 个酶活力单位（U）。按如下公式计算漆酶酶活力（Rancano et al.，2003；Wang et al.，2006）：

$$A=\frac{10^6}{\varepsilon}\times\frac{V_{总}}{V_{酶}}\times\frac{\Delta OD}{\Delta t}$$

式中，ε 为吸光系数（Baldrian，2006），ε=36 000L/(mol·cm)；$V_{总}$ 和 $V_{酶}$ 分别为反应体系的总体积和反应体系中酶液体积；漆酶酶活力 A，单位为 U/L；ΔOD 为吸光度值的变化量；Δt 是时间变化量。

2. 高产漆酶平菇菌株漆酶活力分析

对初筛得到的高产漆酶的菌株在液体培养基中进行发酵培养，通过测定发酵液中漆酶的活性，可以定量测定菌株漆酶的生产能力，从而得到高产漆酶的菌株，将菌株在装有 100mL 液体基础盐培养基（MSM）的 250mL 三角瓶中，置于 30℃、200r/min 摇床培养 12 天，进行液体发酵培养，每 48h 取样，测定发酵液中漆酶活力，可以定量确定菌株的产漆酶能力。

P1、P2 两株平菇菌株产漆酶的能力明显高于其他菌株（图 3-2），但菌株 P1

和 P2 产漆酶的能力没有显著差异。菌株 P1、P2 分别在第 8 天、第 10 天产漆酶能力达到最高水平，最高值可达到 601.78U/L、563.26U/L，产漆酶能力明显优于国外报道（Alberts et al.，2006），其产漆酶量分别高出 84.79%、73.83%。

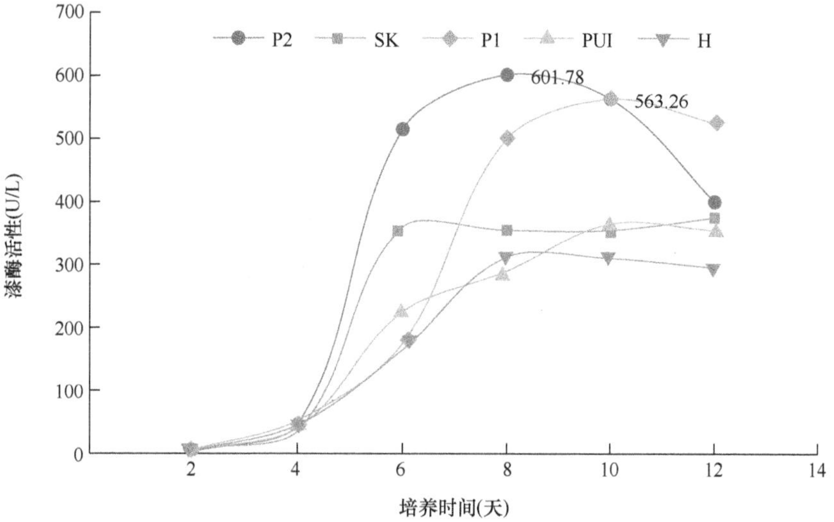

图 3-2　液体培养平菇产漆酶的能力

二、平菇发酵液降解黄曲霉毒素的研究

（一）不同平菇菌株发酵液降解 AFB_1 的能力

1. 平菇发酵液降解 AFB_1

选择的平菇菌株是初筛得到的高产漆酶的菌株 P1、P2、SK、H 和 PUI，装有 100mL 液体 MSM 培养基的 250mL 三角瓶中，于 28℃、200r/min 培养，将发酵液 10 000r/min 离心 5min 后，得到的上清液即为平菇发酵液。将平菇发酵液 790μL 加入 2.0mL 灭菌离心管中，再向离心管中加入浓度为 100μg/mL 的 AFB_1 标准溶液 10μL，振荡混匀，置于 30℃、200r/min 孵育 72h。

2. 提取与测定 AFB_1 的方法

将经过降解处理的发酵液 10 000r/min 离心 30s，将管壁上的发酵液离心到离心管底部，将发酵液加到 100mL 三角瓶中，再向三角瓶中加入 800μL 正己烷和 4mL 乙腈/水（84/16，*V*/*V*），剧烈振荡 15min，然后将三角瓶中的溶液加到 10mL 离心管中，静置 30min，取下层清液 2mL 加到氮吹管中，于 60℃氮气吹干，再用甲醇/水溶液（1/9，*V*/*V*）溶解出 AFB_1。用 AFB_1 ELISA 检测试剂盒测定 AFB_1 的含量。将 5 株平菇菌株在 MSM 液体培养基中培养达到最高产漆酶能力时，发酵液对 AFB_1 的降解能力表明 5 株平菇菌株对 AFB_1 都有明显的降解作用（图 3-3）。790μL 发酵液可以降解 535.51～700.89ng AFB_1，相同条件下，国外菌株 St2-3 降解 AFB_1 的量为 402.08ng（Alberts et al.，2009），这 5 株菌株降解 AFB_1 的能力比 St2-3 高出 33.18%～74.32%。

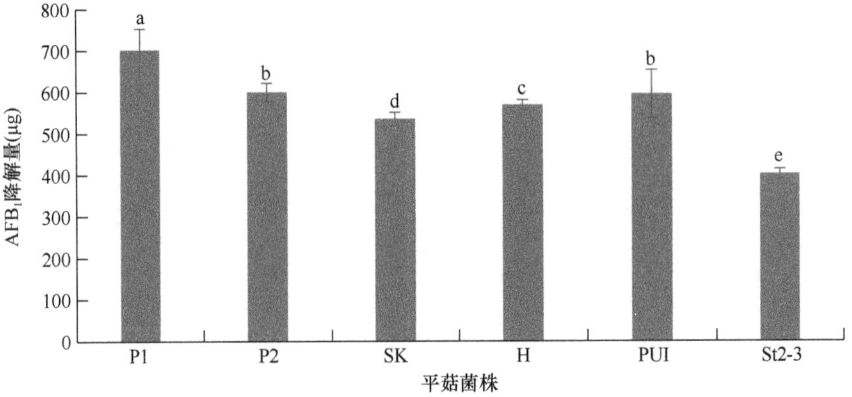

图 3-3　平菇发酵液降解 AFB_1 能力的比较

字母不同表示差异显著（$P<0.05$），本章下同

（二）平菇发酵液降解 AFB_1 的能力与漆酶酶活的相关性

1. AFB_1 检测方法的回收率

向 795μL、790μL MSM 液体培养基中分别加入 100ng/mL 的 AFB_1 5μL 和 10μL，使 AFB_1 的含量分别为 500ng、1000ng，每个浓度 3 个平行。振荡混匀，提取 AFB_1，用 AFB_1 ELISA 检测试剂盒检测 AFB_1 的含量，并按照回归方程计算 AFB_1 的含量。

添加不同含量的 AFB_1 标准品的液体培养基，其最终回收率如表 3-3 所示，由表 3-3 可以看出，提取 AFB_1 并用 AFB_1 ELISA 检测试剂盒测定 AFB_1，其回收率均达到 90%以上，且相对标准偏差均小于 5%，说明测定 AFB_1 的方法可行。

表 3-3　AFB_1 回收率实验

AFB_1 添加量（ng）	AFB_1 实测值（ng）	回收率（%）	RSD（%）
500	474.41±12.73	94.88±2.55	2.70
1000	930.35±15.18	93.04±1.52	1.63

2. AFB_1 ELISA 检测试剂盒的标准曲线

在 AFB_1 浓度为 0.1～8.1ng/mL，450nm 条件下测定吸光度值，以 AFB_1 标准品浓度（ng/mL）为横坐标，以标准品吸光度为纵坐标，绘制标准曲线如图 3-4 所示，此标准曲线的回归方程为 $y=-18.4\ln(x)+49.77$，且 $R^2=0.989$，AFB_1 浓度与吸光度呈良好的线性关系，说明本试验所用的检测方法可行，检测结果可靠。

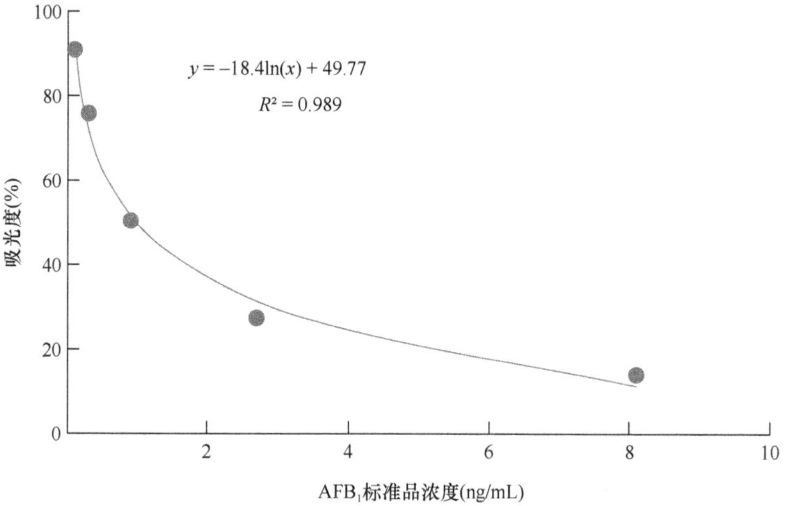

图 3-4　AFB_1 浓度的标准曲线

由标准曲线的回归方程得到 AFB_1 含量的计算公式为 $x=\text{EXP}[(49.77-y)/18.4]$，其中，$y$ 为吸光度值，x 为 AFB_1 浓度（ng/mL）。

3. 漆酶活性及 AFB_1 降解量的相关性

从图 3-5 可以看出，平菇菌株 P1 降解 AFB_1 的能力呈先升高后降低的趋势，其在 MSM 培养基中产漆酶的能力也呈先升高后降低的趋势，并且两者的变化趋势基本保持一致，表明平菇 P1 漆酶降解 AFB_1 的能力与漆酶活性呈很高的正相关性，其降解 AFB_1 的能力随漆酶活性的升高而升高。平菇 P1 产漆酶的能力与降解 AFB_1 的能力呈很高的正相关性，其降解 AFB_1 的能力随漆酶活性的升高而升高，随活性降低而降低。

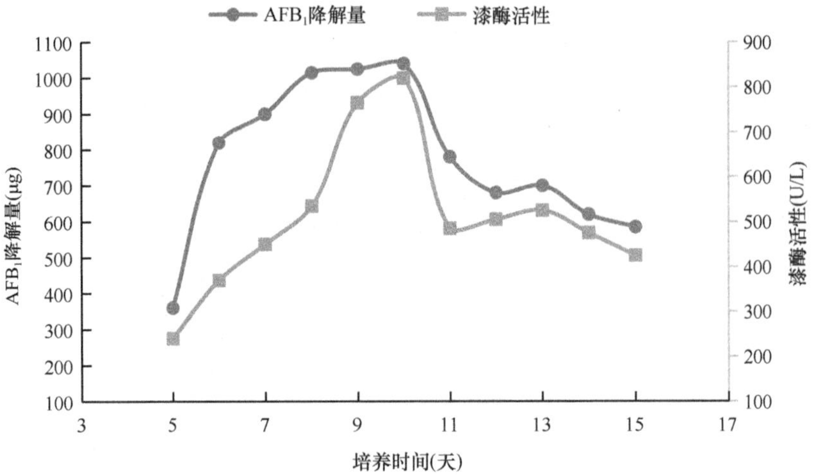

图 3-5 AFB_1 降解量与漆酶活性的相关性

从表 3-4 可以看出，当平菇 P1 发酵液被煮沸后，其中的蛋白质变性，漆酶活性由 624.31U/L 变为 0，降解 AFB_1 的量由开始的 758.24ng 降到 5.32ng，降解率从 75.82%降到 0.53%，基本没有降解 AFB_1 的能力，说明起降解 AFB_1 能力的酶为胞外酶。

表 3-4 平菇 P1 发酵液活性对降解 AFB_1 能力的影响

发酵液活性	漆酶活性（U/L）	降解 AFB_1 量（ng）	降解率（%）
原液	624.31	758.24±21.03	75.82
灭活	0	5.32±0.04	0.53

三、平菇培养条件及黄曲霉毒素降解酶的初步分离

在平菇栽培过程中，不同的培养条件（如碳源、氮源、温度、酸碱度、金属离子等）会影响平菇酶系的产生；在培养基中添加一些芳香族化合物（如甲苯胺、香兰酸、β-羟基安息酸和苯胺等），会提高漆酶的活性；培养基添加某些金属离子，可有效调节木质素降解酶的活性，提高对木质素的降解能力。Baldrian（2006）发现，在平菇的液体培养基中，加入 Cd^{2+}和 Cu^{2+}，可显著提高漆酶活性，加速木质素的降解；并在以麦秆为基质的平菇固体发酵中发现，Cd^{2+}对 MnP、漆酶和内切葡聚糖酶都有显著影响（Baldrian and Gabriel，2003）。此外，Mn^{2+}、Pb^{2+}、Cd^{2+}、Zn^{2+}的存在也可促进木质素的降解，但其催化程度有所不同，这主要取决于金属本身对酶调节的有效性，而与其在培养基中的含量并无直接关系。因此通过优化平菇 P1 菌株的培养条件和降解 AFB_1 的条件，能够得到高效降解 AFB_1 的发酵液。

（一）平菇的培养条件

1. 培养基及时间对 P1 产漆酶和降解 AFB_1 的影响

将平菇 P1 的菌丝圈分别在 3 种液体培养基 GMY、MSM、MSB 中培养后，从图 3-6 中可以看出，3 种培养基中最适合菌株 P1 产漆酶的是 MSM 培养基，在第 10 天产漆酶能力达到最高值 563.26U/L，而平菇菌株 P1 在 MSB 和 GMY 两种培养基中基本不产生漆酶，菌株 P1 产漆酶的培养基是 MSM 培养基。

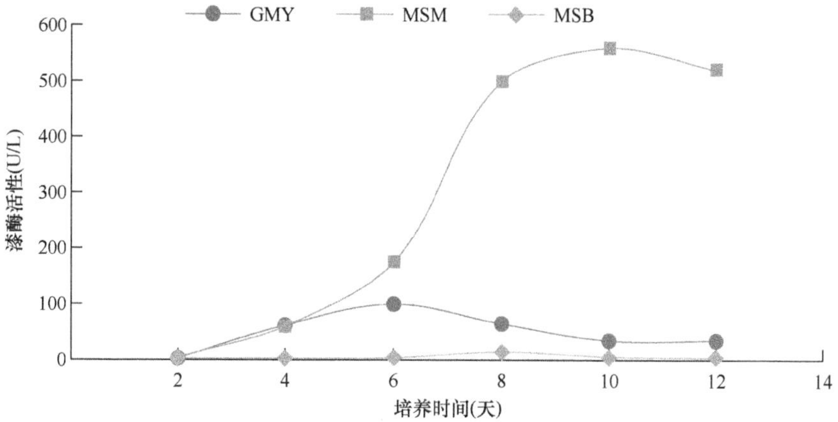

图 3-6 培养基对菌株产漆酶的影响

从图 3-7 可以看出，平菇 P1 发酵液降解 AFB_1 时，在孵育 3 天（72h）时，降解能力呈直线增长，为降解 AFB_1 的拐点，随着时间的延长，增长率变化不大，

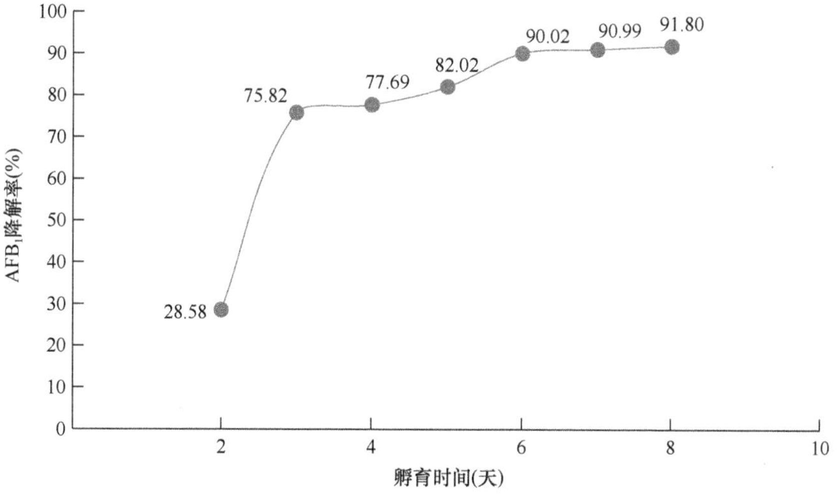

图 3-7 孵育时间对降解 AFB_1 的影响

当孵育时间达到 6 天时，降解率达到 90.02%，随着时间的延长，降解率基本不再增长，说明此时发酵液中的胞外酶基本已与 AFB_1 反应完全，因此，选择 3 天作为平菇 P1 发酵液与 AFB_1 的孵育时间。

2. pH 对 P1 产漆酶能力和降解 AFB_1 能力的影响

多数真菌漆酶的最适反应 pH 在 4.0～6.0，刘尚旭等（2004）研究发现，糙皮侧耳 Ax3 所产漆酶的最适反应 pH 为 2.8，Garzillo 等（2001）在研究糙皮侧耳漆酶时发现，当漆酶的作用底物不同时，其最适 pH 也不同。

通过选用不同 pH[4.5、5.0、5.5、6.0、6.5、自然（7.0）]的液体培养基 MSM，培养菌株 P1，测定漆酶活性，从图 3-8 中可以看出，最适合菌株 P1 产漆酶的培养基 pH 为 6.0，随着 pH 的升高，菌株 P1 产漆酶的能力先升高后降低，当 pH 为 6.0 时，产漆酶的能力最高，明显高于其他 pH 下的菌株产漆酶的能力。这与在酸性 pH 条件下活性和催化效率高的性质相一致（郭梅等，2004），当 pH 为 7.0 时，菌株 P1 产漆酶的能力变化不大，当 pH 为 4.5 时，菌株 P1 产漆酶的能力也比较低，说明在偏酸性和碱性条件下，不利于菌株 P1 产漆酶。

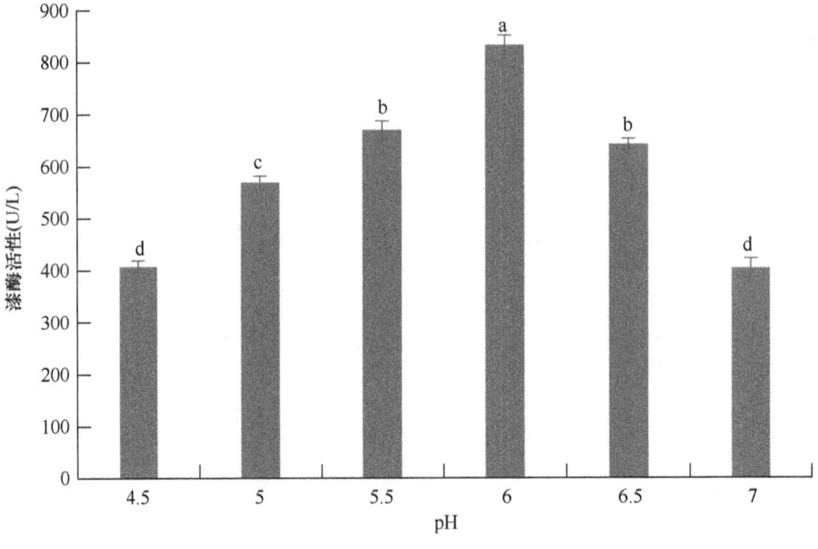

图 3-8　不同 pH 下菌株 P1 产漆酶最高酶活性的比较

菌株 P1 在不同 pH 条件下降解 AFB_1 的能力随 pH 的升高出现先升高后降低的趋势（图 3-9），与产漆酶的能力相一致，当培养基 pH 为 6.0 时，菌株培养 10 天，在此条件下，790μL 发酵液可以降解 765.08ng AFB_1，由此可以确定 MSM 培养基的 pH 为 6.0 时，最适合菌株产漆酶和降解 AFB_1。

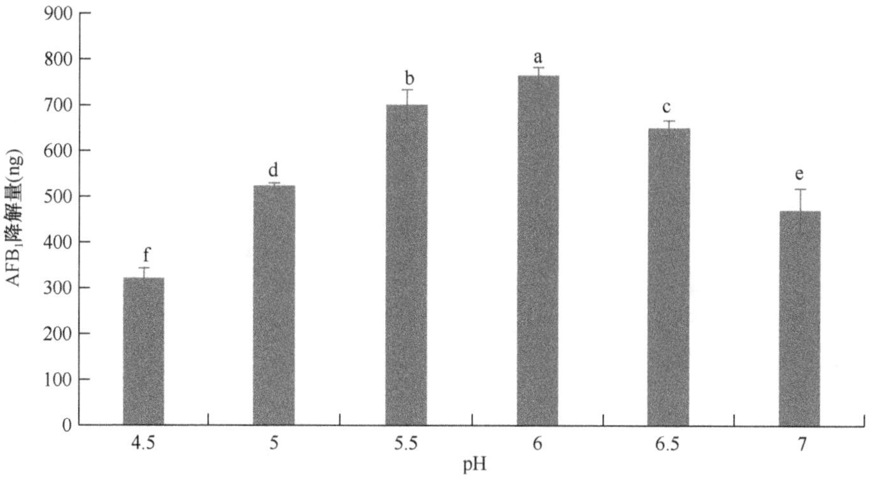

图 3-9　不同 pH 下菌株 P1 发酵液降解 AFB_1 能力的比较

3. 温度对 P1 产漆酶能力和降解 AFB_1 能力的影响

在 pH 为 6.0 液体培养基 MSM 中，通过将菌株分别于 25℃、28℃、30℃和 33℃下培养，转速 200r/min 培养，每隔一天取样，测定漆酶活性。从表 3-5 可以看出，孵育温度越低，平菇 P1 发酵液降解 AFB_1 的能力越高，这是由于平菇 P1 菌株胞外酶在温度越高的时候，活性越低。

表 3-5　孵育温度对降解 AFB_1 的影响

孵育温度（℃）	降解 AFB_1 量（ng）	降解率（%）
25	785.39±9.81a	78.54
30	758.24±21.03a	75.82
35	642.17±12.75b	62.22

从图 3-10 可以看出，培养温度越低，越有利于菌株 P1 产漆酶，且达到最高酶活的时间越长。当培养温度为 25℃、28℃、30℃和 33℃时，达到最高漆酶酶活的时间分别为 13 天、12 天、10 天和 10 天，最高酶活分别为 986.84U/L、891.03U/L、818.06U/L 和 641.39U/L。在 25℃时产漆酶的能力明显高于其他培养温度。

在不同培养温度下，平菇 P1 菌株降解 AFB_1 的能力随温度的升高而降低（图 3-11），当培养温度为 25℃、28℃和 30℃时，降解 AFB_1 的能力没有差异，但明显高于 33℃培养条件下降解 AFB_1 的量，这与平菇菌株的出菇温度在 2～30℃相一致。考虑到菌株 P1 在不同培养温度下达到最高酶活的时间及培养温度越低对培养箱控温要求越高的原因，因此选择 30℃下培养菌株，而且在此条件下，菌株 P1 达到最高酶活的时间为 10 天，而降解 AFB_1 的能力与 25℃、28℃条件下没有差异。

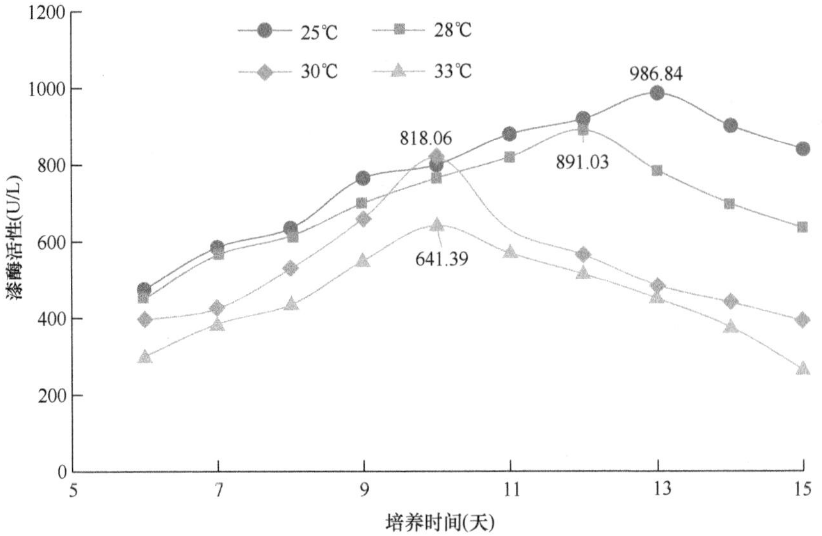

图 3-10　培养温度对菌株 P1 产漆酶的影响

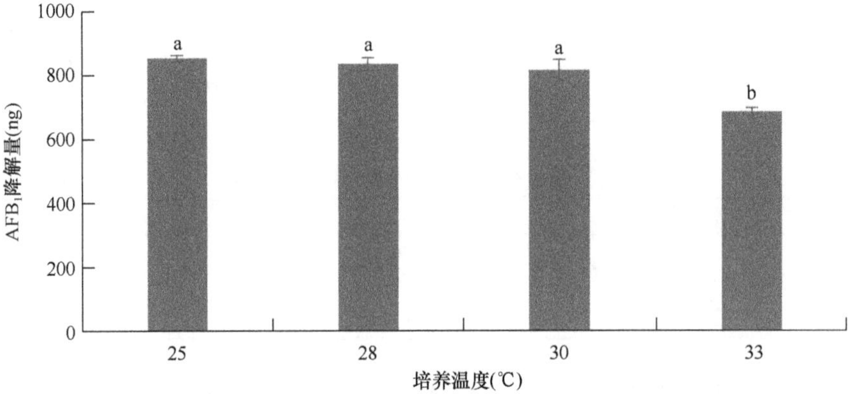

图 3-11　培养温度对菌株 P1 降解 AFB_1 能力的影响

4. 转速对平菇 P1 菌株产漆酶能力和降解 AFB_1 能力的影响

在 pH 为 6.0 液体培养基 MSM 中，通过将菌株分别于转速 100r/min、150r/min、200r/min，30℃培养，每隔一天取样，测定酶活，从图 3-12 可以看出，不同摇床培养转速对菌株 P1 产漆酶能力的影响没有明显差异，但摇床转速越高，其产漆酶能力达到最高水平的时间越短，说明转速越高，菌株生长的速度越快，当摇床转速为 100r/min、150r/min 和 200r/min 时，菌株 P1 产漆酶达到最高酶活的时间分别为 13 天、12 天和 10 天，酶活分别为 810.17U/L、824.37U/L 和 841.39U/L。

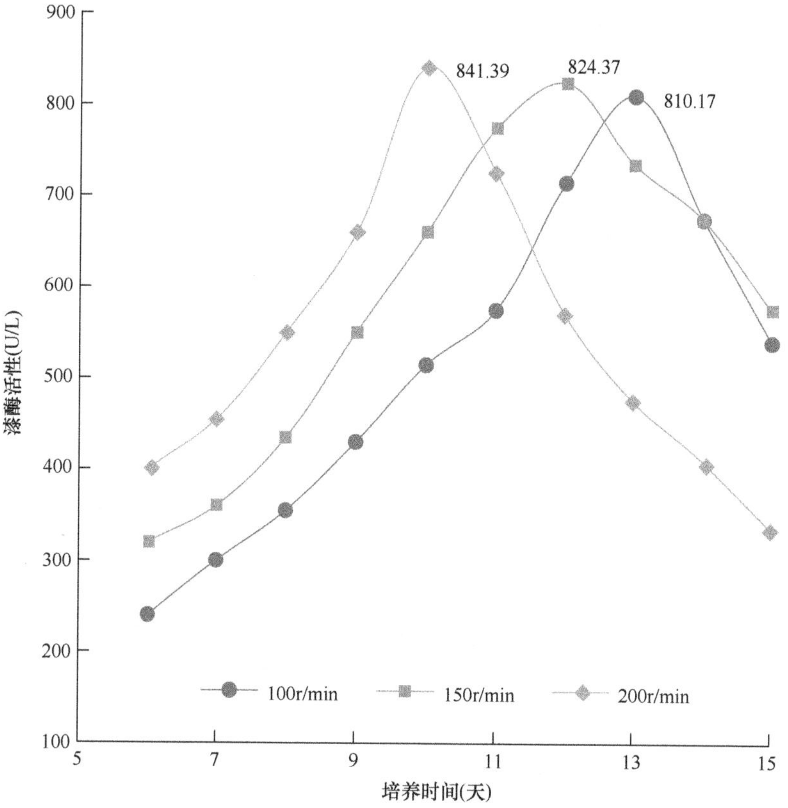

图 3-12　转速对菌株 P1 产漆酶的影响

菌株 P1 在不同摇床转速下，降解 AFB_1 的能力没有明显差异（表 3-6），转速对菌株 P1 降解 AFB_1 的能力没有明显影响，这可能是由于反应体系比较小，只要振荡均匀，在孵育过程中，转速起不到明显的作用。但是，当反应体系扩大后，需对转速对降解 AFB_1 的能力的影响进行再一次研究。转速对菌株 P1 降解 AFB_1 的能力没有影响，考虑到培养时间和菌株的生长速度，选择 200r/min 作为菌株 P1 培养的条件。

表 3-6　摇床转速对菌株 P1 降解 AFB_1 的影响

摇床转速（r/min）	降解 AFB_1 量（ng）	降解率（%）
0	761.26±23.17a	76.13
100	759.45±11.33a	75.95
200	762.63±18.46a	76.26

（二）平菇黄曲霉毒素降解酶的初步分离方法

Palmieri 等（1997）研究发现，平菇漆酶只含有 1 个铜离子，其他 3 个铜离子被 2 个锌离子和 1 个铁离子替代，在 600nm 处没有光吸收，被称为白色漆酶。平菇在麦秆、香兰素和藜芦酸的诱导下，能够产生若干胞外漆酶同工酶，如 POXA1b、POXAlw、POX1、POX2、POX-A2 和 POXC，其中 POXC 的产量最大（Palmieri et al.，2000）。Palmieri 等（2001）提纯并鉴定出一种新的胞外蛋白酶——糙皮侧耳枯草杆菌蛋白酶样蛋白酶（PoSl：*Pleurotus ostreatus* subtilisin-like protease），认为 PoSl 蛋白酶可能在抑制或激活不同糙皮侧耳漆酶同工酶的活性中具有关键作用。真菌漆酶多数为单体酶，而 Palmieri 等（2003）从添加 Cu^{2+}的糙皮侧耳培养基中，分离得到的两种漆酶同工酶（POXA3a 和 POXA3b）都是由一个大亚基（67kDa）和一个小亚基（18kDa 或 16kDa）构成。

1. 提取与净化降解后的黄曲霉毒素的方法

将平菇发酵液 950μL 分别降解 50μL 黄曲霉毒素（AFB_1 1μg/mL、AFB_2 3μg/mL、AFG_1 1μg/mL、AFG_2 3μg/mL 和 AFM_1 1μg/mL）标准品溶液后，经过离心、萃取、氮吹后，再用甲醇/水溶液（1/9，*V*/*V*）溶解出黄曲霉毒素。将提取的黄曲霉毒素溶液 2mL 通过免疫亲和层析柱，通过 2 次水洗脱和多次甲醇洗脱，收集洗脱液，浓缩至 0.7mL，并用水稀释至 1mL。

2. HPLC 法测定黄曲霉毒素的降解效果

黄曲霉毒素的测定条件。色谱条件：色谱柱为 Venusil MP C18（5μm，4.6mm×150mm）；柱温为 40℃；流动相：甲醇/水（*V*/*V*=45/55）；流速 1.3mL/min；采用柱后光化学衍生法：光化学衍生器 254nm；以荧光检测器检测，激发波长 360nm，发射波长 450nm，进样量 20μL。

平菇发酵液降解黄曲霉毒素后，经 HPLC 测定，4 种黄曲霉毒素 AFB_1、AFB_2、AFG_1、AFG_2 及降解后样品的检测保留时间见表 3-7，从图 3-13 降解前后谱图的比较可以看出，4 种黄曲霉毒素被完全降解，生成两种新的物质，保留时间分别在 12.258min 和 14.930min。

表 3-7　HPLC 检测黄曲霉毒素结果

检出物	保留时间（min）	峰宽（min）	出峰面积（LU*s）
AFG_2	9.332	0.6487	18.11775
AFG_1	11.244	0.6217	20.15129
New-1	12.258	0.6370	13.13291
AFB_2	13.521	0.6423	33.47700
New-2	14.930	0.7355	13.26334
AFB_1	16.770	0.6910	46.00852

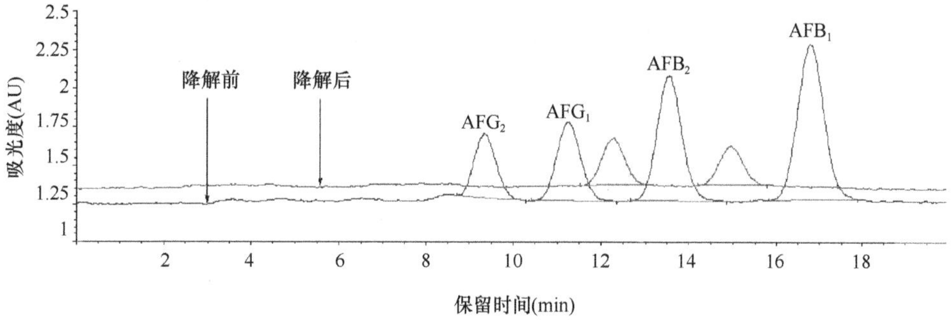

图 3-13　降解前后黄曲霉毒素（AFB_1、AFB_2、AFG_1 和 AFG_2）谱图

从图 3-14 降解前后谱图的比较可以看出，AFM_1 出峰时间在 8.898min，发酵液对 AFM_1 有明显的降解效果。

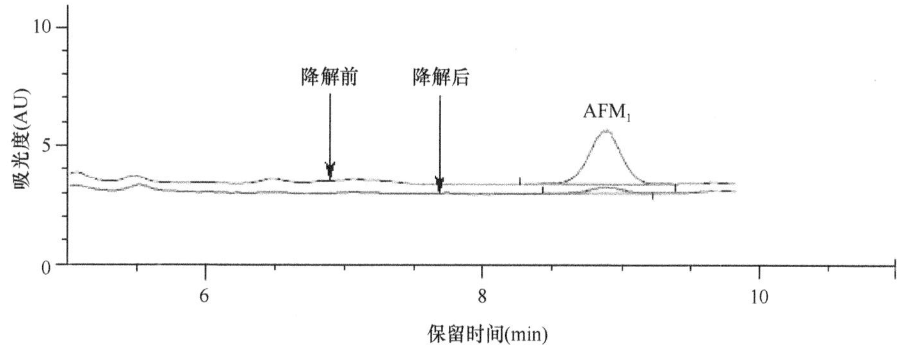

图 3-14　降解前后黄曲霉毒素（AFM_1）谱图

3. DEAE-Sepharose Fast Flow 分离蛋白

将经过 0.22μm 滤膜过滤后的平菇发酵液用 Vivaflow 200 超滤器浓缩到 2mg/mL。浓缩液加到用 20mmol/L 磷酸缓冲液（pH 6.0）平衡好的 DEAE-Sepharose Fast Flow 阴离子交换柱（1.6cm×10cm），先用磷酸缓冲液洗柱，然后以总体积 180mL、含 0～0.5mol/L NaCl 的磷酸盐缓冲液进行梯度洗脱，洗脱速度为 0.05mL/min，按 3mL/管收集洗脱峰，用分光光度计检测 280nm 处的吸光光度值，并逐管测定 280nm 处的吸光光度值，绘制蛋白质层析图，合并同一个峰的洗脱液，并用浓缩管浓缩至 3mL。

将浓缩后的 790μL 蛋白质分离组分加到 1.5mL 灭菌离心管中，再向离心管中加入浓度为 100μg/mL 的 AFB_1 标准溶液 10μL，置于 30℃、200r/min 摇床培养 72h，提取 AFB_1，用 AFB_1 ELISA 检测试剂盒，测定 AFB_1 的含量。

如图 3-15 所示，利用 DEAE-Sepharose Fast Flow 阴离子交换柱可将平菇 P1 发酵液中的蛋白质分成 5 个蛋白质组分，每个组分分别可以将 1000ng 的 AFB_1 降解到（867.9±30.8）ng、（980.6±6.3）ng、（801.5±119.8）ng、（519.2±3.00）ng 和（698.1±20.8）ng，降解率分别为（13.21±3.08）%、（1.94±0.61）%、（19.85±11.97）%、（48.08±3.01）%和（30.19±2.08）%（图 3-16），表明发酵液中不止一种蛋白质可以降解黄曲霉毒素，而且它们在降解效果上存在累加效应。SDS-PAGE 结果显示发酵液经过柱层析后其蛋白质得到了初步分离，但是每个组分的蛋白质成分还是比较复杂，需要进一步分离纯化（图 3-17）。

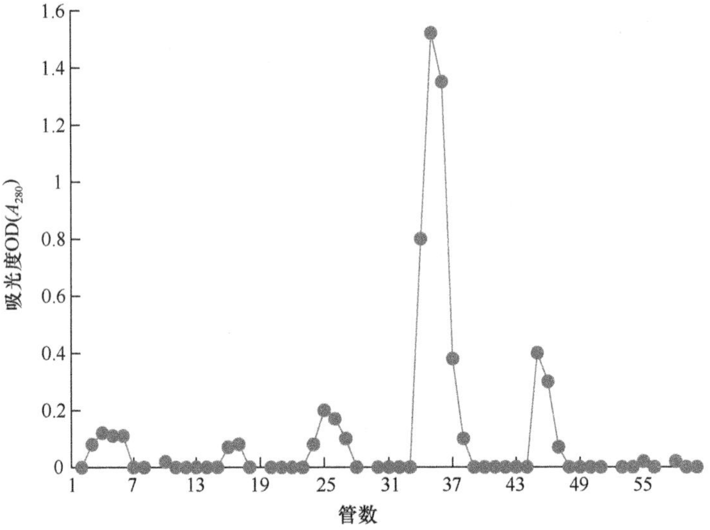

图 3-15 平菇 P1 发酵液蛋白质阴离子交换层析洗脱曲线

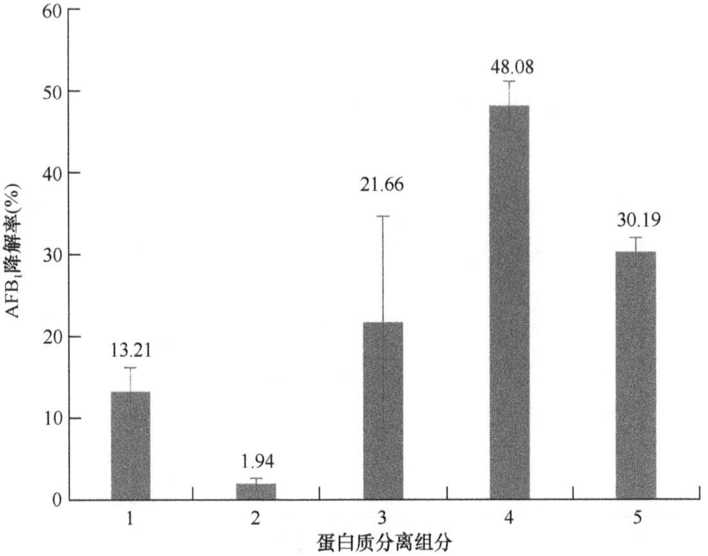

图 3-16 平菇 P1 发酵液各蛋白质分离组分降解 AFB_1 的能力

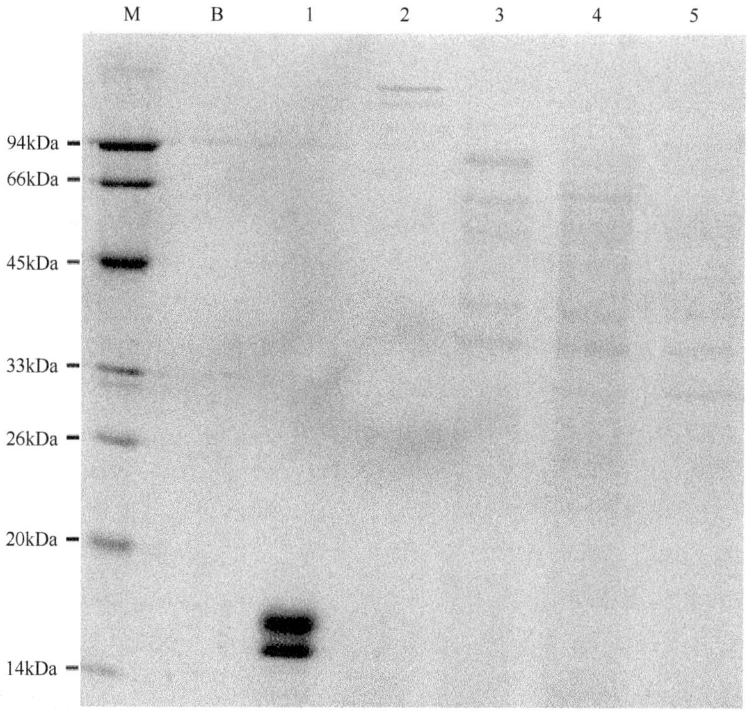

图 3-17 平菇 P1 发酵液各蛋白质分离组分 SDS-PAGE 电泳图

M. marker；B. 缓冲液；1～5. 蛋白质分离组分 1～5

HPLC 的结果显示平菇 P1 发酵液不仅可以降解 AFB_1，还可以有效降解 AFB_2、AFG_1 和 AFG_2，降解后有新物质产生，但是降解产物具体是什么需要进一步的质谱鉴定。白腐菌 YK-624 中的锰依赖型过氧化物酶可降解 AFB_1（Wang et al.，2011），并鉴定了其降解产物，阐释了其降解路径。而本实验中平菇 P1 降解黄曲霉毒素的产物根据其液相色谱的保留时间，推测与 Wang 等（2011）的报道相似，即把黄曲霉毒素的 8,9 位的双键打开，各加上一个羟基（$C_{17}H_{14}O_8$ 和 $C_{17}H_{16}O_8$）。黄曲霉毒素在动物和人体内会在细胞色素 P450 系统作用下转变为 8,9-环氧黄曲霉毒素（AFBO），AFBO 能自发与核酸及蛋白质等生物大分子结合形成相应加合物，抑制 DNA 甲基化，进而影响基因表达和细胞分化，激活致癌基因的表达。当黄曲霉毒素 8,9 位的双键被打开各加上一个羟基后，就不能形成 AFBO，从而不具有致癌性（Rawal et al.，2010），即平菇 P1 发酵液的降解产物应该是毒性很低或者无毒的。

第二节 黄曲霉毒素降解细菌的筛选及降解机制分析

Völkl 等（2004）提出，真菌毒素的生物降解在自然界中自然发生，因为许多真菌毒素化学性质稳定，但并不会在自然环境中积累。因此，富含微生物的环境样品如动物粪便、腐烂的树皮、土壤、谷粒等可以作为黄曲霉毒素降解的来源。已从土壤中、水中、谷物中分离出来的细菌、真菌、原生动物和特定的酶可以以不同的效率降解黄曲霉毒素，产生毒性较低或无毒的产物。一些曲霉菌属可产生黄曲霉毒素的真菌能够降解它们自己合成的真菌毒素。因此，利用生物降解可以大规模从食品和饲料中去除黄曲霉毒素，以减少因黄曲霉毒素污染造成的经济损失，并改善动物和人类健康状况（Aliabadi et al.，2013）。

香豆素是黄曲霉毒素的基本分子结构（Bergot et al.，1977; Grove et al.，1981），香豆素和 AFB_1 的化学结构式见图 3-18。因此，降解香豆素的微生物也可以用于黄曲霉毒素的降解。香豆素是一种植物化学物质，广泛应用于酸味香料工业，与 AFB_1 相比，使用更安全，购买更容易和更便宜（Guan et al.，2008）。在我们的研究中，以香豆素（CM）作为唯一碳源从土壤和污染的谷粒中筛选降解 AFB_1 的微生物。

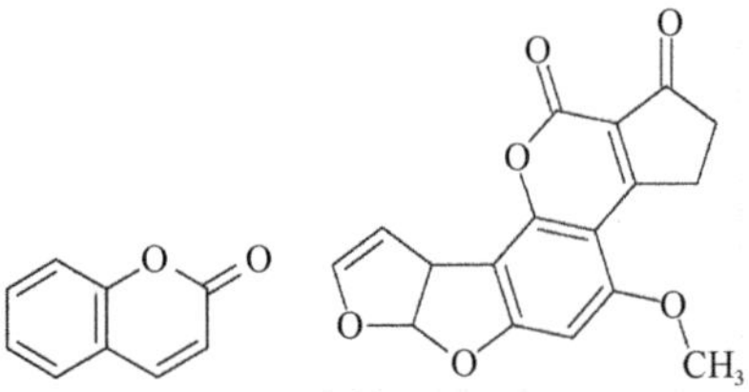

图 3-18　香豆素（左）和 AFB_1（右）的化学结构式

一、AFB_1 降解细菌的筛选和鉴定

（一）降解细菌的筛选

样品由 102 个土壤样品和 147 个谷物（小麦、玉米和大米）样品组成，所有样品室温下风干。将样品（0.5g）用 5.0×10^5 IU 制霉菌素（北京化学工业集团有限责任公司）研磨，然后加入无菌蒸馏水（9.0mL）并混匀，室温下振荡培养 12h，将上清液用无菌蒸馏水连续稀释至 10^{-1}、10^{-2}、10^{-3}、10^{-4} 和 10^{-5}。稀释的试样（0.2mL）在香豆素培养基平板上铺平，37℃孵育 3～7 天直至出现可见的菌落，分离单个菌落并测试 AFB_1 降解效果。

将分离的微生物在营养肉汤培养基（NB）中培养 12h，然后吸取 1mL 培养液转移至 20mL NB 培养基中，37℃振荡培养 24h。吸取 0.1mL AFB_1（500μg/L）溶液到 0.4mL 的菌液中，终浓度为 100μg/L，在黑暗中 37℃下孵育 72h。孵育结束后，通过 12 000r/min 离心 5min 除去细胞，以无菌 NB 培养基作为对照。

香豆素培养基（CM）：10.0g 香豆素，0.25g KH_2PO_4，1.0g NH_4NO_3，1.0g $CaCl_2$，0.25g $MgSO_4 \cdot 7H_2O$，1.0mg $FeSO_4$，15.0g 琼脂，100mL H_2O，培养基的 pH 调整到 7.0。

营养肉汤培养基（NB）：3.0g 酵母提取物，5.0g 蛋白胨，6.0g 葡萄糖，10.0g NaCl /L（pH=7.0）。

营养琼脂（NA）：NB+15g 琼脂，用于保存分离的微生物。

根据美国官方分析化学家协会的方法（Tosch et al.，1984），将反应混合物用氯仿萃取 3 次，氮吹，残余物溶于 50%甲醇/水溶液（1/1，*V/V*）中并通过 HPLC 分析。HPLC 色谱柱为 C18（4.6mm×150mm，5μm，Agilent），流动相为甲醇/水（1/1，*V/V*），流速为 1mL/min。检测器为荧光检测器（Waters，Milford，MA，USA），激发和发射波长分别为 350nm 和 450nm。

其中 87 个细菌分离菌株在 37℃培养 3 天后可降解 NB 中的 AFB_1，见表 3-8。N17-1、L15 和 L7 对 AFB_1 降解能力较强，分别为 82.8%、78.3%和 71.7%。

表 3-8　由香豆素培养基选择分离微生物对 AFB_1 的降解

序号	分离物	来源	AFB_1 降解率（%）
1	*Stenotrophomonas maltophilia* 97-D-5	泰安东平的土壤	88.5
2	*Stenotrophomonas* sp. E-D-1	泰安东平俄土壤	86.4
3	*Stenotrophomonas maltophilia* 97-D-3	泰安东平的土壤	85.0
4	*Pseudomonas aeruginosa* N17-1	北京昌平的土壤	82.8
5	*Stenotrophomonas* sp. 97-D-1	泰安东平的土壤	80.2
6	*Arthrobacter* sp. L15	吉林桥头的土壤	78.3
7	*Flavobacteriaceae* sp. 14	山西阳曲的土壤	74.1
8	*Pseudomonas aeruginosa* F26-1	北京昌平的土壤	73.3
9	*Bacillus shackletonii* L7	河北唐山的土壤	71.7
10	F26-2	北京昌平的土壤	69.0
11	NS7	江苏盐城的玉米	65.4
12	NS3	北京朝阳的大米	65.4
13	19-A	广东广州的土壤	65.2
14	F18-1	北京朝阳的土壤	56.1
15	NS10	河北涿州的玉米	56.0
16	NS6	山西长治的玉米	52.6

续表

序号	分离物	来源	AFB_1 降解率（%）
17	F24-C	北京昌平的土壤	52.5
18	F24-1	北京昌平的土壤	52.4
19	NS8	陕西宝鸡的玉米	45.5
20	NS9	江苏盐城的玉米	41.4
21	30	广东韶关的土壤	39.3
22	F25	北京昌平的土壤	38.4
23	NS1	北京昌平的大米	33.4
24	18	安徽阜阳的土壤	30.3
25	NSL25	江苏淮安的大米	30.0
26	16	广东汕头的土壤	24.8
27	29-D-1	山西阳曲的土壤	22.7
28	20	广东韶关的土壤	21.9
29	NSL24	江苏淮安的大米	21.8
30	M77	安徽宿州的玉米	21.4
31	M30	安徽宿州的玉米	19.5
32	NS2	北京昌平的大米	16.4
33	25-C	广东韶关的土壤	16.0
34	25-B	广东韶关的土壤	15.0
35	G-B	广东汕头的土壤	15.8
36	NSL23	江苏扬州的大米	15.2
37	M15	安徽宿州的玉米	13.8
38	25-C-3	吉林扶余的土壤	13.1
39	25-C-2	吉林扶余的土壤	12.9
40	E-D	广东广州的土壤	12.7
41	11-B	广东电白的土壤	11.6
42	F4-1	北京昌平的土壤	11.0
43	M60	江苏盐城的玉米	10.8
44	M55	江苏盐城的大米	9.8
45	V-1-E	安徽阜阳的土壤	9.0
46	M4	安徽宿州的玉米	8.8
47	79-B	广东广州的土壤	8.5
48	M33	安徽宿州的玉米	8.1
49	P-D-E	广东云浮的土壤	8.0

续表

序号	分离物	来源	AFB_1 降解率（%）
50	M39	安徽宿州的大米	8.0
51	F3-2	北京昌平的土壤	7.3
52	M35	安徽宿州的玉米	7.2
53	M62	山西阳曲的玉米	6.8
54	M36	安徽宿州的大米	6.7
55	25-B-3	吉林扶余的土壤	6.7
56	15-C	吉林桥头的土壤	6.1
57	M71	广东韶关的大米	6.0
58	M39	安徽宿州的玉米	5.7
59	M50	山西阳曲的玉米	5.5
60	F22-3	北京昌平的土壤	5.5
61	IV-2-C	安徽阜阳的土壤	5.1
62	M48	山西阳曲的大米	4.9
63	M29	安徽宿州的玉米	4.9
64	G-B-2	广东汕头的土壤	4.9
65	M89	广东汕头的玉米	4.6
66	F3-4	北京朝阳的土壤	4.3
67	M13	安徽宿州的玉米	3.9
68	M44	安徽宿州的玉米	3.7
69	M86	广东汕头的大米	3.7
70	M42	安徽宿州的玉米	3.5
71	77-A	湖北襄阳的土壤	3.1
72	25-B-1	吉林扶余的土壤	3.0
73	M31	四川南充的玉米	2.5
74	11-B-2	广东电白的土壤	2.0
75	M37	四川南充的大米	2.0
76	M43	四川南充的大米	1.9
77	II-B	广东电白的土壤	1.8
78	F22-1	北京昌平的土壤	1.4
79	9-A	河北唐山的土壤	1.4
80	28-A	四川南充的土壤	1.4
81	9-C	河北唐山的土壤	1.3
82	15-A	吉林桥头的土壤	1.3
83	F11-1	北京朝阳的土壤	1.2
84	V-2-C	安徽合肥的土壤	0.9
85	F13-1	北京昌平的土壤	0.9
86	22-A	河北唐山的土壤	0.8
87	27-D	湖北襄阳的土壤	0.1

（二）降解细菌的鉴定

1. 菌株的形态、生理生化特性

（1）菌株 N17-1 的形态、生理生化特性

采用 Xue 等（2006）提供的方法进行一般生理和生化测试，菌株 N17-1 显示铜绿假单胞菌的典型特征，见表 3-9。菌株 N17-1 在营养琼脂上表现为圆形蓝色菌落，革兰氏染色阴性。N17-1 在 37℃、pH 5～6 和 4% NaCl 下生长良好，可利用 α-D-葡萄糖作为唯一的碳源并能水解明胶，该菌株能利用 L-精氨酸。

表 3-9　菌株 N17-1 的形态、生理生化特性

项目	结果	项目	结果	项目	结果
细胞形状	棒状	D-水杨苷	−	D-葡糖醛	+
革兰氏染色	−	*N*-乙酰-D-氨基葡萄糖	+	葡糖醛酰胺	+
过氧化氢酶活性	+	*N*-乙酰-β-D-甘露糖苷酶	−	半乳糖	−
氧化酶活性	+	*N*-乙酰-D-半乳糖胺	−	奎宁酸	+
孢子形成	−	*N*-乙酰神经酰胺	−	对羟基酸	+
硝酸盐还原	+	α-D-葡萄糖	+	丙酮酸甲酯	+
酪蛋白水解	+	D-甘露糖	−	D-乳酸甲酯	−
淀粉水解	+	D-果糖	−	L-乳酸	+
API20E		D-半乳糖	−	柠檬酸	+
柠檬酸盐的利用	+	D-丝氨酸	−	α-酮戊二酸	+
产生吲哚	−	D-岩藻糖	+	Biolog GEN III（化学敏感性测试）	
产生硫化氢	−	蔗糖	−	阳性对照	+
Voges-Proskauer 测试	−	L-鼠李糖	−	pH 6.0	+
精氨酸双水解酶	+	肌醇	−	pH 5.0	+
色氨酸脱氨酶	−	甘油	+	4%NaCl	+
脲酶	+	D-葡萄糖-6-磷酸	+	米诺环素	+
赖氨酸脱羧酶	−	D-果糖-6-磷酸	+	1%乳酸	+
Biolog GEN III（生长实验）		D-天冬氨酸		夫西地酸	+
阴性对照	−	明胶	+	D-丝氨酸	+
L-半乳糖醛酸内酯	−	水苏糖	−	醋竹桃霉素	+
D-麦芽糖	−	L-丙氨酸	−	利福霉素 SV	+
D-海藻糖	−	L-精氨酸	+	林可霉素	+
D-纤维二糖	−	L-天冬氨酸	+	盐酸胍	+
龙胆二糖	−	L-谷氨酸盐	+	十四烷基硫酸盐	+
β-羟基-D,L-丁酸	+	L-组氨酸	+	万古霉素	+
甘氨酸-L-脯氨酸	+	L-焦谷氨酸	+	四唑紫罗兰	+
3-甲基-D-葡萄糖	−	松二糖	−	萘啶酸抗性	+
D-棉子糖	−	果胶	−	亚碲酸钾	+
α-D-乳糖	−	糊精	−	氨曲南	+
D-蜜二糖	−	糖酸	−	丁酸钠	+
β-甲基-D-葡糖胺	−	D-葡萄糖酸	+	氮蓝四唑	+

（2）菌株 L15 的形态、生理生化特性

表 3-10 列出了菌株 L15 的形态、生理生化特性。在琼脂培养基上，L15 呈圆形黄色菌落，革兰氏染色阳性。L15 在 37℃，pH 5～6 和 4% NaCl 下生长良好，能利用 α-D-葡萄糖作为唯一碳源但不能水解明胶，该菌株能利用 L-精氨酸和 L-组氨酸。

表 3-10 菌株 L15 的形态、生理和生化特性

项目	结果	项目	结果	项目	结果
细胞形状	棒状	D-水杨苷	+	果胶	+
革兰氏染色	+	*N*-乙酰-D-氨基葡萄糖	+	糊精	+
过氧化氢酶活性	+	*N*-乙酰-β-D-甘露糖苷酶	–	α-酮戊二酸	+
氧化酶活性	–	*N*-乙酰-D-半乳糖胺	–	3-甲基-D-葡萄糖	–
50℃生长	–	*N*-乙酰神经酰胺	–	Biolog GEN III（化学敏感性测试）	
硝酸盐还原	+	α-D-葡萄糖	+	阳性对照	+
酪蛋白水解	–	D-甘露糖	+	pH 6.0	+
淀粉水解	+	D-果糖	+	pH 5.0	+
Biolog GEN III（生长实验）		D-半乳糖	+	4%NaCl	+
阴性对照	–	D-丝氨酸	+	米诺环素	–
L-半乳糖醛酸内酯	–	D-岩藻糖	+	1%乳酸	+
D-麦芽糖	+	β-甲基-D-葡萄糖胺	+	夫西地酸	–
D-海藻糖	+	L-鼠李糖	+	D-丝氨酸	–
D-纤维二糖	+	肌醇	+	醋竹桃霉素	–
D-葡糖醛酸	+	甘油	+	利福霉素 SV	–
葡糖醛酰胺	–	D-葡萄糖-6-磷酸	–	林可霉素	–
半乳糖	–	D-果糖-6-磷酸	–	盐酸胍	–
奎宁酸	+	水苏糖	+	十四烷基硫酸盐	–
对羟基酸	+	L-丙氨酸	+	万古霉素	–
丙酮酸甲酯	+	L-精氨酸	+	四唑紫罗兰	–
D-乳酸甲酯	+	L-天冬氨酸	+	萘啶酸抗性	+
L-乳酸	+	L-谷氨酸盐	+	亚碲酸钾	+
柠檬酸	+	L-组氨酸	+	氨曲南	+
D-蜜二糖	+	L-焦谷氨酸	+	丁酸钠	+
β-羟基-D,L-丁酸	+	D-棉子糖	+		
甘氨酸-L-脯氨酸	–	松二糖	+		

2. 分子学鉴定

提取菌株的基因组 DNA（Marmur，1963），使用由 27F（5'-AGAGTTTGATCCTGGCTCAG-3'）和 1492R（5'-GGTTACCTTGTTACGACTT-3'）组成的通用引物扩增 16S rRNA 基因（Lane，1991）。PCR 扩增反应程序为 94℃变性 5min，1 个循环；94℃变性 30s，55℃退火 30s，72℃延伸 90s，30 个循环；72℃最后延伸 10min。扩增后，将产物储存在 4℃。通过直接测序确定核苷酸序列，并使用 BLAST 在 GenBank 数据库中进行比较。

根据 16S rRNA 基因序列分析，发现与菌株 N17-1 具有最近亲缘关系的是假单胞菌属 *Pseudomonas* sp. KGS（99%），结合形态、生理、生化特性，N17-1 被鉴定为铜绿假单胞菌。据报道，该物种菌株可降解正烷烃和多环芳烃、苯、甲苯、二甲苯、乙酰甲胺磷、甲胺磷、十溴二苯醚和食用油（Mukherjee and Bordoloi，2012；Sugimori and Utsue，2012；Shi et al.，2013；Ramu and Seetharaman，2014）。然而，首次发现该菌种具有降解黄曲霉毒素的能力。菌株 N17-1 的部分 16S rRNA 基因序列已提交 GenBank 数据库，登录号为 KJ188250，N17-1 菌株以 CGMCC 8511 保藏于中国普通微生物菌种保藏管理中心。

根据 16S rRNA 基因序列分析，发现菌株 L15 和 *Arthrobacter* sp. BE58 的 GenBank 序列同源性为 99%，初步鉴定为节杆菌（*Arthrobacter* sp.）菌株。节杆菌属在环境（如土壤）中分布很广，但尚未被确定为人类致病菌（Funke et al.，1996）。根据形态、生理、生化特性和 16S rRNA 基因序列分析的结果，L15 最终被鉴定为节杆菌属，L15 菌株的部分 16S rRNA 基因序列已提交 GenBank 数据库，登录号为 JF772506.1，L15 菌株在中国普通微生物菌种保藏管理中心被命名为 GCMCC8869。N17-1 和 L15 在 NA 培养基上的菌落形态见图 3-19，PCR 产物电泳图见图 3-20。

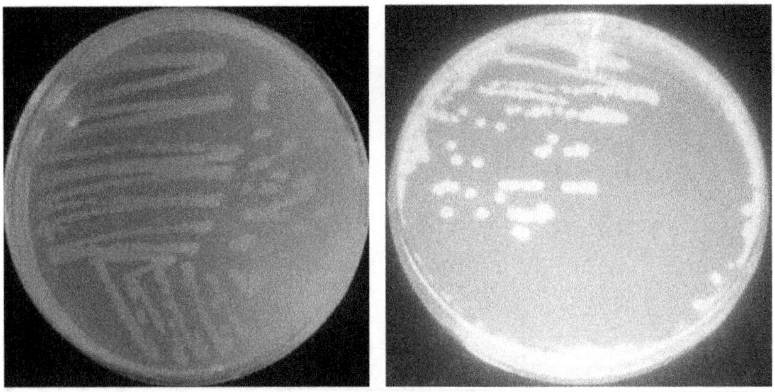

图 3-19 N17-1 和 L15 在 NA 培养基上的菌落形态（另见彩图）

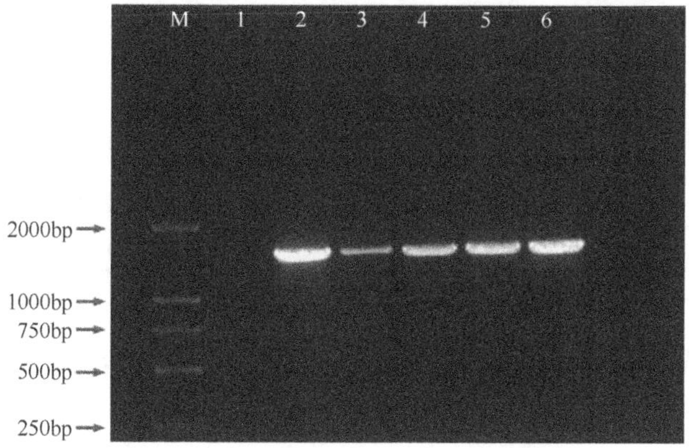

图 3-20　PCR 产物电泳

M. marker；1. 阴性；2. *Pseudomonas aeruginosa* N17-1；3. *Arthrobacter* sp. L15；4. *Stenotrophomonas maltophilia* 97-D-5；5. *Stenotrophomonas* sp. 97-D-1；6. *Bacillus shackletonii* L7

二、菌株 N17-1 和 L15 的表征

（一）菌株 N17-1 降解黄曲霉毒素

1. 菌株 N17-1 降解黄曲霉毒素的能力

N17-1 在 NB 培养基中与黄曲霉毒素 37℃共孵育 72h 后，N17-1 对 AFB_2、AFG_1、AFG_2 和 AFM_1 的降解率分别为 46.8%、98.9%、96.5%和 31.9%。其结果与 Gao 等（2011）的观察相似，他们发现来自鱼肠的枯草芽孢杆菌 ANSB060 具有最强的降解能力，AFB_1、AFM_1 和 AFG_1 降解率分别为 81.5%、60%和 80.7%，图 3-21 为菌株 N17-1 降解 AFB_1、AFB_2、AFG_1、AFG_2 和 AFM_1 的 HPLC 色谱图。

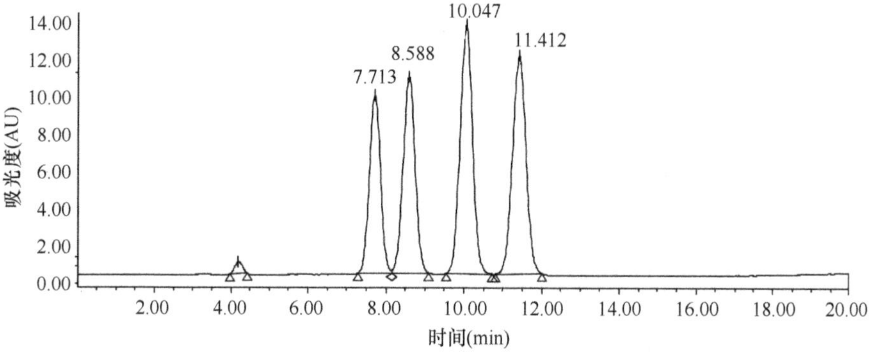

A

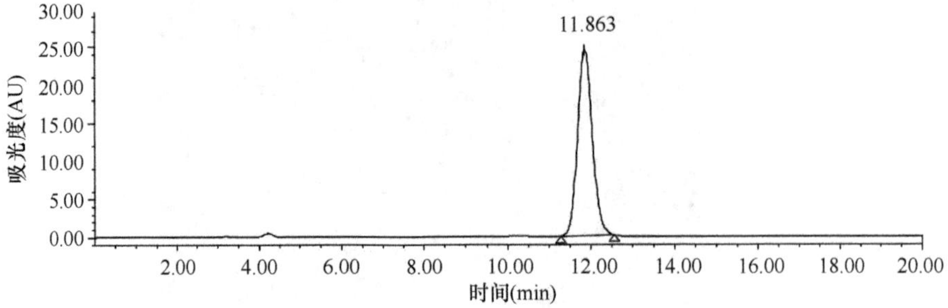

30.00
25.00
20.00
15.00
10.00
5.00
0.00
吸光度(AU)
11.863
2.00
4.00
6.00
8.00
10.00
12.00
14.00
16.00
18.00
20.00
时间(min)

B

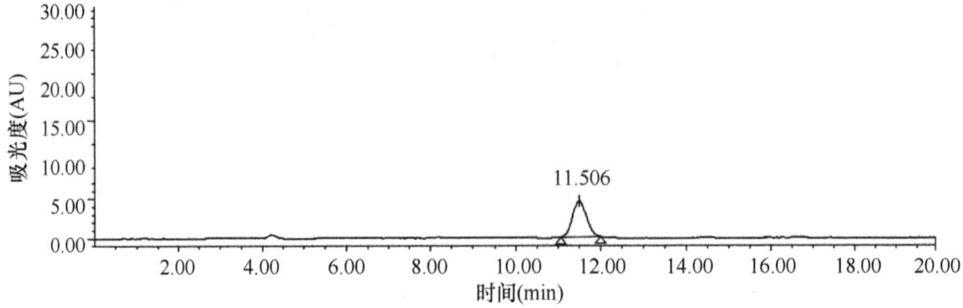

30.00
25.00
20.00
15.00
10.00
5.00
0.00
吸光度(AU)
11.506
2.00
4.00
6.00
8.00
10.00
12.00
14.00
16.00
18.00
20.00
时间(min)

C

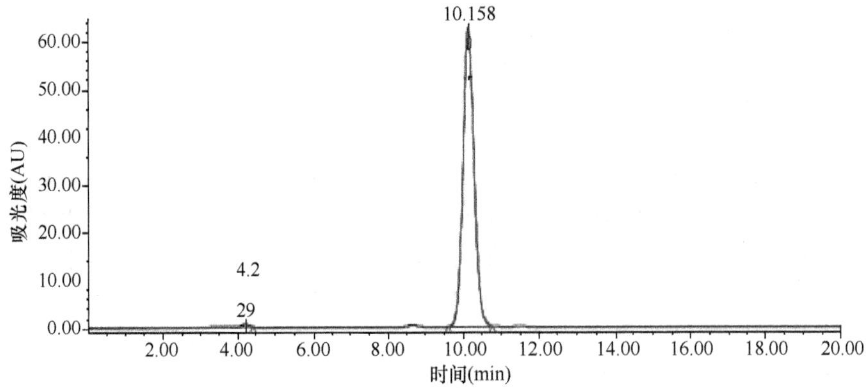

10.158
60.00
50.00
40.00
30.00
20.00
10.00
0.00
吸光度(AU)
4.2
29
2.00
4.00
6.00
8.00
10.00
12.00
14.00
16.00
18.00
20.00
时间(min)

D

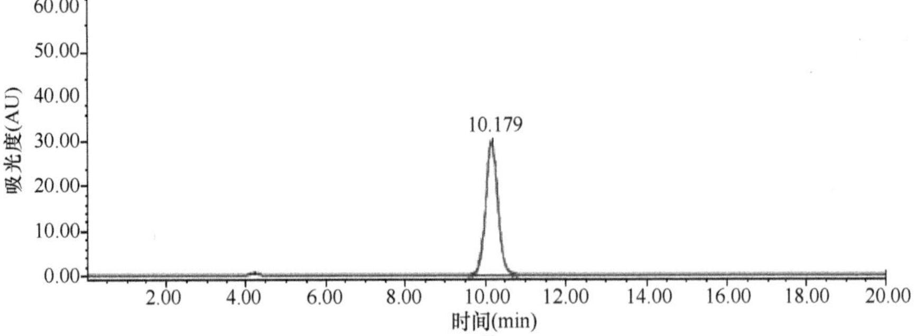

60.00
50.00
40.00
30.00
20.00
10.00
0.00
吸光度(AU)
10.179
2.00
4.00
6.00
8.00
10.00
12.00
14.00
16.00
18.00
20.00
时间(min)

E

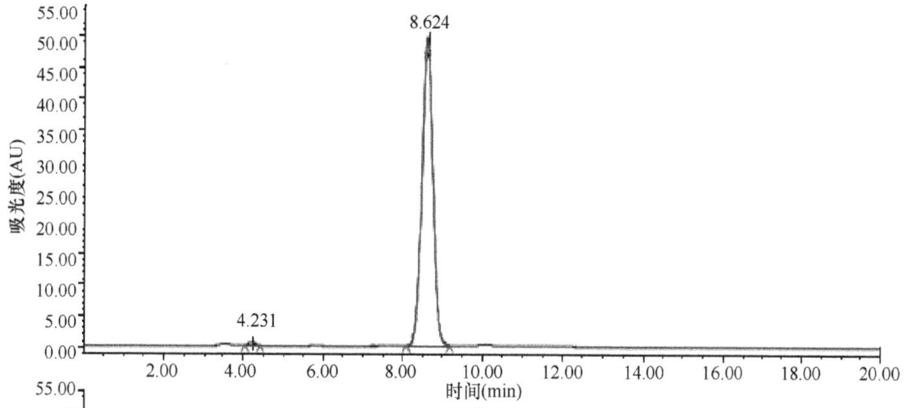
8.624
4.231
吸光度(AU)
时间(min)

F

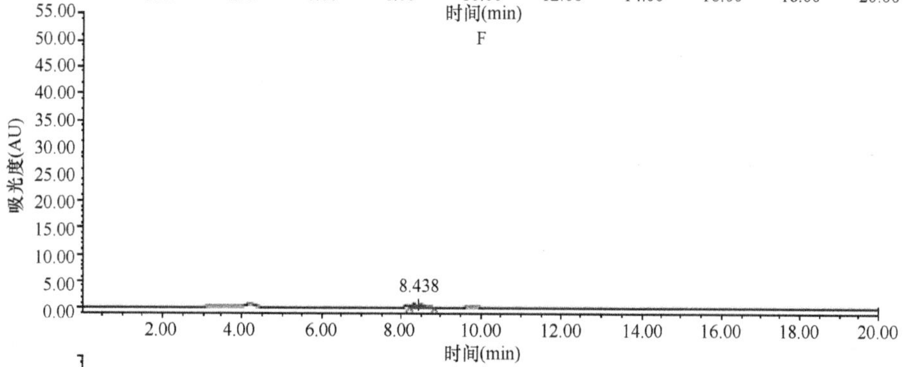
8.438
吸光度(AU)
时间(min)

G

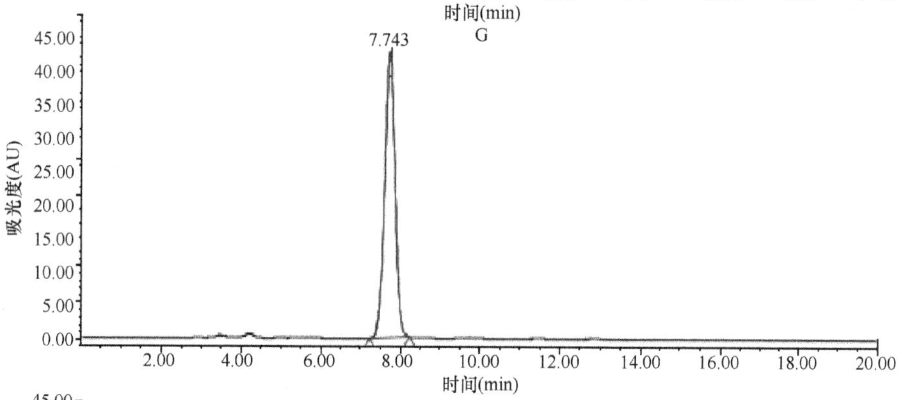
7.743
吸光度(AU)
时间(min)

H

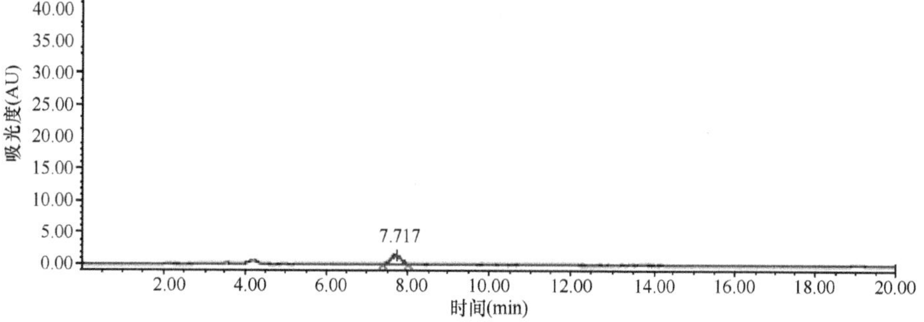
7.717
吸光度(AU)
时间(min)

I

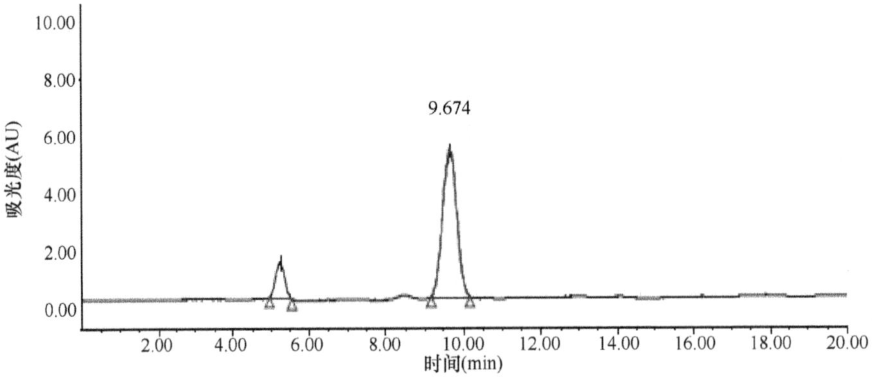

J

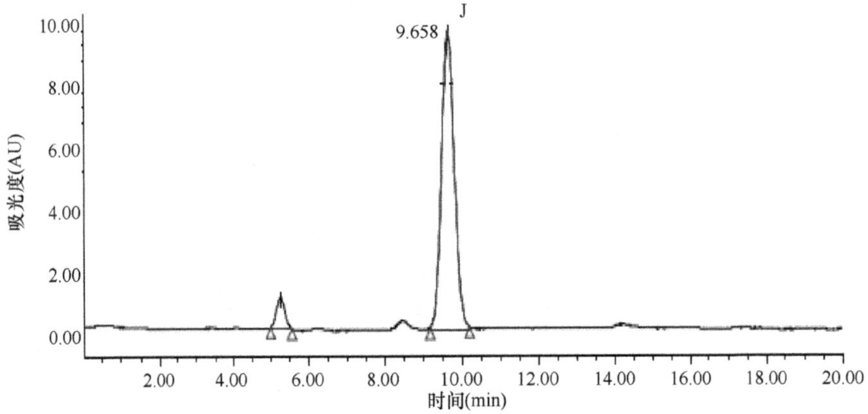

K

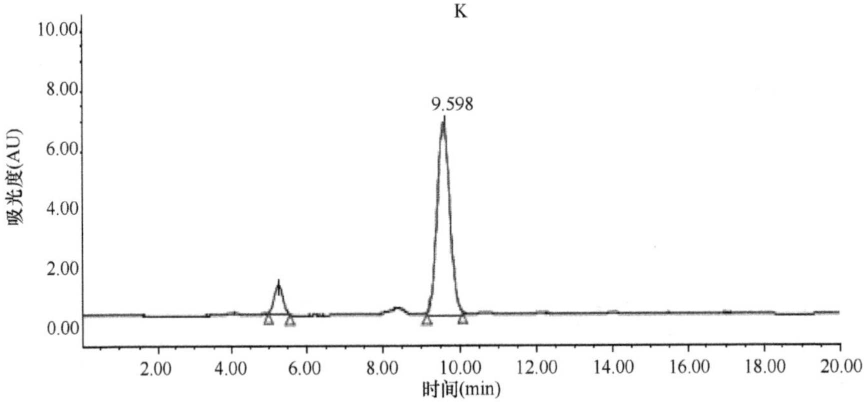

L

图 3-21　菌株 N17-1 降解黄曲霉毒素标准样品的 HPLC 色谱图

A. 黄曲霉毒素标准样品的 HPLC 色谱图，AFB_1 和 AFG_1 的浓度为 10μg/kg，AFB_2 和 AFG_2 的浓度为 5μg/kg，洗脱顺序从左到右分别为 AFG_2、AFG_1、AFB_2 和 AFB_1；B. AFB_1 对照（AFB_1+NB）的 HPLC 色谱图；C. AFB_1 样品（AFB_1+菌液）的 HPLC 色谱图；D. AFB_2 对照（AFB_2+NB）的 HPLC 色谱图；E. AFB_2 样品（AFB_2+菌液）的 HPLC 色谱图；F. AFG_1 对照（AFG_1+NB）的 HPLC 色谱图；G. AFG_1 样品（AFG_1+菌液）的 HPLC 色谱图；H. AFG_2 对照（AFG_2+NB）的 HPLC 色谱图；I. AFG_2 样品（AFG_2+菌液）的 HPLC 色谱图；J. AFM_1 标准样品的 HPLC 色谱图，浓度为 8μg/kg；K. AFM_1 对照（AFM_1+NB）的 HPLC 色谱图；L. AFM_1 样品（AFM_1+菌液）的 HPLC 色谱图

2. N17-1 培养上清液、细菌细胞和细胞提取物对 AFB_1 的降解

根据前人描述的方法（El-Nezami et al.，1998；Teniola et al.，2005；Guan et al.，2008）研究菌株 N17-1 的培养上清液、细菌细胞和细胞提取物对 AFB_1 的降解作用。将菌株 N17-1 在 4mL NB 中 37℃以 180r/min 振荡预培养 12h，然后吸取 1mL 菌液至 100mL 相同培养基中。在 37℃以 180r/min 振荡培养 48h 后，通过离心（5000*g*，10min，4℃）收集细胞、上清液并测试 AFB_1 降解率。

将沉淀用磷酸盐缓冲液（50mmol/L，pH 7.0）洗涤两次，然后再悬浮于磷酸盐缓冲液中。对照以磷酸盐缓冲液取代细菌细胞悬浮液。

使用超声细胞粉碎机（宁波新芝生物科技股份有限公司，中国宁波）破碎悬浮液，悬浮液在 4℃以 12 000*g* 离心 10min。使用 0.22μm 孔径的无菌过滤器（Millipore，Darmstadt，德国）过滤上清液，进行 AFB_1 降解测试，磷酸盐缓冲液取代细胞提取物作为对照。

孵育 72h 后，N17-1 菌株的培养上清液可降解 72.5%的 AFB_1，而活细胞和细胞提取物分别降解 40.0%和 24.4%（图 3-22）。培养上清液比活细胞和细胞提取物更有效（$P<0.05$）。类似地，嗜麦芽窄食单胞菌 35-3 的培养上清液显示出强烈的 AFB_1 降解活性，并且它比活细胞和细胞提取物更有效，孵育 72h 后，上清液能够降解 78.7%的 AFB_1，而活细胞和细胞提取物分别降解 17.5%和 9.6%的 AFB_1（Guan et al.，2008）。

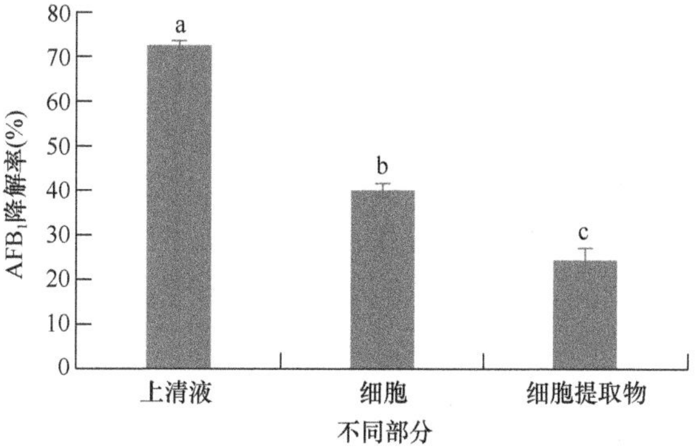

图 3-22　AFB_1 与 N17-1 共培养上清液、细胞和细胞提取物共孵育 72h 后的降解情况

3. 培养时间、温度、金属离子和蛋白酶 K 处理对上清液降解黄曲霉毒素的影响

将在 NB 中培养 24h 的 N17-1 菌液在 4℃下 10 000*g* 离心 10min，将 AFB_1 甲醇储备溶液（0.1mL）加到 0.4mL 培养上清液中。于黑暗中 37℃孵育 1h、2h、12h、24h、48h、72h、96h、120h、144h、168h、192h、216h、240h 和 264h，为了确定

温度的影响，将混合物分别在 20℃、25℃、30℃、37℃、45℃、55℃和 65℃孵育 72h。

从图 3-23 可以看出，前 12h AFB_1 降解了 43.3%，72h 后 AFB_1 降解了 72.5%。7 天后，94.3%的 AFB_1 降解。Guan 等（2008）的研究表明，嗜麦芽窄食单胞菌 35-3 的培养上清液对 AFB_1 的降解是一个相对较快且持续的过程，在前 12h AFB_1 降解了 46.3%，72h 后降解了 78.7%。Alberts 等（2006）报道当用红串红球菌的培养上清液与 AFB_1 共孵育时，AFB_1 在 72h 内降解了 66.8%；Hormisch 等（2004）指出，液体培养的分枝杆菌菌株 FA4 在 36h 内使 AFB_1 降解了 70%～80%，并在 72h 内完全降解 AFB_1。

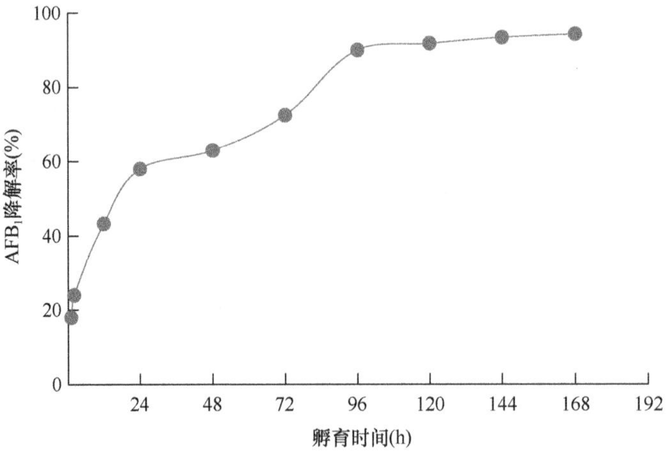

图 3-23　孵育时间对 N17-1 培养上清液降解 AFB_1 的影响

不同温度对菌株 N17-1 培养上清液降解 AFB_1 的影响见图 3-24。不同温度条件下，AFB_1 降解率在 20℃为 44.6%，30℃为 56.6%，37℃为 72.5%，45℃为 80.5%，55℃为 90.2%和 65℃为 89.5%（$P<0.05$）。温度 45℃、55℃和 65℃更适合 AFB_1 的降解。Teniola 等（2005）报道，红细胞孢子菌和荧光假单胞菌的细胞提取物对 AFB_1 的降解效果在 10～40℃（>90%）基本相同，并认为提取物中的酶可能具有广泛的活性温度范围，或者有其他因素参与降解。

通过向反应混合物中加入 Mg^{2+}、Zn^{2+}、Cu^{2+}、Mn^{2+}、Fe^{3+}、Se^{2+}和 Li^{+}（$MgCl_2$、$ZnSO_4$、$CuSO_4$、$MnCl_2$、$FeCl_3$、$SeCl_2$ 和 LiCl）来测定不同金属离子（10mmol/L）对降解的影响。通过最佳温度（N17-1 为 55℃）和离子 Cu^{2+}的组合确定最大降解条件，对 AFB_2 和 AFM_1 的降解在相同的组合下进行测试。

与对照（72.5%）相比，金属离子可以显著影响 AFB_1 降解（图 3-25），10mmol/L 的 Mn^{2+}和 Cu^{2+}的浓度促进 AFB_1 降解（原始浓度为 100μg/L），降解率分别为 89.6%

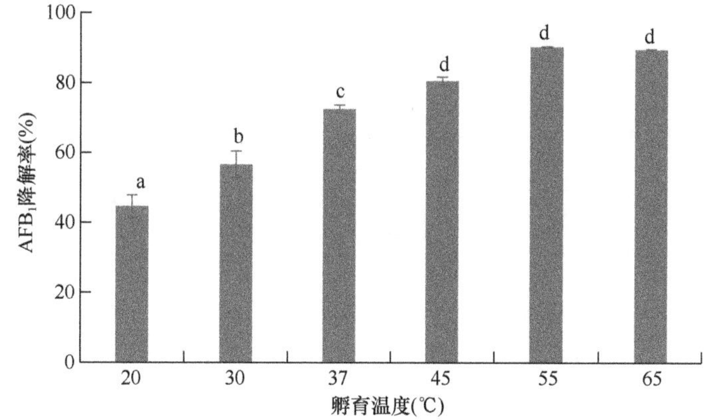

图 3-24　温度对 N17-1 培养上清液降解 AFB_1 的影响

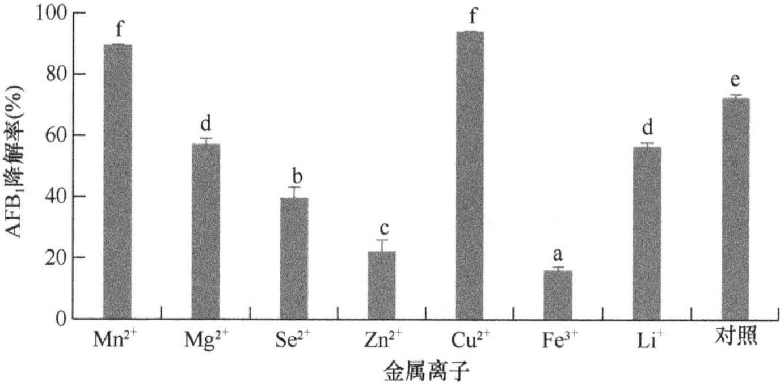

图 3-25　离子对铜绿假单胞菌 N17-1 培养上清液降解 AFB_1 的影响

和 94.0%。Mn^{2+}和 Cu^{2+}使 AFB_1 降解水平分别提高了 23.5%和 29.6%。然而，10mmol/L 的 Mg^{2+}、Li^{+}、Zn^{2+}和 Se^{2+}离子将降解率降低至 57.3%、56.5%、39.5%和 22.2%，Fe^{3+}离子抑制作用更显著，72h 后仅有 16.0%的 AFB_1 降解。类似地，嗜麦芽窄食单胞菌 35-3 对 AFB_1 降解受到金属离子的强烈影响，与对照（78.7%）相比，离子 Mg^{2+}和 Cu^{2+}在 10mmol/L 浓度下促进 AFB_1 降解，降解率分别为 85.4%和 85.0%，而 10mmol/L 的 Li^{+}降低了降解率（53.3%），Zn^{2+}离子抑制作用更加显著，72h 后 AFB_1 仅降解 1.4%（Guan et al.，2008）。

测定菌株 N17-1 培养上清液在 37℃孵育 72h 后降解 0.1mg/L、0.5mg/L、1mg/L、2mg/L 和 5mg/L AFB_1 的能力。结果发现，37℃孵育 72h 后，培养基上清液对 5mg/L AFB_1 的降解率为 63.7%（图 3-26）。

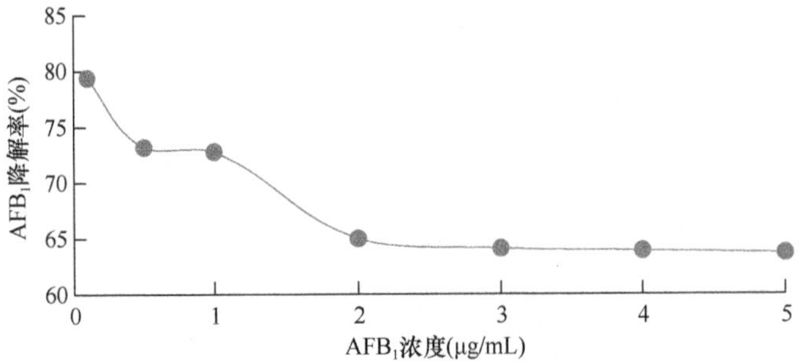

图 3-26 菌株 N17-1 培养上清液降解不同浓度的 AFB_1

通过将培养上清液在 37℃下暴露于 1mg/mL 蛋白酶 K（酶比活≥30U/mg）1h 来分析蛋白酶处理的影响，1mg/mL 蛋白酶 K 加 1%SDS 在 37℃孵育 6h，分析 SDS 对 AFB_1 降解的影响，将培养物上清液浸入沸水浴中 10min 来分析热处理的影响，使用 0.1mL AFB_1（500μg/L）溶液与 0.4mL 培养上清液混合，终浓度为 100μg/L 作为对照。将上清液进行超滤处理并截留分子量为 3kDa 的分离物进行 AFB_1 的降解，通过使用已知浓度的牛血清蛋白（BSA）制作标准曲线测定总蛋白质浓度，分析蛋白质浓度与 AFB_1 降解之间的关系。结果发现，超滤后培养上清液对 AFB_1 降解能力增加，与蛋白质浓度呈正相关（表 3-11），表明蛋白质参与 AFB_1 降解。当用蛋白酶 K 处理培养上清液时，对 AFB_1 的降解能力降低了 12.3%。当用蛋白酶 K+SDS 处理培养上清液时，降解能力降低 34.0%。所有这些结果表明蛋白质或酶可能参与 AFB_1 的降解。此外，当培养上清液通过加热（沸水浴 10min）处理时，降解活性没有降低，表明参与降解 AFB_1 的蛋白质或酶具有热稳定性。

表 3-11 培养 24h 后菌株 N17-1 的培养上清液对 AFB_1 的降解

上清液	蛋白质浓度（mg/mL）	降解率（%）
自然上清液	0.24 ± 0.03	50.48 ± 2.40
超滤的上清液	1.22 ± 0.04	73.84 ± 1.65
热处理的上清液	0.12 ± 0.02	52.24 ± 1.74

（二）菌株 L15 降解黄曲霉毒素

1. 菌株 L15 降解黄曲霉毒素的能力

菌株 L15 降解黄曲霉毒素的过程参照菌株 N17-1，37℃孵育 72h 后，菌株 L15 能够减少 AFB_2、AFG_1、AFG_2 和 AFM_1。AFB_2（64.3%）的降解率低于 AFB_1，没有发现对 AFG_1 和 AFG_2 的降解作用，AFM_1 降解了 82.3%（图 3-27）。

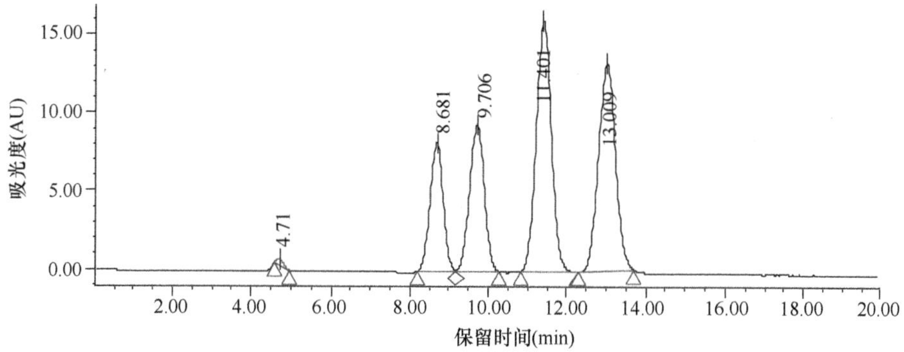

吸光度(AU)
15.00
10.00
5.00
0.00
4.71
8.681
9.706
11.401
13.009
2.00
4.00
6.00
8.00
10.00
12.00
14.00
16.00
18.00
20.00
保留时间(min)

A

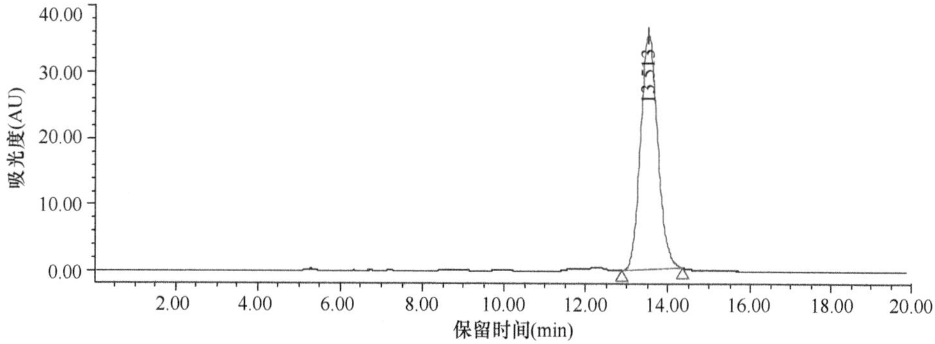

吸光度(AU)
40.00
30.00
20.00
10.00
0.00
13.513
2.00
4.00
6.00
8.00
10.00
12.00
14.00
16.00
18.00
20.00
保留时间(min)

B

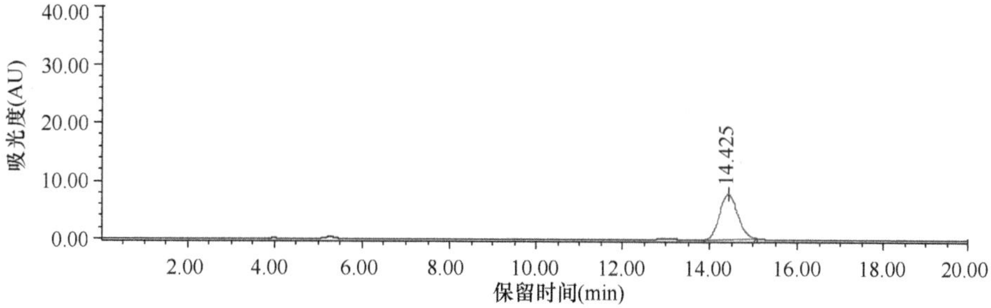

吸光度(AU)
40.00
30.00
20.00
10.00
0.00
14.425
2.00
4.00
6.00
8.00
10.00
12.00
14.00
16.00
18.00
20.00
保留时间(min)

C

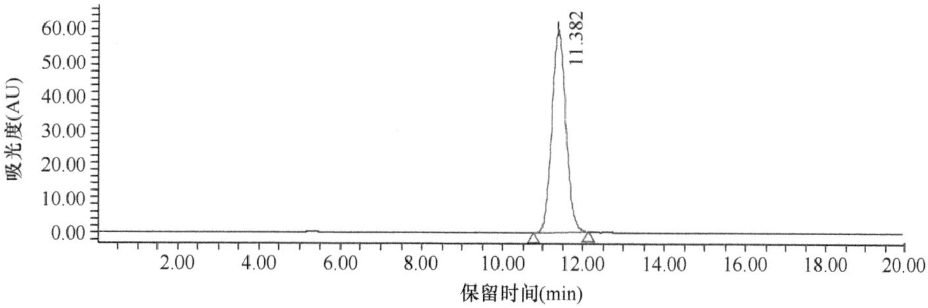

吸光度(AU)
60.00
50.00
40.00
30.00
20.00
10.00
0.00
11.382
2.00
4.00
6.00
8.00
10.00
12.00
14.00
16.00
18.00
20.00
保留时间(min)

D

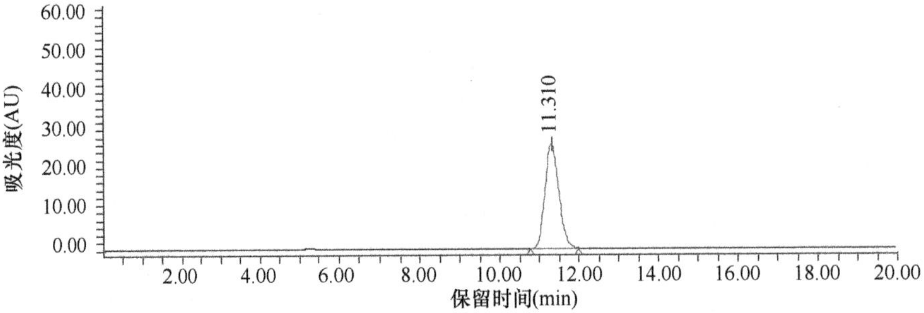
60.00
50.00
40.00
30.00
20.00
10.00
0.00
吸光度(AU)
11.310
2.00 4.00 6.00 8.00 10.00 12.00 14.00 16.00 18.00 20.00
保留时间(min)

E

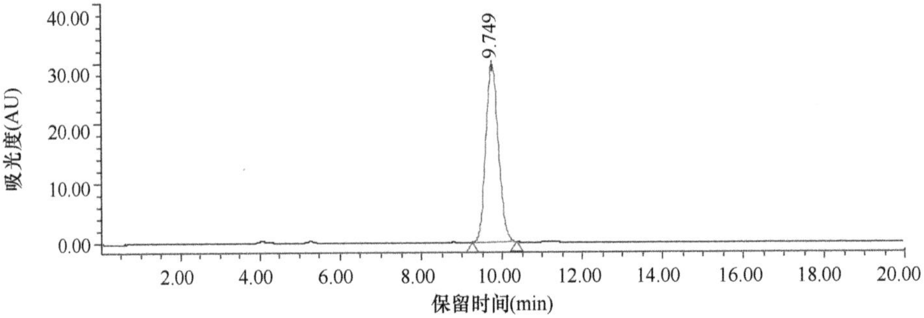
40.00
30.00
20.00
10.00
0.00
吸光度(AU)
9.749
2.00 4.00 6.00 8.00 10.00 12.00 14.00 16.00 18.00 20.00
保留时间(min)

F

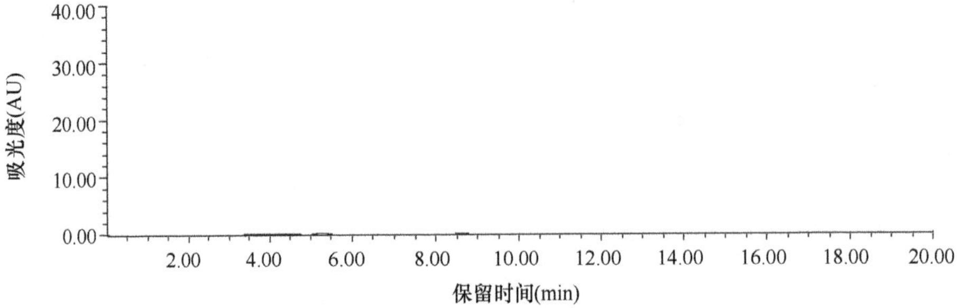
40.00
30.00
20.00
10.00
0.00
吸光度(AU)
2.00 4.00 6.00 8.00 10.00 12.00 14.00 16.00 18.00 20.00
保留时间(min)

G

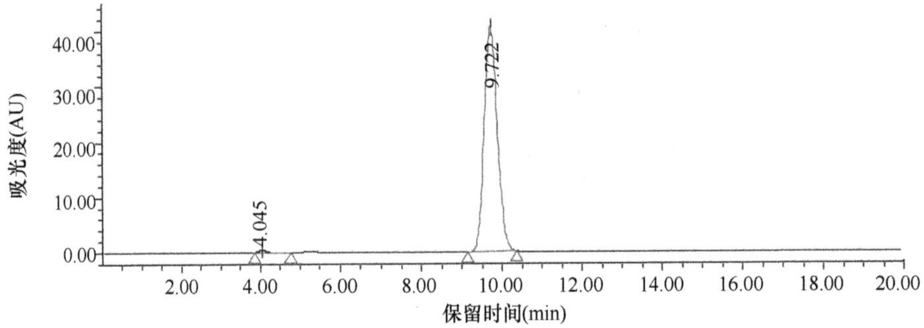
40.00
30.00
20.00
10.00
0.00
吸光度(AU)
4.045
9.722
2.00 4.00 6.00 8.00 10.00 12.00 14.00 16.00 18.00 20.00
保留时间(min)

H

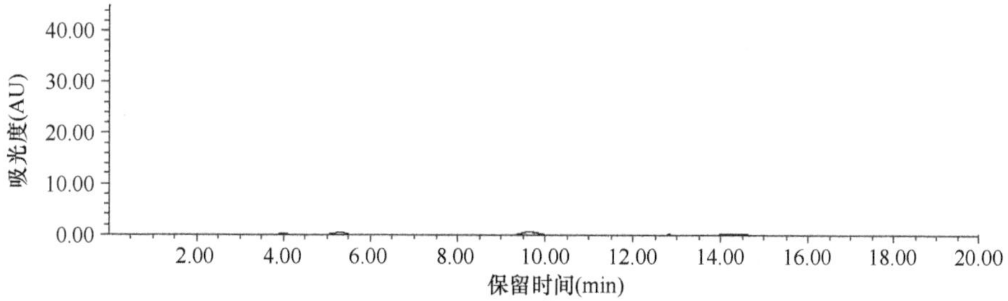

I

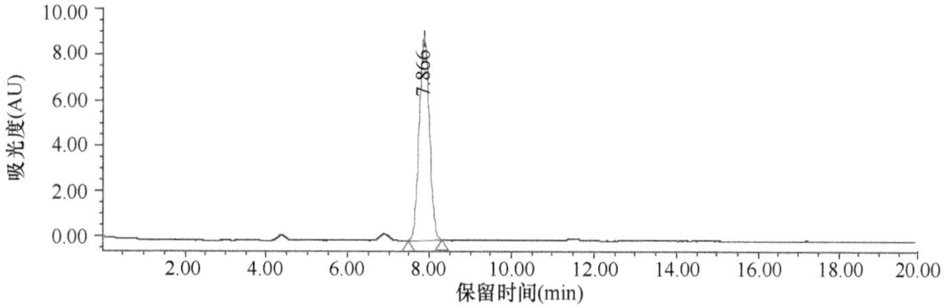

J

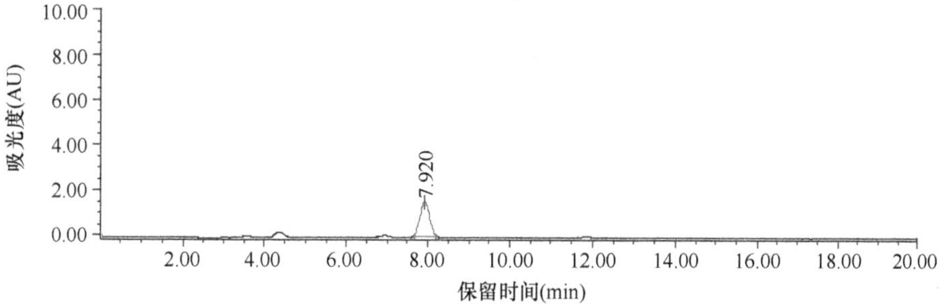

K

图 3-27　菌株 L15 降解黄曲霉毒素标准品的 HPLC 色谱图

A. 黄曲霉毒素标准样品的 HPLC 色谱图，AFB_1 和 AFG_1 的浓度为 20μg/kg，AFB_2 和 AFG_2 的浓度为 10μg/ kg，洗脱顺序从左到右分别为 AFG_2、AFG_1、AFB_2 和 AFB_1；B. AFB_1 对照（AFB_1 + NB）的 HPLC 色谱图；C. AFB_1 样品（AFB_1 +菌液）的 HPLC 色谱图；D. AFB_2 对照（AFB_2 + NB）的 HPLC 色谱图；E. AFB_2 样品（AFB_2 +菌液）的 HPLC 色谱图；F. AFG_1 对照（AFG_1 + NB）的 HPLC 色谱图；G. AFG_1 样品（AFG_1 +菌液）的 HPLC 色谱图；H. AFG_2 对照（AFG_2 + NB）的 HPLC 色谱图；I. AFG_2 样品（AFG_2+菌液）的 HPLC 色谱图；J. AFM_1 对照（AFM_1 + NB）的 HPLC 色谱图；K. AFM_1 样品（AFM_1 +菌液）的 HPLC 色谱图

2. L15 菌株的培养上清液、细菌细胞和细胞提取物对 AFB_1 的降解

培养 72h 后，菌株 L15 的培养上清液可降解 73.8%的 AFB_1，而活细胞和细胞提取物分别降解 30.5%和 26.0%。培养上清液比活细胞和细胞提取物更有效（$P<0.05$）（图 3-28）。Farzaneh 等（2012）研究发现枯草芽孢杆菌 UTBSP1 的细胞无法从溶液中去除或结合 AFB_1，而无细胞的上清液可显著降低 AFB_1 含量，72h 后 AFB_1 降解了 78.39%。

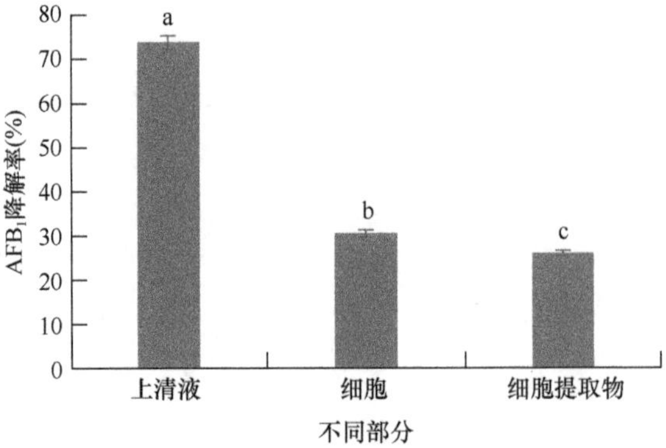

图 3-28 L15 培养上清液、细胞和细胞提取物对 AFB_1 的降解效果

3. 孵育时间、温度、金属离子和蛋白酶 K 处理对 L15 培养上清液降解 AFB_1 的影响

菌株 L15 的培养上清液不同孵育时间对 AFB_1 的降解的影响，见图 3-29，前 24h AFB_1 降解 32.2%，72h 后降解 73.8%。10 天后，93.3%的 AFB_1 被降解。相比之下，虽然大多数能结合 AFB_1 的乳酸菌能够迅速从液体中去除毒素，但是，随着时间延长，毒素会在一定程度上释放（El-Nezami et al.，1998；Peltonen et al.，2000）。棒状杆菌的培养上清液使 AFB_1 在 8h 后降低约 10%，24h 后降低约 60%（Teniola et al.，2005）。Smiley 和 Draughon（2000）观察到，通过溶菌酶处理获得的孵育 24h 后降解约 74.5%的 AFB_1。

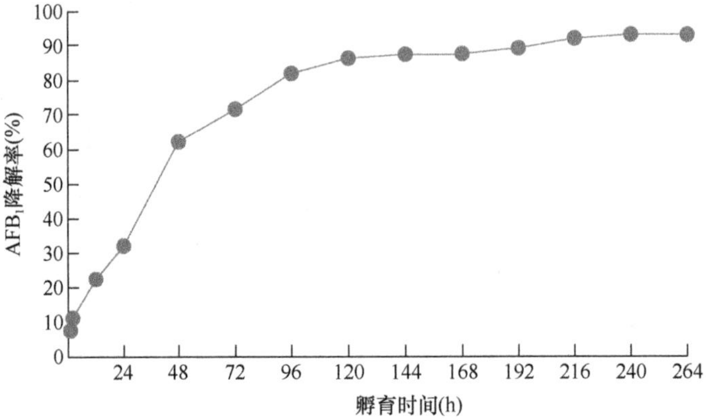

图 3-29 不同孵育时间对 L15 培养上清液降解 AFB_1 的影响

不同温度对 L15 培养上清液降解 AFB_1 的影响，见图 3-30，温度和降解率分别为 55℃（57.8%）、20℃（61.3%）、25℃（62.4%）、30℃（73.1%）、37℃（73.8%），低于 45℃（84.5%）的降解率（$P<0.05$），因此 45℃是降解 AFB_1 的最适温度。

与 Guan 等（2008）研究相似，嗜麦芽窄食单胞菌 35-3 培养上清液对 AFB_1 降解同样随温度的变化而变化，在 20℃（60.8%）和 30℃（63.5%）的降解率比在 37℃（78.7%）更低。

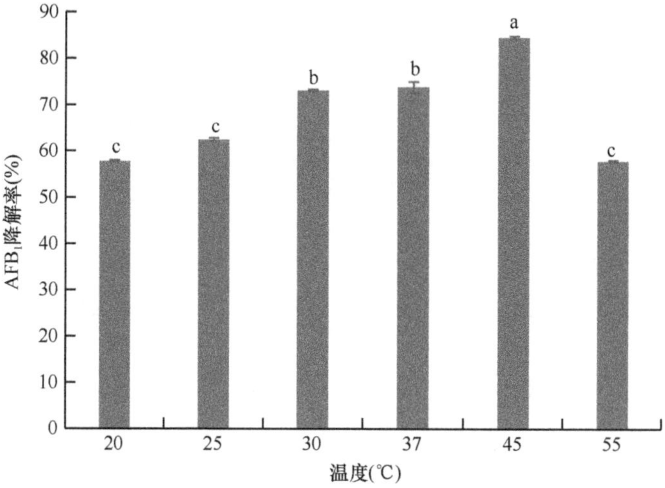

图 3-30　不同温度对 L15 培养上清液降解 AFB_1 的影响

金属离子（不包括 Mg^{2+}）可以显著影响 AFB_1 的降解（图 3-31）。与对照相比，浓度为 10mmol/L 的 Cu^{2+}、Mn^{2+}和 Li^{+}促进 AFB_1 降解（原始浓度为 100μg/L，对照 AFB_1 降解率为 73.8%），降解率分别为 92.3%、85.1%和 81.1%，Cu^{2+}、Mn^{2+}和 Li^{+}可分别提高 18.5%、11.3%和 7.3%的 AFB_1 降解水平。然而，10mmol/L 的 Se^{2+}、Fe^{3+}和 Zn^{2+}离子显著降低了培养上清液对 AFB_1 的降解率（9.4%、16.2%和 37.2%）。

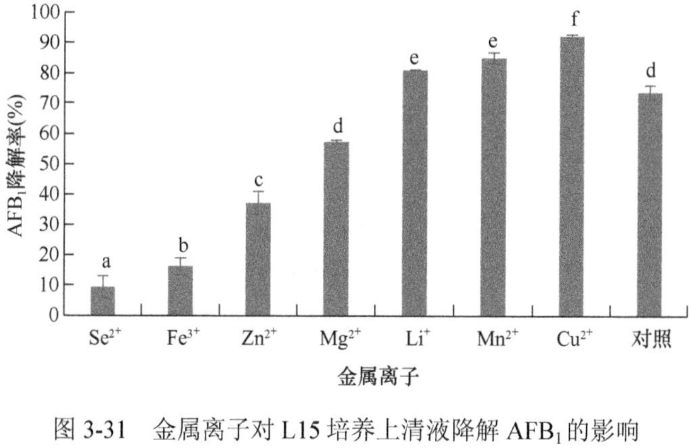

图 3-31　金属离子对 L15 培养上清液降解 AFB_1 的影响

当用蛋白酶 K 处理培养上清液时，降解 AFB_1 能力降低了 29.8%。当用蛋白酶K+SDS处理培养上清液时，降解能力降低了88.8%。结果表明蛋白质或酶可能参与菌株L15降解 AFB_1。此外，当培养上清液经过加热处理(沸水浴10min)后，降解活性为 69.2%，表明 L15 菌株降解 AFB_1 的蛋白质或酶具有热稳定性。根据超滤的结果，L15 培养上清液 AFB_1 的降解能力与蛋白质浓度在一定程度上呈正相关，表明蛋白质参与 AFB_1 降解（表 3-12）。

表 3-12 培养 72h 后菌株 L15 的培养上清液降解 AFB_1

上清液	蛋白质浓度（mg/mL）	降解率（%）
自然上清液	0.019 ±0.1	72.3 ±1.8
超滤后的上清液	0.156 ± 0.3	89.3 ±0.4
热处理的上清液	0.015 ±0.7	69.2±0.2

三、AFB_1 降解产物的提取和检测

（一）降解产物分析方法

1. AFB_1 降解试验

将 0.15mL AFB_1（50mg/L）溶液加到 1.35mL 菌液中，终浓度为 5mg/L，在黑暗中 37℃下孵育 72h。孵育结束后，用氯仿萃取，氮吹，甲醇/水（7∶3，*V/V*）复溶并通过 LC-QTOF/MS 分析。使用 1.35mL NB 培养基代替 N17-1 和 L15 的培养上清液作为阳性对照，使用 0.15mL 甲醇代替 AFB_1 溶液作为阴性对照，对照空白由氯仿代替。

2. 产品的提取和检测

液相分析在 Agilent 1200 系列 HPLC（Agilent，Palo Alto，CA，USA）上进行，色谱柱为 Agilent plus C18 色谱柱（2.1mm×150mm，5μm），以 0.2mL/min 进行梯度分离。流动相 A 由乙腈组成，流动相 B 由 0.1%甲酸组成。梯度洗脱方法如下：①0→4min，40%A；②4→10min，60%A；③10→15min，60%A；④15→20min，80%A；⑤20→40min，40%A，总运行时间为 40min，进样量为 20μL。质谱分析（MS）采用 Agilent 6520 精确质量 QTOF LC/MS（Agilent，Santa Clara，CA，USA）进行。优化的条件如下：以正离子模式分析化合物，毛细管电压和碎片电压分别为 3500V 和 175V，分离器电压为 65.0V，干燥气体的流速为 10.0L/min，喷雾器为 40psi[①]，氮气作为碰撞气体。在 100～1000*m/z* 全扫描分析中采用动态扫描，采样频率为 1.4 张质谱图/s，通过碰撞能量动态变化采集二级质谱图。所使用的数据

① 1psi=6894.76Pa。

操作软件是 Mass Hunter Workstation 软件（B.04.00，Agilent，Santa Clara，CA，USA）。使用包含参考离子 121.0508 和 922.0097 的参考质量溶液保持运行期间质量准确度。

（二）菌株 N17-1 的降解产物分析

为了检测 AFB_1 的主要降解产物，将菌株 N17-1 的培养上清液中的 AFB_1 浓度增加至 5mg/L。37℃孵育 72h 后，AFB_1 的降解率为 67.0%。降解产物通过氯仿萃取并通过 LC-QTOF/MS 进一步分析。与使用 Agilent 数据分析软件和分子特征提取功能（MFE）进行自动数据库检索（图 3-32）的阴性和阳性对照相比，未观察

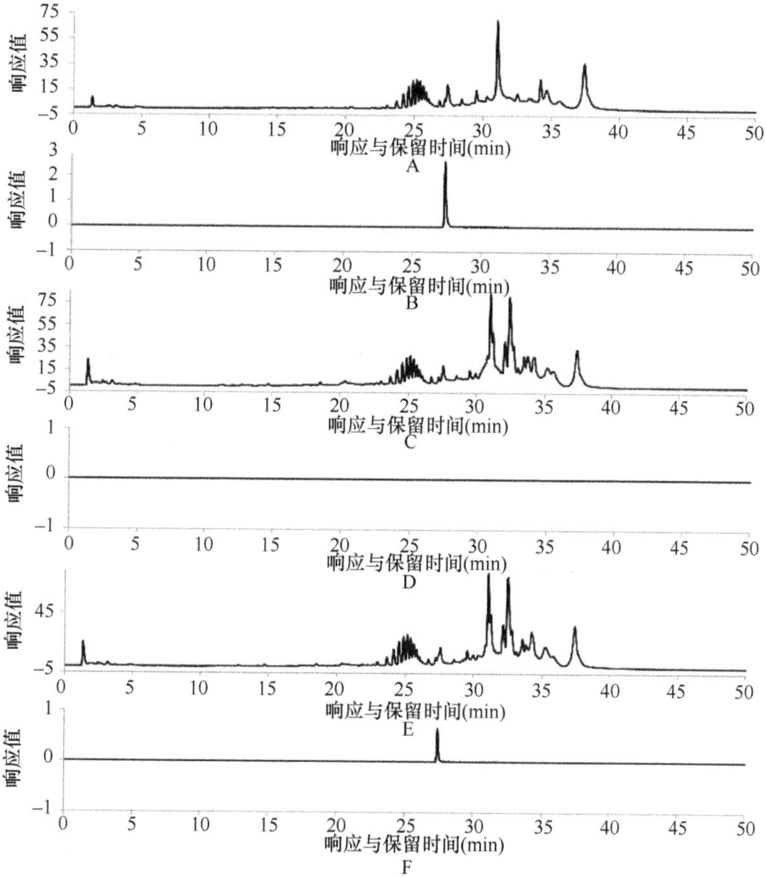

图 3-32　菌株 N17-1 的 AFB_1 降解产物的 LC-QTOF/MS 谱

A. 阳性对照的电喷雾电离（ESI）总离子流色谱（TIC）扫描［0.15mL AFB_1（50mg/L）溶液加入 1.35mL NB 培养基中，终浓度为 5mg/L。37℃黑暗孵育 72h，样品用氯仿萃取］；B. 阳性对照的 ESI 提取离子色谱（EIC）扫描；C. 阴性对照的 ESI TIC 扫描（0.15mL 甲醇代替 AFB_1 溶液用作阴性对照）；D. 阴性对照的 ESI EIC 扫描；E. 样品的 ESI TIC 扫描［0.15mL AFB_1（50mg/L）溶液加入到 1.35mL N17-1 培养上清液中，终浓度为 5mg/L，在 37℃黑暗孵育 72h，样品用氯仿萃取］；F. 样品的 ESI EIC 扫描

到降解产物。在目前的研究中，无法通过铜绿假单胞菌 N17-1 的培养上清液找到 AFB_1 的任何降解产物。Alberts 等（2006）和 Farzaneh 等（2012）获得了类似的结果，并提出 AFB_1 可能代谢为化学性质不同于 AFB_1 的降解产物（Alberts et al.，2006）。

（三）菌株 L15 的降解产物分析

为了鉴定 L15 对 AFB_1 的降解产物，将菌株 L15 的培养上清液中 AFB_1 的浓度增加至 5mg/L。37℃孵育 72h 后，AFB_1 的降解率为 30%，降解产物通过氯仿萃取并通过 LC-QTOF/MS 进一步分析。与使用 Agilent 数据分析软件和分子特征提取功能（MFE）进行自动数据库检索的阴性和阳性对照相比，没有检测到降解产物（图 3-33），有待进一步分析。

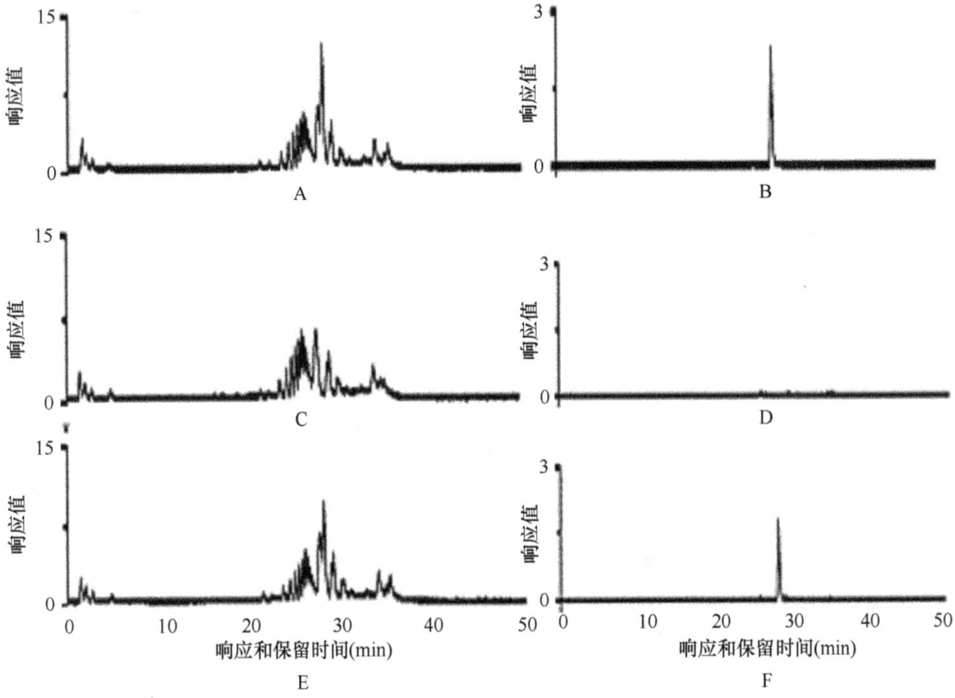

图 3-33　菌株 L15 的 AFB_1 降解的 LC-QTOF/MS 谱

A. 阳性对照的电喷雾电离（ESI）总离子流（TIC）扫描［0.15mL AFB_1（50mg/L）溶液加入 1.35mL NB 培养基中，终浓度为 5mg/L。37℃黑暗孵育 72h，样品用氯仿萃取］；B. 阳性对照的 ESI 提取离子色谱（EIC）扫描；C. 阴性对照的 ESI TIC 扫描（0.15mL 甲醇代替 AFB_1 溶液用作阴性对照）；D. 阴性对照的 ESI EIC 扫描；E. 样品的 ESI TIC 扫描［0.15mL AFB_1（50mg/L）溶液加入到 1.35mL L15 菌液上清液中，终浓度为 5mg/L，37℃黑暗培养 72h，样品用氯仿萃取］；F. 样品的 ESI EIC 扫描

第三节　玉米赤霉烯酮（ZEN）降解微生物的筛选及降解机制分析

一、ZEN 降解细菌的筛选和鉴定

（一）ZEN 降解菌的筛选

从小麦和玉米中分离到 108 株芽孢杆菌菌株，并收集和分析了山西、江苏、湖南和安徽麦田、玉米田的 75 个土壤样品用于细菌的筛选。土壤中筛选 ZEN 降解菌的方法：将大约 1g 土壤样品悬浮在含有 2mg/L ZEN 作为唯一碳源的 5mL 矿物质培养基 MM 中，MM（1L）：1.6g Na_2HPO_4、1g KH_2PO_4、0.5g $MgSO_4{\cdot}7H_2O$、0.5g $NaNO_3$、0.5g$(NH_4)_2SO_4$、0.025g $CaCl_2{\cdot}2H_2O$，2mL 痕量金属溶液（1L：1.5g $FeCl_2{\cdot}4H_2O$，0.190g $CoCl_2{\cdot}6H_2O$，0.1g $MnCl_2{\cdot}4H_2O$，0.07g $ZnCl_2$，0.062g H_3BO_3，0.036g $Na_2MoO_4{\cdot}2H_2O$，0.024g $NiCl_2{\cdot}6H_2O$ 和 0.017g $CuCl_2{\cdot}2H_2O$），1mL 维生素溶液（1L：2mg 生物素，2mg 叶酸，5mg 硫胺素-HCl，5mg 核黄素，10mg 吡哆醇-HCl，50mg 氰钴胺素，5mg 甘露糖酸，5mg 泛酸钙，5mg 对氨基苯甲酸酯和 5mg 硫辛酸），并将混合物在 28℃、180r/min 振荡孵育 3 天。对于芽孢杆菌菌株，将每种菌株的单菌落在 NB 培养基上（1L：蛋白胨 10g，NaCl 5g，牛肉膏 3g，pH 7）28℃、180r/min 中预培养 18h。然后，将菌液转移（2.5%接种量）到含有 2mg/L ZEN 的 MM 中，并在 28℃，180r/min 振荡培养 3 天。样品中的 ZEN 浓度通过 HPLC 测定，共分离出 11 株具有降低 ZEN（2mg/L）能力的菌株（表 3-13），其中 ZEN 降解能力最高的菌株为 SH1 和 NS2。

表 3-13　具有 ZEN（2mg/L）降解能力的菌株

序号	菌株名称	来源	降解率（%）
1	SH1	山西临汾的小麦	100±0.1
2	NS2	湖南邵阳的玉米	100 ±0.2
3	SH2	山西临汾的小麦	93.5±1.1
4	SH3	山西临汾的小麦	93.8±2.4
5	NS7	湖南邵阳的玉米	92.75±0.3
6	JS2	江苏盐城的小麦	60.7±2.4
7	AH1	安徽蚌埠的小麦	60.2±2.1
8	QU	安徽蚌埠的土壤	48.3±1.4
9	JS1	江苏盐城的小麦	47.9±0.4
10	NS9	湖南邵阳的玉米	47.2±1.1
11	GZ	安徽蚌埠的土壤	47.1±2.1

（二）菌株 SH1、NS2 鉴定

对 SH1 和 NS2 进行形态学、生理生化特性分析，结果见图 3-34、表 3-14 和表 3-15。提取菌株 SH1 和 NS2 的基因组 DNA（Marmur，1963），使用由 27F 和 1492R 组成的通用引物来扩增 16S rRNA 基因（Lane，1991），PCR 扩增后电泳图见图 3-35，通过直接测序确定核苷酸序列，并使用 BLAST 与 GenBank 数据库中 16S rRNA 基因序列进行比较，发现菌株 SH1 与 *Bacillus* sp. CMJ2-5 的相似度为 99%，菌株 SH1 为甲基营养芽孢杆菌；NS2 的 16S rRNA 基因序列分析的结果，被鉴定为解淀粉芽孢杆菌。菌株 SH1 在中国普通微生物菌种保藏管理中心（CGMCC）保藏的编号为 No.9068，菌株 NS2 的编号为 No.8726。

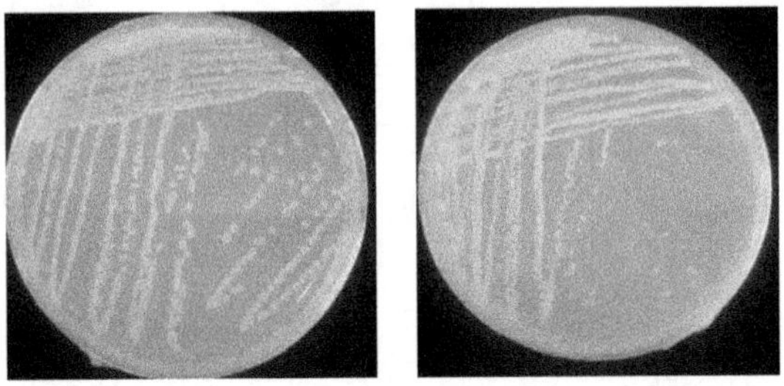

图 3-34　SH1（左）和 NS2（右）在 NA 培养基上的菌落形态（另见彩图）

表 3-14　菌株 SH1 的形态、生理生化特性

项目	结果	项目	结果	项目	结果
细胞形状	棒状	明胶水解	+	厌氧生长	–
革兰氏染色	+	柠檬酸盐的利用	+	4% NaCl	–
过氧化氢酶活性	+	产生吲哚	–	pH 4.0	+
氧化酶活性	+	产生硫化氢	–	50℃	–
酪蛋白水解	+	Voges-Proskauer 测试	+	20℃	+
硝酸盐还原	+	精氨酸双水解酶	–	吐温 80 的水解	–
淀粉水解	+	七叶苷水解	+	D-龙胆二糖	–
甘油三酯的水解	–	甘露醇	+	D-岩藻糖	+
甘油	+	*N*-乙酰葡萄糖胺	+	葡萄糖酸钾	–
D-核糖	+	水杨苷	+	L-阿拉伯糖	+
β-甲基-D-木糖苷	–	D-蜜二糖	+	核糖	+
D-甘露糖	+	D-松三糖	+	D-果糖	+
肌醇	+	木糖醇	–	卫矛醇	–
α-甲基-D-葡萄糖苷	+	D-塔格糖	–	α-甲基-D-甘露糖苷	–
七叶苷	+	L-阿糖醇	–	熊果苷	–
D-乳糖	+	D-阿拉伯糖	+	D-麦芽糖	+
菊粉	–	L-木糖	+	D-阿糖醇	–
糖原	–	脲酶	–	D-来苏糖	–

续表

项目	结果	项目	结果	项目	结果
5-酮基-葡萄糖酸	−	L-鼠李糖	+	淀粉	+
赤藓糖醇	−	山梨糖醇	+	D-土伦糖	+
D-木糖	−	苦杏仁苷	−	L-岩藻糖	+
D-半乳糖	+	D-纤维二糖	+	2-酮基-葡萄糖酸	−
L-山梨糖	+	D-蔗糖	+	D-棉子糖	+
D-葡萄糖	+	D-海藻糖	−		

表 3-15　菌株 NS2 的形态、生理生化特性

项目	结果	项目	结果
有氧类型	严格有氧	水解酪蛋白	+
革兰氏染色	+	淀粉水解	+
棒状	（0.6～1.0）μm×（1.5～3.0）μm	明胶水解	+
生长温度	15～50℃	吐温 20	+
最适生长温度	30～40℃	吐温 40	+
10%NaCl	+	吐温 60	+
纤维素利用	−	七叶苷利用	+
酪氨酸的利用	−	精氨酸双水解酶	+
尿素利用	−	产生吲哚测试	−
柠檬酸利用	+	产生 H_2S	−
硝酸盐还原	+	VP 实验	+
甘油	+	α-甲基-D-葡糖	−
D-核糖	−	D-乳糖	+
β-甲基-D-木糖苷	−	菊粉	+
D-甘露糖	+	糖原	−
肌醇	−	L-阿糖醇	−
D-来苏糖	−	赤藓糖醇	−
D-阿糖醇	−	D-木糖	−
5-氧代-葡萄糖酸盐	−	D-半乳糖	+
N-乙酰葡糖胺	+	L-山梨糖	+
水杨苷	+	甘露醇	+
D-蜜二糖	+	D-阿拉伯糖	+
D-松三糖	+	L-木糖	−
木糖醇	−	D-葡萄糖	+
D-塔格糖	−	L-鼠李糖	+
D-纤维二糖	+	山梨糖醇	+
D-蔗糖	+	苦杏仁苷	−
D-棉子糖	+	L-阿拉伯糖	+
D-龙胆二糖	−	阿东醇	−
D-岩藻糖	−	D-果糖	+
葡萄糖酸钾	−	半乳糖醇	−
熊果苷	−	α-甲基-D-甘露糖苷	−
D-麦芽糖	+	D-土伦糖	+
D-海藻糖	+	L-岩藻糖	−
淀粉	+	2-酮-葡糖	−

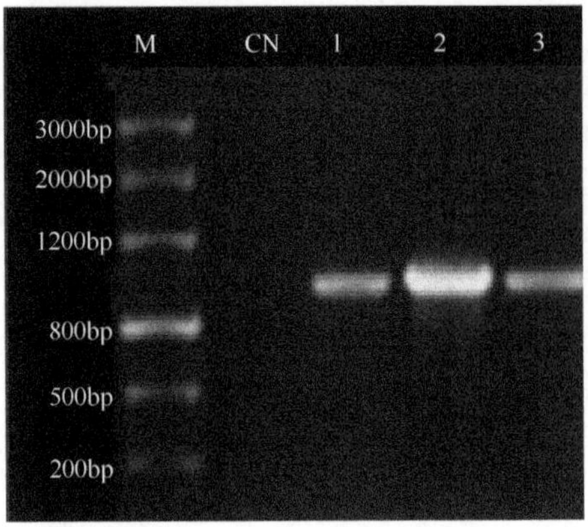

图 3-35　PCR 扩增后电泳图

M. marker；CN. 阴性对照；1. SH1；2. NS2；3. 甲基营养芽孢杆菌

（三）菌株 SH1、NS2 木聚糖酶、羧甲基纤维素酶和蛋白酶活性

为了检查这两种菌株是否有助于提高饲料营养物质的消化率，在含有各种聚合物（木聚糖、CMC 和脱脂乳）的培养基上检测了细胞外木聚糖酶、羧甲基纤维素酶和蛋白酶活性。

采用径向扩散方法分析 SH1 和 NS2 菌株的木聚糖酶、羧甲基纤维素酶和蛋白酶活性（Teather and Wood，1982；Waldeck et al.，2006）。将 SH1 和 NS2 菌株在 0.5%桦木木聚糖 NB 琼脂平板上生长，并在 28℃下孵育 72h，然后将平板用 0.5%刚果红淹没 15min，并用 1mol/L NaCl 溶液分两次洗涤除去过量染料，菌落周围的清晰区域表明产生了木聚糖酶。与木聚糖酶活性测定类似，0.1%羧甲基纤维素钠 NB 琼脂平板显示具有羧甲基纤维素酶活性。在脱脂乳培养基上观察到晕圈清晰，表明两种菌株均产生蛋白酶（图 3-36）。

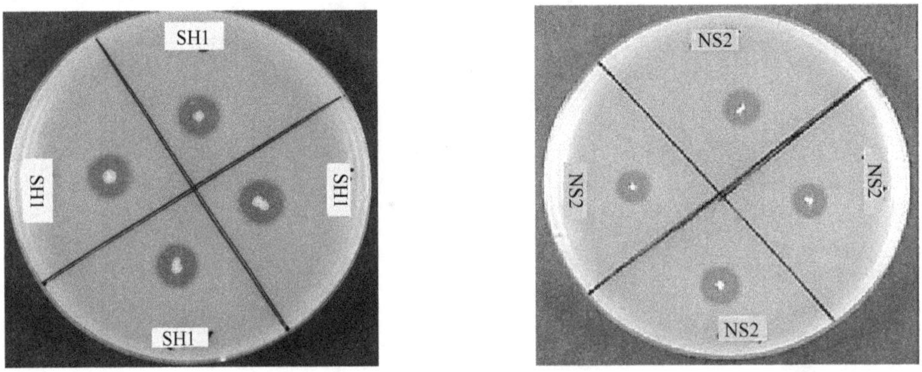

图 3-36　SH1 和 NS2 蛋白酶试验（另见彩图）

（四）菌株 SH1、NS2 的抗菌活性

采用纸片扩散法检验菌株的抗菌活性（Lyver et al.，1998）。SH1/NS2 接种到 NB 琼脂的中心，37℃培养 24h 后，通过暴露于氯仿蒸气 30min 杀死营养细胞，然后将氯仿蒸发 20min。将 0.1mL 指示细菌（*Escherichia coli* 或 *Salmonella typhimurium*）（10^8cfu/L）平铺在 NB 平板上。样品在 37℃培养约 24h，测量抑菌圈。

在纸片扩散测定期间将甲基营养型芽孢杆菌 SH1、解淀粉芽孢杆菌 NS2 分别与大肠杆菌和鼠伤寒沙门氏菌共孵育，观察到明显的抑制区，表明 SH1 和 NS2 可以抑制大肠杆菌和鼠伤寒沙门氏菌（表 3-16）。

表 3-16 SH1 和 NS2 对大肠杆菌和鼠伤寒沙门氏菌的抑制作用

菌株	抑菌圈（cm）	
	E. coli	*S. typhimurium*
SH1	1.2±0.3	1.4±0.12
NS2	0.87±0.21	1.67±0.12

二、影响 ZEN 降解的因素

为了获得更多关于芽孢杆菌 SH1 和 NS2 降解 ZEN 的信息，分析了它们在液体培养基和固态发酵中降解 ZEN 的能力。

（一）SH1、NS2 对不同浓度 ZEN 的降解分析

在 MM 肉汤中测试了细菌的 ZEN 降解能力，将含有 0.5mg/L、1mg/L、2mg/L 和 5mg/L ZEN 的 4mL MM 以 1%接种 NS2/SH1 的过夜菌液，28℃以 180r/min 振荡孵育 72h。孵育结束后，通过以 8000r/min 离心 5min 除去细胞，分析上清液中的 ZEN，使用无菌 MM 培养基作为对照。

样品中 ZEN 浓度根据 Silva 等提供的方法测定（Silva and Vargas，2001；Yi et al.，2011），用乙腈/水（84/16，*V*/*V*）提取样品中的 ZEN，并用混合器将混合物高速混合 3min。通过 Agilent Bond Elut（Agilent Technologies，USA）纯化提取物，收集纯化的提取物并在 60℃氮气下蒸发至干。将干燥的残余物用 1.5mL 的 HPLC 流动相（甲醇/水，70/30，*V*/*V*）复溶，用于 HPLC 分析。HPLC 分析使用 C18 色谱柱（4.6mm×150mm，5μm，Agilent），流动相为甲醇/水（70/30，*V*/*V*），流速为 1mL/min，温度 30℃，加样量 30μL。检测器为荧光检测器，激发和发射波长分别为 225nm 和 400nm。

当初始 ZEN 浓度从 0.5mg/L 增加至 5mg/L 时，SH1 降解率没有显著降低。当 ZEN 浓度为 5mg/L 时，97.1%的 ZEN 可被 SH1 降解。当初始 ZEN 浓度为 0.5mg/L

时，100%ZEN 被 NS2 菌株降解；当 ZEN 初始浓度为 5mg/L 时，96.0%的 ZEN 降解（图 3-37）。

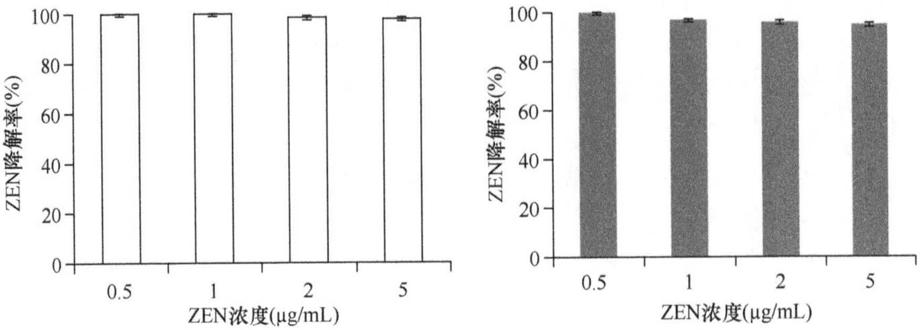

图 3-37　SH1（左）和 NS2（右）对不同浓度 ZEN 的降解效果

（二）SH1、NS2 降解时间的影响

将含有 5mg/L ZEN 的 4mL MM 接种 1%过夜的 SH1/NS2 菌液并在 28℃下以 180r/min 振荡培养。在孵育期间，不同的时间取样检测 ZEN 的浓度。当菌株 SH1 处于滞后期时，只有 3.2%的 ZEN 在孵育的前 12h 内降解，在 SH1 的对数期间，大多数降解发生在接下来的 15h（从第 12h 到第 27h）（约 90%），42h 后，降解率可达到 97.6%（图 3-38）。随着孵育时间的增加，SH1 处于下降期，ZEN 降解未见明显增加（$P>0.05$）。而 NS2 降解 ZEN 在前 12h 降解率为 26.7%，48h 后降解率为 80.6%，3 天后，96.1%的 ZEN 被降解（图 3-39）。

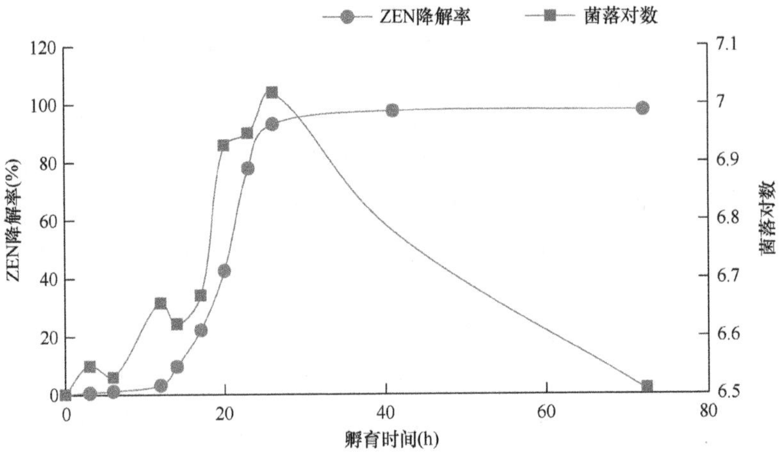

图 3-38　不同孵育时间 SH1 对 ZEN 降解的影响

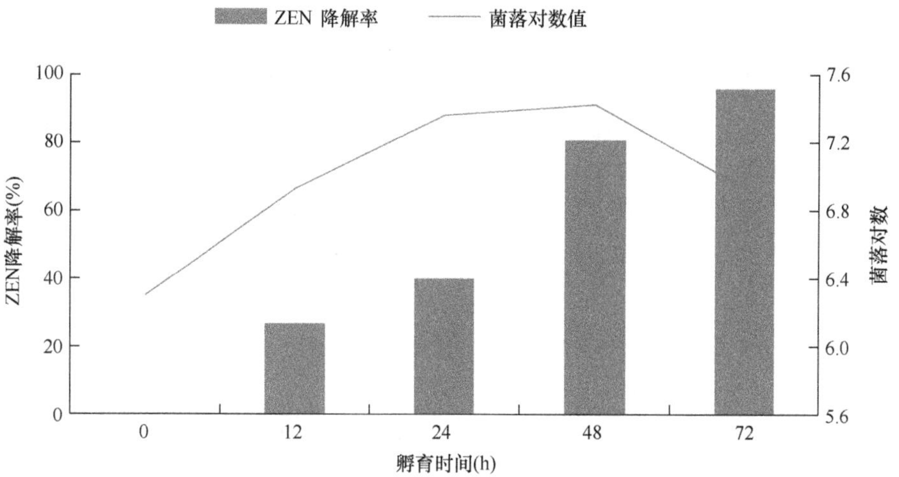

图 3-39 不同孵育时间 NS2 对 ZEN 降解的影响

（三）降解 ZEN 活性成分的来源

为研究细菌降解 ZEN 活性成分的来源，分别分析 NS2 和 SH1 细胞上清液、细菌细胞和细胞提取物对 ZEN 的降解作用（El-Nezami et al.，1998；Teniola et al.，2005；Guan et al.，2008）。将细菌在 4mL NB 培养基中 28℃、180r/min 预培养 18h，然后将 1mL 菌液转移至 100mL MM 培养基中。28℃下以 180r/min 振荡培养 48h，离心收集细胞（5000*g*，10min，4℃）和上清液用于进一步的 ZEN 降解分析。用 pH 7.0，50mmol/L 磷酸盐缓冲液将沉淀洗涤两次，并以 3mL/g 细胞质量重新悬浮在标记为活细胞的相同缓冲液中。使用超声波细胞破碎仪将重新悬浮的细胞在冰上裂解，并将悬浮液在 4℃以 12 000*g* 离心 10min。上清液用无菌的 0.22μm 过滤器过滤并标记为细胞提取物。如上所述进行 ZEN 降解测试，对照用磷酸盐缓冲液代替细胞提取物。将 1950μL 与 50μL 200mg/L ZEN 混合的上清液（细胞或无细胞提取物）在黑暗中 28℃孵育 72h，同时以 180r/min 振荡。用无菌磷酸盐缓冲液来代替菌液作为对照。

孵育 72h 后（初始 ZEN 浓度为 5mg/L），菌株 SH1 的活细胞可降解 88.7%的 ZEN，而培养上清液和细胞提取物分别降解 15.8%和 39.3%。活细胞比培养上清液和细胞提取物更有效（$P<0.01$）。对于活的解淀粉芽孢杆菌 NS2 细胞，ZEN 降解率为 57.0%，对于细胞提取物，ZEN 降解率为 40.3%，但对于培养上清液仅为 1.8%，降解 ZEN 的活细胞比培养上清液和细胞提取物更有效（$P<0.01$）（图 3-40）。

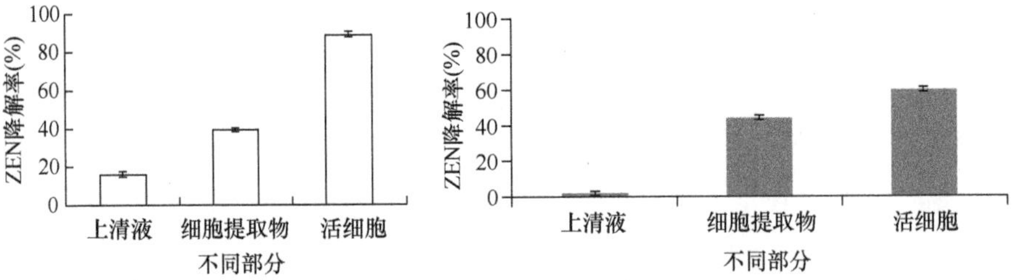

图 3-40　SH1（左）和 NS2（右）不同部分对 ZEN（5μg/mL）降解的影响

（四）温度、pH 金属离子对 SH1、NS2 降解 ZEN 的影响

为了确定温度的影响，将 0.1mL ZEN 溶液（200mg/L）加入到以 1%菌液接种的 3.9mL MM 培养基中。分别在 20℃、28℃和 37℃下孵育 72h，28℃时菌株 NS_2 和 SH_1 对 ZEN 降解效果最好（表 3-17）。用柠檬酸盐缓冲液和磷酸盐缓冲液调整 pH，分析在不同 pH 下，两种菌株对 ZEN 降解效果的影响，结果发现 pH 为 6～8 时，ZEN 的降解率没有显著变化（表 3-18）。

表 3-17　温度对 NS2 和 SH1 菌株降解 ZEN 的影响

菌株	ZEN 降解率%		
	20℃	28℃	37℃
SH1	96.5±0.8	99.2±0.8	96.9±1.1
NS2	28.4±2.5	95.8±0.8	57.9±2.5

注：将混合物（含有 5mg/L ZEN）分别在 20℃、28℃和 37℃孵育 72h

表 3-18　pH 对 NS2 和 SH1 菌株降解 ZEN 的影响

菌株	ZEN 降解率（%）		
	pH6	pH7	pH8
SH1	99.2±0.8	99.9±0.8	98.9±1.1
NS2	95±1.2	96±0.8	94±1.4

注：将混合物（含有 5mg/L ZEN）在 28℃下孵育 72h

将 0.1mL ZEN 溶液（200mg/L）、3.5mL 菌液和 0.4mL 离子溶液（100mmol/L）混合，使 ZEN 终浓度为 5mg/L，Mg^{2+}、Zn^{2+}、Cu^{2+}、Mn^{2+}、Fe^{3+}和 Se^{2+}（分别为 $MgCl_2$、$ZnSO_4$、$CuSO_4$、$MnCl_2$、$FeCl_3$ 和 $SeCl_2$ 的形式）最终离子浓度为 10mmol/L。以不加金属离子的全菌液作为对照。结果发现，离子 Cu^{2+}、Zn^{2+}、Fe^{3+}是两种菌株降解 ZEN 的强抑制剂（图 3-41）。

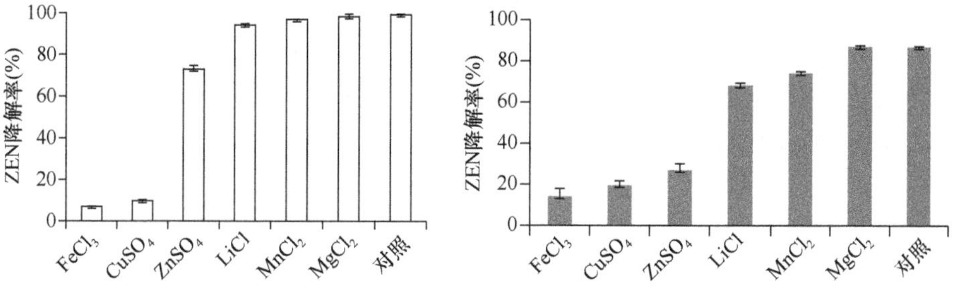

图 3-41　离子对 NS2（左）和 SH1（右）降解 ZEN 的影响

三、ZEN 降解产物的提取和检测

以 1%的接种量将过夜培养的解淀粉芽孢杆菌 NS2 和甲基营养芽孢杆菌 SH1 接种到 5mL 含 5mg/L ZEN 的 MM 的培养基中，并在 28℃下以 180r/min 振荡孵育 36h。将菌液离心（8000r/min）10min，然后取 2.5mL 培养上清液进行进一步的降解产物提取，将 5mL 含有 5mg/L ZEN 的 MM 设定为阳性对照，将 5mL 含有 NS2/SH1 细菌的 ZEN 的 MM 设为阴性对照。

对于水溶性降解产物分析，提取程序如本节二（一）所述，样品用乙腈/水（84/16，*V*/*V*）提取；对于不溶于水的降解产物的分析，如 Teniola 等（2005）所述，用氯仿/样品（1/1，*V*/*V*）从样品中提取降解产物。氮吹蒸发氯仿，用甲醇复溶并通过 LC-QTOF/MS 分析。液相分析在 Agilent 1200 上进行。色谱柱为 Agilent Plus C18 色谱柱（2.1mm×100mm、3.5μm），洗脱方式为梯度洗脱。流动相的初始组成为 70%的水、30%的乙腈并维持 5min。梯度按 15min 线性增加乙腈量至 50%，15min 后调至 90%，立即保持 6min，然后在 1min 内将乙腈量降至 30%并保持恒定 12min。总运行时间为 49min，流速为 0.2mL/min，注入体积为 5μL，柱温保持在 30℃。

MS 采用 Agilent 6520 ESI-Q-TOF 进行。优化的条件如下：MS 源参数设置为毛细管电压为 3.5kV，负离子模式。裂解器电压为 135V，撇渣器为 65V。气体温度为 350℃，干燥气体为 9L/min，喷雾器为 45psi，氮气被用作碰撞气体。使用扩展动态扫描，采样频率为 1.4 张质谱图/s，通过碰撞能量动态变化采集二级质谱图，在 100～1000*m*/*z* 全扫描分析中获得 MS 光谱。所使用的数据操作软件是 Mass Hunter Workstation 软件（B.01.03 版）。在运行期间使用包含参考离子 112.9856、301.9981 和 1033.9881 的参比质量溶液保持质量准确度。

使用 Agilent 数据分析软件中的分子特征提取功能（MFE）和自动数据库检索分析 LC-QTOF/MS 数据，结果显示，产生α-ZEN、β-ZEN 和其他降解产物（图 3-42 和图 3-43）。

甲基营养芽孢杆菌 SH1 以 28℃孵育 36h 后，ZEN 的降解率为 98.7%。当通过氯仿提取降解产物并基于 LC-QTOF/MS 分析时，与对照相比，未观察到 ZEN 的

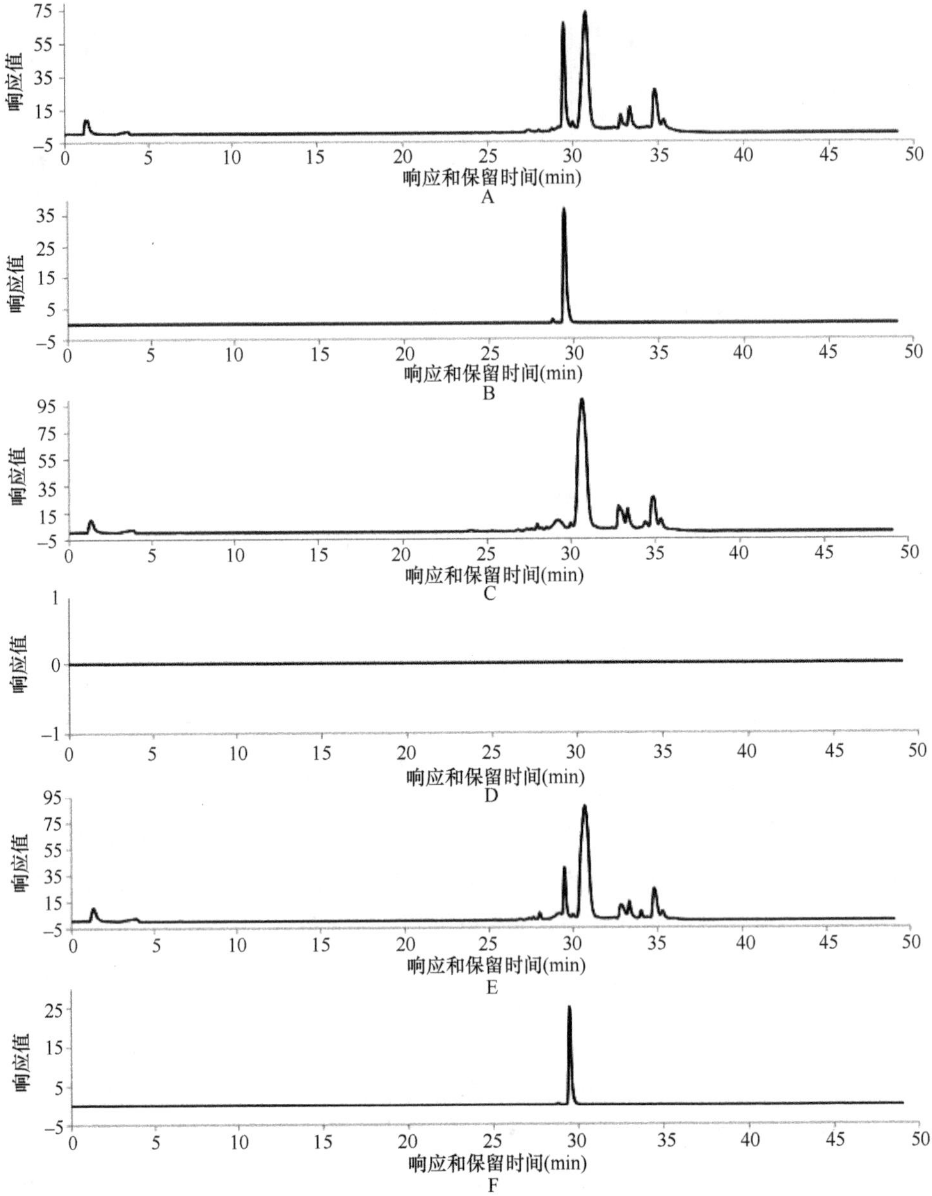

图 3-42 用氯仿（NS2 菌株）提取的 ZEN 降解产物的 LC-QTOF/MS 谱图

A. 阳性对照的电喷雾电离（ESI）总离子流色谱（TIC）扫描（使用氯仿提取的含有 5mg/L ZEN 而未接种 NS2 MM 作为阳性对照）；B. 阳性对照的 ESI 提取离子色谱（EIC）扫描；C. 阴性对照的 ESI TIC 扫描（28℃下在 MM 中培养的 NS2，振荡培养 36h 后，无细胞培养上清液用氯仿提取）；D. 阴性对照的 ESI EIC 扫描；E. NS2 在含有 5mg/L ZEN 的 MM 培养基中于 28℃振荡培养 36h 后，用氯仿提取 ZEN 降解产物进行 ESI TIC 扫描；F. 样品的 ESI EIC 扫描

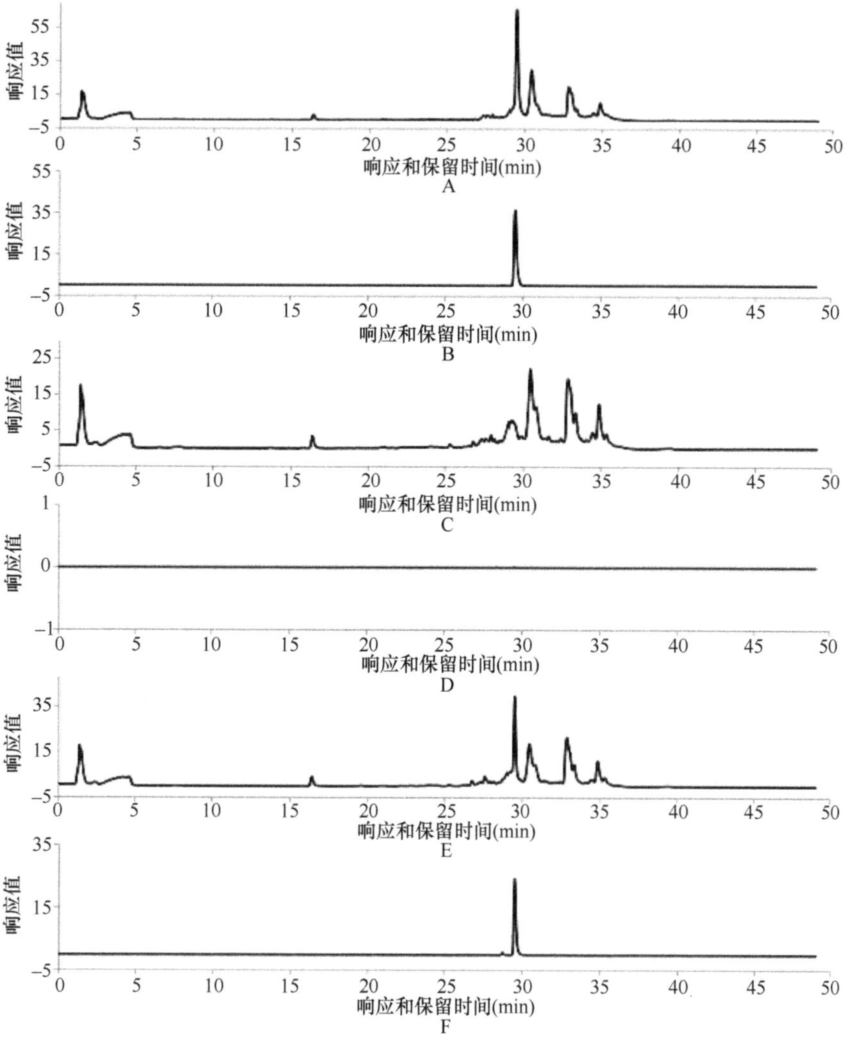

图 3-43　用乙腈（NS2 菌株）提取的 ZEN 降解产物的 LC-QTOF / MS 谱

A. 阳性对照的 ESI TIC 扫描（使用乙腈提取的含有 5mg/L ZEN 而接种 NS2 的 MM 作为阳性对照）；B. 阳性对照的 ESI EIC 扫描；C. 阴性对照的 ESI TIC 扫描（28℃下在 MM 中培养的菌株 NS2 振荡培养 36h。通过乙腈提取细胞培养物）；D. 阴性对照的 ESI EIC 扫描；E. NS2 在含有 5mg/L ZEN 的 MM 培养基中于 28℃振荡培养 36h 后，用乙腈提取 ZEN 降解产物进行 ESI TIC 扫描；F. 样品的 ESI EIC 扫描

α-ZEN、β-ZEN 和其他代谢物（图 3-44）。然而，在使用乙腈提取降解产物之后通过初步 LC-QTOF/MS 分析，发现一些降解产物的新峰（图 3-45），可能产生 3 种主要转化产物（*m/z*：309.6650、245.1846 和 292.6738）（表 3-19）。

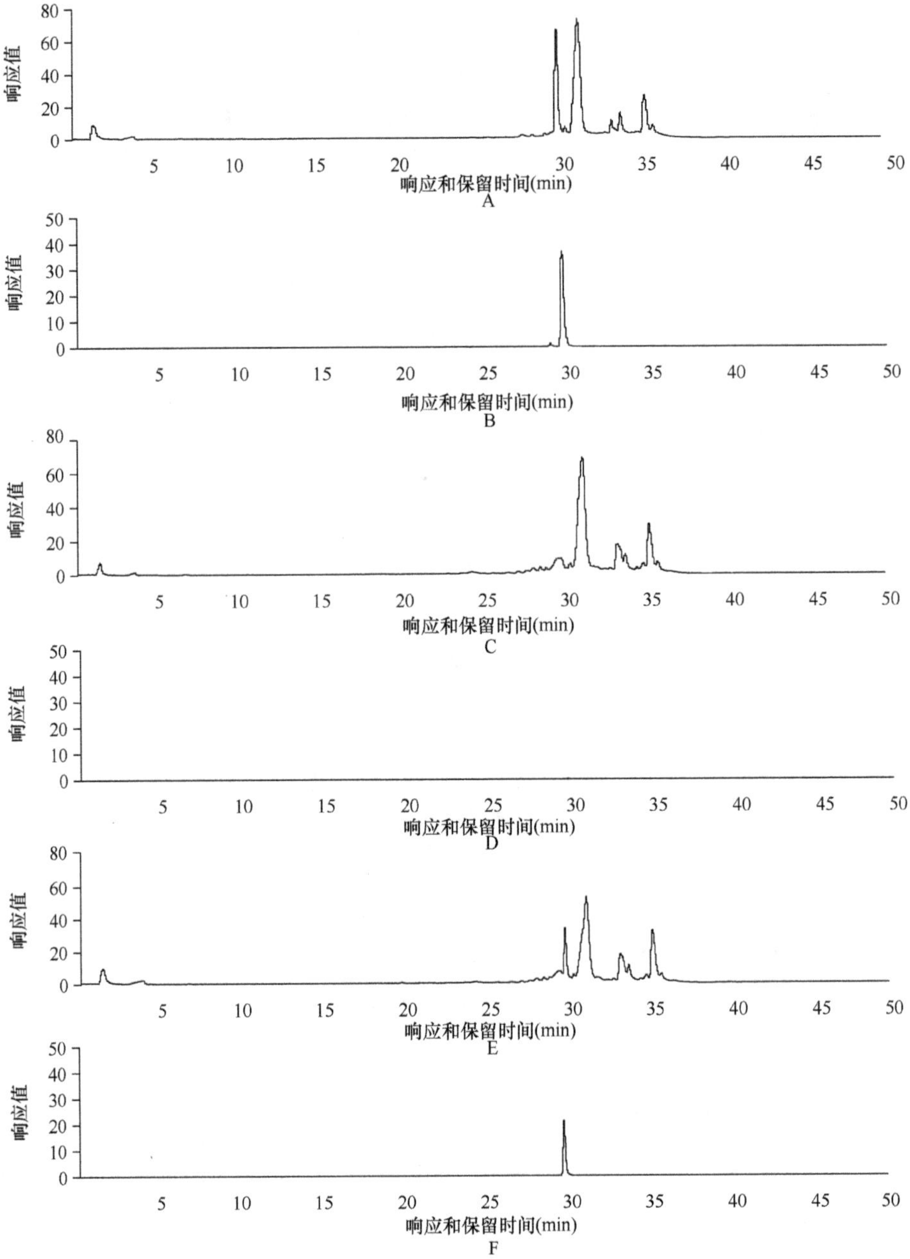

图 3-44　菌株 SH1 对 ZEN 降解的 LC-QTOF/MS 谱（用氯仿萃取）

A. 阳性对照的电喷雾电离（ESI）总离子流色谱（TIC）扫描（含有 5mg/L ZEN，没有用氯仿提取的接种了 SH1 的 MM 用作阳性对照）；B. 阳性对照的 ESI 提取离子色谱（EIC）扫描；C. 阴性对照的 ESI TIC 扫描（SH1 在 28℃振荡培养 36h，无细胞培养上清液用氯仿提取）；D. 阴性对照的 ESI EIC 扫描；E. SH1 菌株在含有 5mg/L ZEN 的 MM 培养基中于 28℃振荡培养 36h 后，用氯仿提取 ZEN 降解产物进行 ESI TIC 扫描；F. 样品的 ESI EIC 扫描

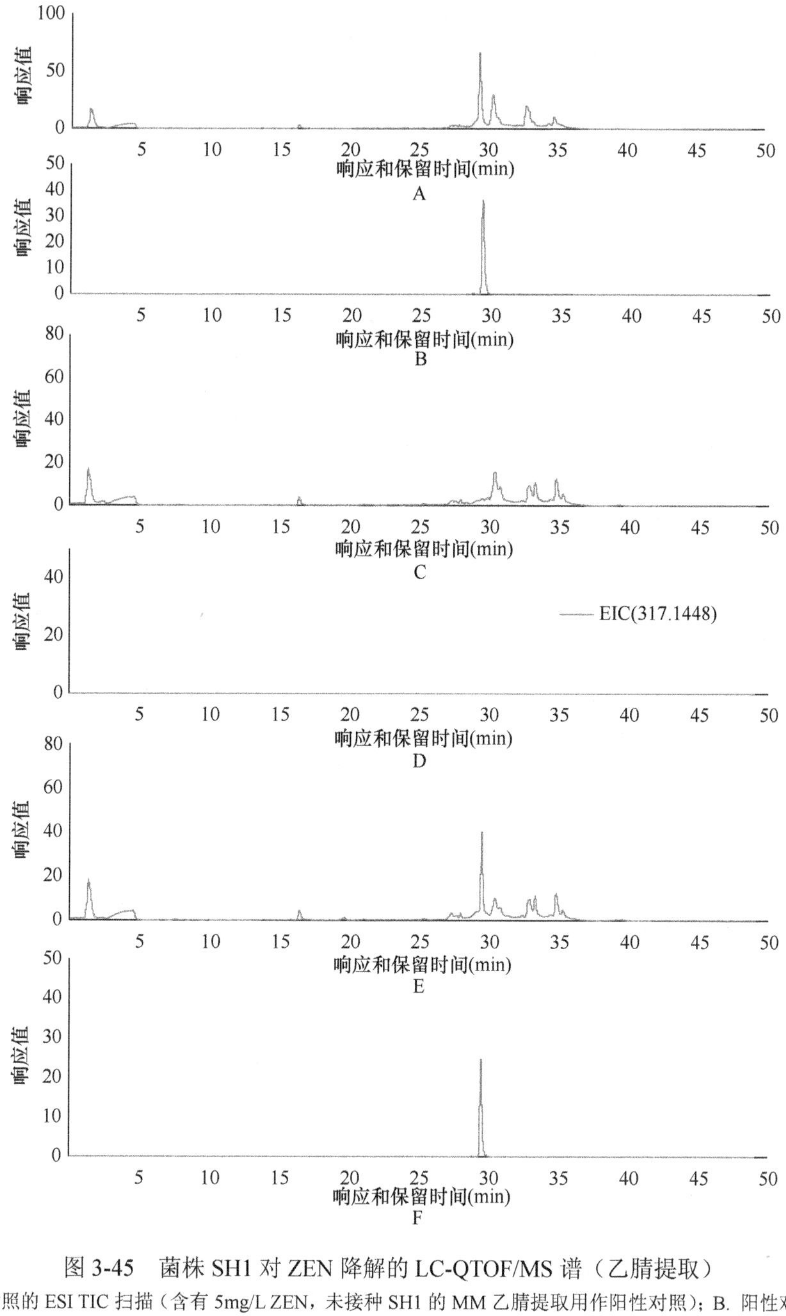

图 3-45　菌株 SH1 对 ZEN 降解的 LC-QTOF/MS 谱（乙腈提取）

A. 阳性对照的 ESI TIC 扫描（含有 5mg/L ZEN，未接种 SH1 的 MM 乙腈提取用作阳性对照）；B. 阳性对照的 ESI EIC 扫描；C. 阴性对照的 ESI TIC 扫描（在 28℃下在 MM 中菌株 SH1 振荡培养 36h，通过乙腈提取细胞培养物）；D. 阴性对照的 ESI EIC 扫描；E. SH1 菌株在含有 5mg/L ZEN 的 MM 培养基中于 28℃振荡培养 36h 后，用乙腈提取 ZEN 降解产物进行 ESI TIC 扫描；F. 样品的 ESI EIC 扫描

表 3-19　SH1 菌株 ZEN 降解产物的特性

	分子量（*m/z*）	保留时间（min）	分子式
ZEN	318.36	30	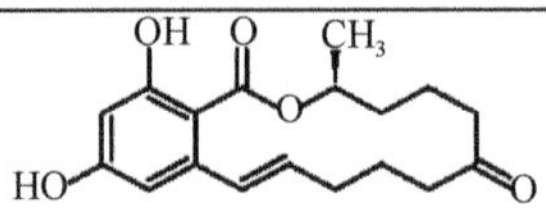
产物 1	309.6650	10.367	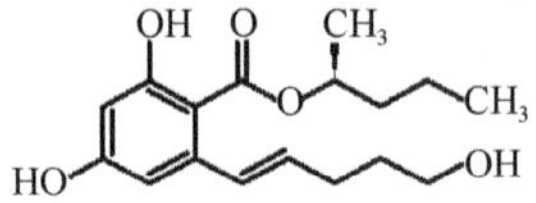
产物 2	245.1846	9.017	未知
产物 3	292.6738	5.707	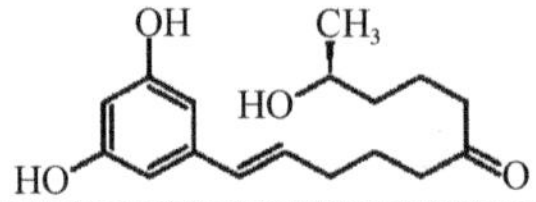

四、污染玉米中 ZEN 的降解

用不含 ZEN 的玉米磨粉，将 25g 玉米粉在 250mL 烧瓶中灭菌，然后加入 ZEN 至终浓度为 2.5mg/L。每个烧瓶接种 2.5mL 预培养的 SH1/NS2 细菌。以接种 2.5mL NB 培养基作为对照。在 28℃孵育 3 天后，进行 ZEN 提取和分析。结果发现 SH1 可降解玉米粉中 84.9%的 ZEN，NS2 可降解 88.2%的 ZEN（表 3-20）。

表 3-20　SH1 和 NS2 对玉米粉中 ZEN（2.5μg/mL）的降解作用

菌株	ZEN 降解率（%）
SH1	84.9±2.1
NS2	88.2±0.1

食品和饲料中真菌毒素的微生物降解被认为是高效、特异和环保的方法（Bata and Lasztity，1999）。在文献中已经报道了几种菌株降解 ZEN，但是其在食品和/或饲料中的 ZEN 解毒的实际应用受到限制。也许，缺乏关于生物降解机制、降解产物的毒性及微生物对于动物的安全性的信息导致 ZEN 降解微生物的应用延迟（Yi et al.，2011）。为了在食品和饲料中成功开发 ZEN 生物降解剂，需要进一步筛选来自不同来源的 ZEN 降解微生物，了解降解模式，评估降解产物的毒性和分析微生物对于动物的安全性。

第四节　脱氧雪腐镰刀菌烯醇（DON）的体外生物脱毒研究

植物感染镰刀菌后，菌的代谢过程中 DON 还可能发生进一步转化形成衍生物，DON 的主要衍生物为乙酰化衍生物。同时，植物本身受到外源物质（毒素等）侵害时，会进行自我保护，把非极性的毒素与糖、氨基酸或硫酸盐等结合将其转化为极性更强的代谢产物，储藏在液泡中或结合在器官、组织、细胞器等的生物大分子上（如细胞壁中的组分等），从而产生 DON 的结合物。由于形成 DON 结合物的代谢途径不同，DON 与植物中不同成分结合形成了性质不同的物质，目前，一般根据其溶解性分为两类，将可溶的结合物称为隐蔽型脱氧雪腐镰刀菌烯醇，不可溶的结合物称为结合态脱氧雪腐镰刀菌烯醇（Berthiller et al.，2009）。DON 的结合物与 DON 共同存在且有可能相互转化，但目前对这些化合物的研究报道还较少，特别是其在自然感染镰刀菌的植物中的产生规律及毒性等尚不明确。

一、猪肠道微生物对 DON 的体外降解

（一）DON 的检测

1. 游离态 DON 的检测

（1）谷物中 DON 的提取

取小麦籽粒用粉碎机碾碎，准确称取 5g，置于 100mL 锥形瓶中，加 50mL 乙腈/水（84/16，*V/V*），振荡提取 30min，将定量滤纸折叠过滤样品液，检测上清液中游离态 DON，残渣加入 50mL 乙腈/水（84/16，*V/V*），第二次振荡提取 30min，清洗去除游离态 DON，5000r/min 离心 10min，40℃烘干，待用（用于检测结合态 DON）。

（2）DON 的净化

用移液枪准确吸取样品提取液 3mL，缓慢过 Bond Elut Mycotoxin 净化柱，用移液枪分别精确吸取 2mL 净化液，转移至氮吹管中，氮吹仪设置温度为 40℃，于通风橱内经氮气缓慢吹干。加入 1.5mL 流动相（乙腈/甲醇/水，5/5/90，*V/V/V*），剧烈振荡 3min，移液至 1.5mL 离心管内，10 000r/min 高速离心 5min，精确吸取 1mL 离心上清液，转至微量进样瓶中待测。

（3）HPLC 检测方法的建立

游离态 DON 标准品的紫外光谱扫描图如图 3-46 所示，DON 在 220nm 处有最大吸收峰，选择 220nm 为紫外检测波长。采用乙腈/甲醇/水的混合液作为流动相，比较研究了不同配比、不同洗脱方式（梯度洗脱、等度洗脱），结果表明，采用流动相配比 5/5/90（乙腈/甲醇/水，*V/V/V*）时，等度洗脱即可获得较好的分离效果，DON 保留时间为 7.1min（图 3-47）。即色谱条件：C18 色谱柱，3.9mm×150mm，5μm；流动相：乙腈/甲醇/水（5/5/90，*V/V/V*）；流速：1.0mL/min；柱温：40℃；进样量：10μL；紫外检测波长：220nm。

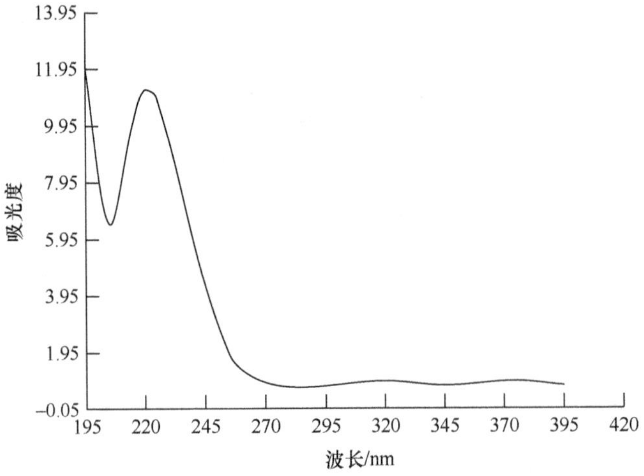

图 3-46　DON 标准品的紫外光谱扫描图

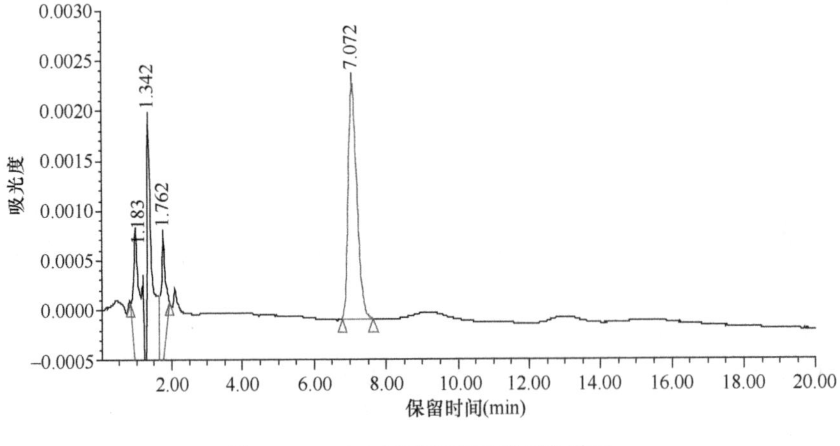

图 3-47　DON 标准品高效液相色谱图

（4）HPLC 法标准曲线的绘制

取 DON 标准品 1mg，用流动相定容于 10mL 容量瓶中，配成浓度为 100μg/mL 的标准母液，按比例稀释成 50μg/mL、25μg/mL、5μg/mL、1μg/mL 的浓度，分别进样 10μL，做 3 个平行，以进样浓度为横坐标，峰面积为纵坐标，绘制标准曲线（图 3-48）。计算得到回归方程为 y=14919x–2506.3，R^2=0.9999。表明在 1～100μg/mL 线性关系良好。信噪比 3∶1 时，小麦样品中 DON 的 LOD（最低检测限）为 0.1mg/kg。

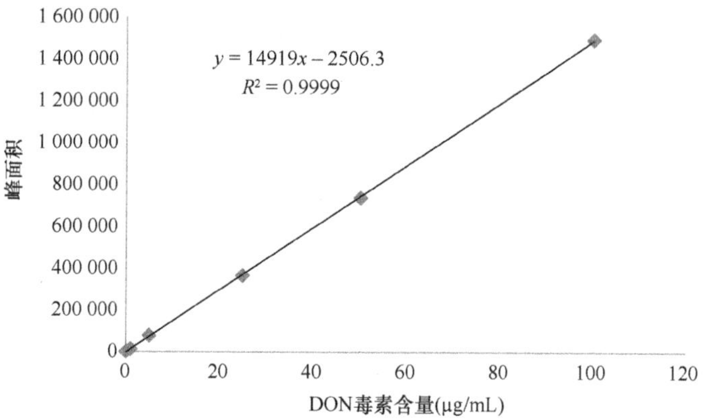

图 3-48　HPLC 法检测 DON 的标准曲线

2. 结合态 DON 的检测方法

由于结合态 DON 与植物组织中的成分等结合在一起，具有不可溶的性质，常规的提取检测方法检测不到结合态 DON，可采用一定的化学或生物方法破坏其结合状态，将其转化为结合前的母体毒素，即游离态 DON 进行分析检测（Berthiller et al.，2009），目前有关结合态 DON 的检测方法有 3 种。

Liu 等（2005）首次建立了结合态 DON 的水解检测方法：用乙腈/水（84/16，*V*/*V*）提取小麦后，在提取液和提取后的样品残渣中分别加入三氯乙酸，140℃处理 40min 后水解结合态 DON，经净化后，衍生处理，采用 GC/MS 检测。Zhou 等（2007）在 Liu 等（2005）的方法基础上改用三氟乙酸进行了水解，建立的最优提取条件为小麦籽粒粉碎后，经乙腈/水（84/16）提取，加入 1.25mol/L 的三氟乙酸，133℃水解 54min，采用 GC/ECD 检测。Tran 和 Smith（2011）研究报道了用 0.5mol/L 的三氟甲烷磺酸，40℃处理 40min 可使小麦中总 DON 含量比未经酸水解处理时增加，该方法可用于检测小麦籽粒中的结合态 DON。

（二）猪肠道微生物对游离态和结合态 DON 的降解

1. DON 在动物体内的代谢

毒素在动物体内的代谢是影响其毒性的一个重要因素，一些毒素经体内代谢毒性会降低，而有些经体内代谢毒性可能增强。DON 的毒性和代谢目前都有了较深入的研究报道，DON 在动物体内能被快速吸收，吸收部位主要是在小肠上端，通过简单的扩散作用从旁细胞通路穿过细胞间的紧密连接进入小肠上皮细胞（Eriksen and Pettersson，2004；Pinton et al.，2005）。

猪对 DON 的吸收十分迅速，口服 30min 内即可达到血药浓度峰值（Prelusky et al.，1988），且吸收率高达 82%，在猪体内的代谢半衰期为 2～4h（Coppock，1985），因而猪对DON非常敏感。鸡对DON的耐受力很强，其吸收进入血浆和组织中的DON很少（<1%），并能被迅速清除（Prelusky et al.，1986a）。Gauvreau（1991）研究发现火鸡对 DON 的口服吸收也仅有 0.96%，并具有很快的血浆清除率（$t_{1/2}$=44min）。反刍动物对DON也有很强的耐受力。Prelusky 等（1984）给奶牛口服 DON（1.9mg/kg BW），DON 的组织吸收率低于 1%，血浆 DON 浓度达 90～200ng/mL，在血浆中的半衰期大约为 4h。羊口服 DON 6%～10%被吸收（Prelusky et al.，1986b）。

被动物摄入后 DON 可分布于胃、肠、肾、肝、脑等脏器和组织中，肝脏中含量最高，但没有明显的蓄积现象。DON 在动物体内经水解、羟化、脱环氧化等代谢过程后随尿液排出体外，也有少部分转化为 3,7,15-三羟基-单端孢霉-9,12-二烯-8-酮排出体外。DON 还可以经胆汁排泄到肠道中，之后很少再被重新吸收，大部分随粪便被排出体外（Prelusky and Trenholln，1991）。

DON 在动物体内主要的消化代谢产物为脱环氧 DON（deepoxy deoxynivalenol，Deep-DON，DOM-1，化学结构见图 3-49），最早在鼠的体内发现，雄性大鼠经口饲喂 8～11mg/kg BW 的 DON 后，在其尿液和粪便中检测到脱环氧代谢产物，经气相色谱-质谱鉴定其结构（King et al.，1984；Yoshizawa et al.，2014），在肝脏和其他组织中不会产生（Côté et al.，1987；Gareis et al.，1987）。在饲喂含 DON 的饲料后，奶牛所产的奶中也检测到 Deep-DON（Côté et al.，1986）。体外代谢实验显示肠道内菌群可将 DON 代谢为脱环氧 DON。1989 年，Worrell 等将 20%（*m*/*m*）的大鼠盲肠内容物稀释液与[^{14}C]标记的 35μg/mL 的 DON 厌氧培养，7h 后检测到 60%的 DON 和 29%的脱环氧形式，24h 后检测到 2%的 DON 和 90%的脱环氧形式。禽类肠道微生物可将 DON 转化为 Deep-DON，Ping 等（1992）发现，鸡肠道中微生物在 96h 内可转化 98%以上的 DON 标准品，牛瘤胃液与 DON 混合孵育 96h 后，35%的 DON 降解为其脱环氧代谢产物（He et al.，1992），Guan 等（2009）研究了鱼肠道内容物对 DON 的代谢，从 62 种鱼的肠道内容物中分离出一种具有降解 DON 作用的混合菌，其在很宽的pH范围内（4.5～10.4）都可以将DON降解为Deep-DON，在 4℃的低温下也有脱环氧作用。杨史良（2007）报道了有研究发现乳杆菌和费氏丙酸杆菌在 37℃作用 1h 后能将 20μg/mL DON 降解至 1.9～2.6μg/mL。

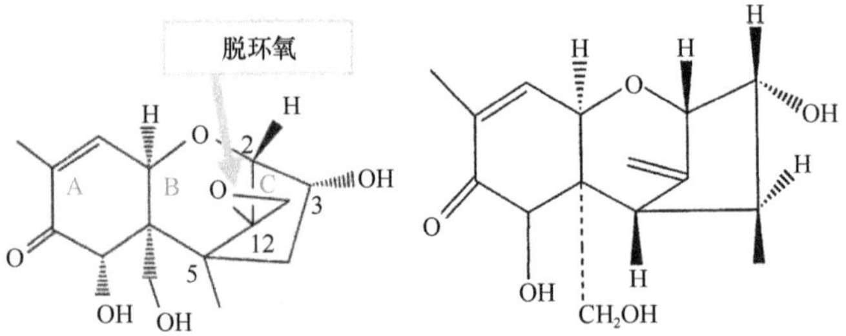

图 3-49　DON 的脱环氧作用（左）和 Deep-DON 的化学结构（右）

研究认为 C12/C13 环氧基团是 DON 毒性的主要决定因素，环氧基团对抑制蛋白质合成是必要的，是单端孢霉烯族毒素的主要作用方式，脱环氧 DON 的毒性小于 DON，脱环氧化被认为是一种去毒作用（Eriksen et al.，2004）。

2. 猪肠道微生物对游离态和结合态 DON 的降解研究

（1）DON 污染样品的准备

孢子液培养：采用实验室保存的禾谷镰刀菌 Fg18.7 进行活化培养，转接至 PDA 固体平板，25℃活化培养 5 天，打孔接种至合成低营养琼脂（SNA）液体培养基中，室温振荡培养产孢子，经显微镜观察孢子浓度达到 1×10^5 个/mL 时停止培养，无菌纱布过滤，得孢子悬浮液。孢子液中加入吐温 80 增加黏度（1mL/L 孢子液），装于喷雾器中，用于田间接菌。

田间接菌：选择冬小麦进行田间实验，以独立的小块麦田为试验田，四周留空地作为隔离带，该地块种植的小麦不使用任何除草剂，在小麦生长扬花期进行孢子液接种，用喷雾器将孢子液均匀喷洒于小麦穗上，漫灌浇水，塑料膜覆盖过夜，保持湿度，使小麦感染赤霉病，之后按照当地农业措施正常管理。在小麦生长扬花期进行孢子液接种禾谷镰刀菌，使其感染赤霉病，扬花期小麦和感染赤霉病后的小麦分别如图 3-50 所示。

图 3-50　接菌前（左）及感染赤霉病后（右）的田间小麦植株（另见彩图）

（2）游离态 DON 和结合态 DON 的检测

接种后 21 天、28 天及收获后分别取小麦穗，获得小麦籽粒，检测 DON 含量，采用 HPLC 方法：取小麦籽粒用粉碎机碾碎，准确称取 5g 于 100mL 锥形瓶中，加 50mL 乙腈/水（84/16，*V/V*），振荡提取 30min，定量滤纸过滤，得提取液和残渣。

残渣转移至 100mL 蓝盖耐高温玻璃试剂瓶中，加入 30mL 乙腈/水溶液(84/16，*V/V*)、15mL 蒸馏水和 7.5mL 1mol/L 的三氯乙酸，振荡 1min 混匀后，加盖密封，电热恒温鼓风干燥箱中 140℃，40min。取出 100mL 耐高温玻璃试剂瓶，冷却，加入 1mol/L 的 KOH 3.75mL，并用乙腈调整体积至 60mL，振荡 1min 混匀，备用。分别取样品提取液 3mL，缓慢过 Bond Elut Mycotoxin 净化柱，HPLC 检测游离态 DON 和结合态 DON 的含量。

结果显示，在感染赤霉病的小麦籽粒中检测到结合态 DON，随着小麦的生长，小麦籽粒中游离态 DON 的含量先增加后减少，结合态 DON 的含量逐渐增加，如表 3-21 所示，染菌 21 天的小麦籽粒中游离态 DON 含量为 18.43μg/g，28 天时增加到 26.12μg/g，成熟后收获的小麦籽粒中降低为 18.18μg/g，而结合态 DON 的含量在 21 天时为 1.58μg/g，之后一直增加，28 天时和收获后含量分别为 2.18μg/g 和 2.80μg/g。根据 DON 的含量变化可见，感染赤霉病的小麦籽粒中先产生游离态 DON，之后游离态 DON 与小麦籽粒中某些成分结合，逐渐生成结合态 DON。

表 3-21 田间接菌小麦籽粒中 DON 的含量

采样时间	DON 含量（μg/g）	
	游离态	结合态
21 天	18.43±0.28	1.58±0.05
28 天	26.12±0.21	2.18±0.11
成熟后	18.18±0.16	2.80±0.20

（3）体外代谢实验

肠道内容物稀释液的制备：磷酸盐缓冲液（0.15mol/L，pH=6.4 的 PBS）（Goyarts and Dänicke，2006）的配制。PBS 中加入 0.0125%的微量元素溶液（0.66g $CaCl_2 \cdot 2H_2O$、0.5g $MnCl_2 \cdot 4H_2O$、0.05g $CoCl_2 \cdot 6H_2O$、0.4g $FeCl_3 \cdot 6H_2O$）和 11.11% 的 Na_2S 溶液（2.88g Na_2S 加入到 500mL 0.037mol/L 的 NaOH 中），121℃灭菌 15min 待用。

新鲜猪盲肠取自肉联厂，猪宰杀后用棉线扎紧盲肠一端，马上割取盲肠，放入厌氧培养罐以保证处在厌氧环境中。每个盲肠的内容物按一定体积比加入 PBS，过滤混合液，待用。等体积的滤液灭菌后作为基质对照，每一个孵育实验用 3 个不同的猪盲肠。

体外孵育实验：实验在充满 CO_2 的 Sekuroka®厌氧袋中进行，以保证与氧气完全隔离。DON 标准品、含结合态 DON 的小麦样品分别与盲肠内容物滤液在样品管中混合，37℃下孵育不同时间。孵育时间结束后，马上将样品管放于–20℃的低温冰箱中，以停止孵育反应。

样品的处理及毒素的提取：取出样品，35℃解冻，按照 16/84（*V*/*V*）的比例加入乙腈 210mL，振荡提取 2h，过滤，分别得到滤液和滤渣，用 30mL 乙腈/水（84/16，*V*/*V*）清洗滤渣，合并滤液，转至圆底烧瓶，真空旋转蒸发浓缩，乙腈/水（84/16，*V*/*V*）复溶，定至 50mL。滤渣 40℃干燥，粉碎，加入 30mL 乙腈/水

（84/16，*V*/*V*），15mL 水，7.5mL 三氯乙酸，电热恒温鼓风干燥箱中，140℃加热 40min，提取结合态 DON，取出 100mL 耐高温玻璃试剂瓶，冷却，加入 1mol/L 的 KOH 3.75mL，并用乙腈调整体积定容至 60mL（Liu et al.，2005）。

（4）样品净化处理方法

由于肠道内容物基质复杂，样品检测时毒素的提取净化方法非常重要，如果净化不完全，杂质过多，影响检测结果，如果净化处理步骤过多，会造成回收率过低。有关 DON 的净化方法目前报道较多的为吸附剂、多功能净化柱和免疫亲和柱等。本研究比较了多种净化处理方法，吸附剂净化成本较低，但操作较烦琐耗时，使用净化柱简便快捷，但成本较高，本研究选用 Bond Elut Mycotoxin 净化柱和免疫亲和柱，但实验发现经一次净化柱处理后，检测时杂质干扰严重，因而选择连续过两次净化柱。

吸附剂净化：滤液按 10mL∶1g 的比例，加入不同配比的木炭、氧化铝、硅藻土混合物，振荡 30min，过滤，6mL 滤液于氮吹管中，40℃条件下氮气流吹干，1.5mL 流动相复溶，10mL 刻度试管涡旋振荡 3min，10 000r/min 离心 6min，待测。

多功能净化柱净化：取 6mL 过 Bond Elut Mycotoxin 多功能净化柱，净化液于氮吹管中，40℃条件下氮气流吹干，1.5mL 流动相复溶，10mL 刻度试管涡旋振荡 3min，10 000r/min 离心 6min，待测。

免疫亲和柱净化：4mL 滤液过免疫亲和柱，10mL PBS 清洗后，6mL 甲醇洗脱于氮吹管中，氮气吹干，1.5mL 流动相复溶，10mL 刻度试管涡旋振荡 3min，10 000r/min 离心 6min，待测。

回收率实验结果显示（表 3-22），对于 DON，在加标量为 10μg 的条件下，采用吸附剂——木炭粉末+氧化铝+硅藻土（7+5+3，*m*+*m*+*m*）回收率为 75.0%，经 Bond Elut Mycotoxin 多功能净化柱+免疫亲和柱处理，回收率为 69.0%。由于 DON 免疫亲和柱为专一性净化柱，对 Deep-DON 的回收率很低，仅为 8.6%，因而不可用于 Deep- DON 的净化，采用吸附剂——木炭颗粒+氧化铝+硅藻土（7+5+3，*m*+*m*+*m*）和两次 Bond Elut Mycotoxin 多功能净化柱处理，对 Deep-DON 的回收率分别达到 94.3%和 90.2%。其他净化方法回收率超过 100%，推测肠道内基质复杂，存在与 DON 和 Deep-DON 类似的物质，在液相色谱检测时无法完全分离，从而出现假阳性现象。

表 3-22 不同净化处理对肠道液中 DON 的回收率

净化处理方法	回收率（%）	
	DON	Deep-DON
氧化铝+硅藻土（5+3，*m*+*m*）	178.0	74.5
木炭粉末+氧化铝+硅藻土（7+5+3，*m*+*m*+*m*）	75.0	123.9
木炭颗粒+氧化铝+硅藻土（7+5+3，*m*+ *m*+*m*）	159.8	94.3
多功能净化柱+免疫亲和柱	69.0	8.6
两次多功能净化柱	150.8	90.2

因而对 DON 选择吸附剂净化处理：木炭粉末+氧化铝+硅藻土（7+5+3，*m*+*m*+*m*），对 Deep-DON 的净化选择过两次 Bond Elut Mycotoxin 多功能净化柱。

（5）毒素的检测

DON 及 Deep-DON 的检测采用高效液相色谱法，确定了同时检测 DON 和 Deep-DON 的 HPLC 条件：Waters 2695 高效液相色谱系统（Waters 2478 紫外检测器），C18 色谱柱，3.9mm×150mm，5μm；流动相为乙腈/甲醇/水（5/5/90，*V*/*V*/*V*）；流速为 1.0mL/min；柱温为 40℃；进样量为 10μL；紫外检测波长为 220nm。在该条件下 DON 和 Deep-DON 可得到很好的分离，保留时间分别为 4.7min 和 10.7min，如图 3-51 所示。

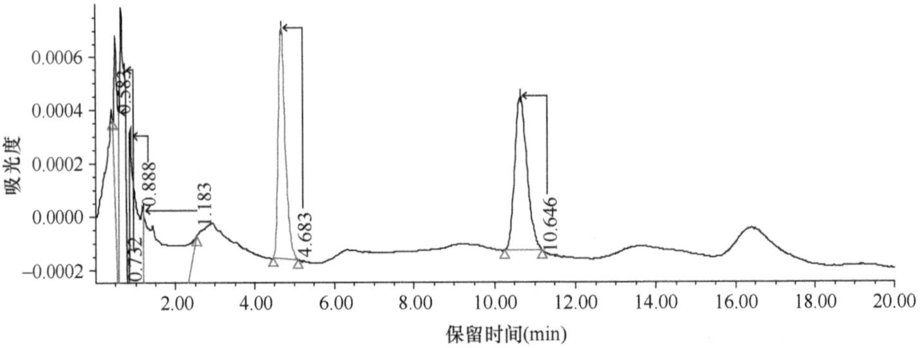

图 3-51　1μg/mL 的 DON 和 1μg/mL Deep-DON 的 HPLC 图谱

将标准母液按比例混合稀释成 10μg/mL、5μg/mL、2μg/mL、1μg/mL、0.5μg/mL 的浓度，按照上述色谱条件分别进样 10μL，做 3 个平行，以进样浓度为横坐标，峰面积为纵坐标，绘制标准曲线，计算得到回归方程：DON 为 $y=14\,978x-1444.5$，$R^2=0.9999$；Deep-DON 为 $y=10226x-551.03$，$R^2=0.9998$，表明在 0.5～10μg/mL 线性关系良好（图 3-52）。

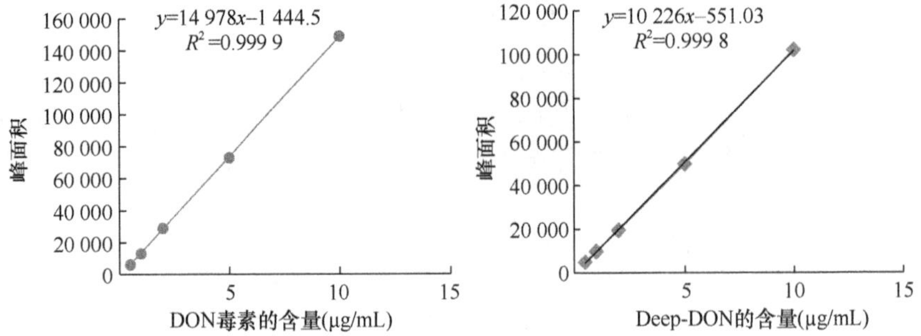

图 3-52　DON 和 Deep-DON 的标准曲线

标准溶液进样 10μL（1μg/mL），重复进样 10 次，记录保留时间和峰面积积分值，计算日内精密度，结果见表 3-23。

表 3-23　DON 和 Deep-DON 的日内精密度（*n*=10）

项目	DON		Deep-DON	
	保留时间（min）	浓度（μg/mL）	保留时间（min）	浓度（μg/mL）
测定平均值	4.7	0.99	10.6	1.06
标准差	0.004	0.011	0.011	0.026
相对标准差（RSD）%	0.09	1.08	0.11	2.46

取 3 份标准溶液（1μg/mL）于 3 天内连续测定，计算日间精密度，结果见表 3-24。保留时间和 DON、Deep-DON 含量的 RSD 值均在 3%下，表明在该色谱条件下同时测定 DON、Deep-DON 有较高的精密度。

表 3-24　DON 和 Deep-DON 的日间精密度（*n*=3）

项目	DON		Deep-DON	
	保留时间（min）	浓度（μg/mL）	保留时间（min）	浓度（μg/mL）
测定平均值	4.7	0.99	10.5	1.02
标准差	0.046	0.015	0.202	0.014
相对标准差（RSD）（%）	0.99	1.55	1.92	1.33

（6）猪盲肠液对结合态 DON 的代谢

含结合态 DON 的小麦样品（结合态 DON 总量为 13.8μg）与 40mL 新鲜猪盲肠内容物缓冲液混合，37℃下分别厌氧孵育 0h、8h、16h、40h、64h，检测游离态 DON、结合态 DON、Deep-DON 的含量。

结果显示随着孵育时间的延长，结合态 DON 逐渐减少，64h 时未检测到，游离态 DON 先增加后减少，Deep-DON 的含量逐渐增加，推测结合态 DON 在猪盲肠体外代谢中首先被降解为游离态 DON，后游离态 DON 进一步被降解为 Deep-DON，检测结果如图 3-53 所示。

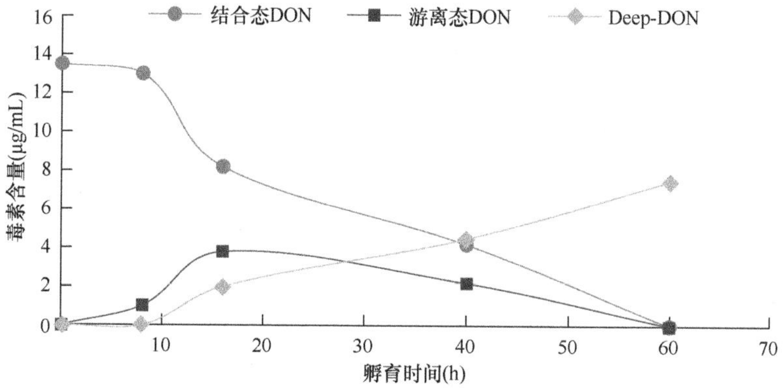

图 3-53　猪盲肠液对结合态 DON 的代谢

（7）猪盲肠液对游离态 DON 的代谢

通过明确游离态 DON 的降解过程，可进一步分析结合态 DON 在盲肠中的代谢规律，因而进行了游离态 DON 在猪盲肠液中的体外代谢研究。10μg DON 标准品与 40mL 新鲜猪盲肠内容物缓冲液混合，37℃下厌氧孵育 0h、4h、16h、24h、52h、60h，采用 HPLC 检测 DON 和 Deep-DON 含量，结果如图 3-54 所示。随着时间延长，DON 含量逐渐降低，Deep-DON 含量逐渐增加，24h 时 DON 降低为初始含量的 51.7%，孵育 60h 后，Deep-DON 的含量为 9.6μg，未检测到 DON。Deep-DON 的毒性仅为 DON 毒性的 1.8%，经过代谢，DON 的毒性降低了 98.2%，因而 DON 代谢成为 Deep-DON 是一种去毒作用，为了更好地分析肠道内 DON 代谢的作用方式，目前正在进行猪肠道内容物中微生物和酶等的分离筛选，进而明确有哪些微生物可以降解 DON，研究探讨 DON 代谢机理的同时，将有助于开发有效的降解 DON 的方法。

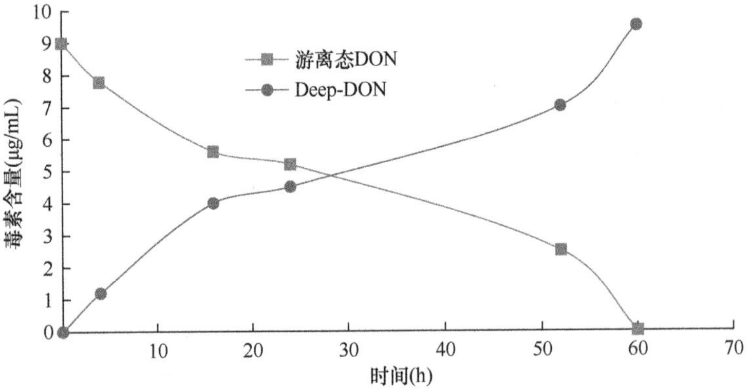

图 3-54　猪盲肠液对游离态 DON 的代谢

（8）猪盲肠液对含 DON 的小麦籽粒的体外代谢

将 5g 小麦（游离态、结合态 DON 分别为 66.15μg、7.98μg）与 40mL 新鲜猪盲肠内容物稀释液混合，37℃下厌氧孵育 0h、4h、16h、52h 后，检测游离态 DON、结合态 DON、Deep-DON 的含量，随着孵育时间延长，游离态 DON 先减少后增加，推测在猪盲肠体外代谢中，游离态 DON 首先降解成为 Deep-DON，随后结合态 DON 降解成为游离态 DON，在该实验反应时间内，同时存在两个代谢过程，即游离态 DON 降解为 Deep-DON，结合态 DON 被代谢为游离态 DON，前者为去毒作用，后者则增加了 DON 的危害性，毒素含量的检测结果如表 3-25 所示。

表 3-25　猪盲肠液对小麦中 DON 的代谢

孵育时间（h）	DON 含量（μg）		
	游离态	结合态	脱环氧
0	66.15	7.98	—
4	60.09	6.79	10.48
16	54.48	6.03	17.38
52	57. 75	3.73	17.41

动物组织中 DON 及 Deep-DON 含量较低，且基质复杂，各种物质对毒素的检测都会有干扰作用，因而检测前的样品净化处理方法非常重要（He et al.，2009）。早期检测动物血浆（He et al.，2009）、猪肠道内容物（Kollarczik et al.，1994）中的 DON，常采用固相萃取柱进行净化处理，如 C18 固相萃取小柱、Florisil 净化柱、氧化铝-活性炭净化柱等，近年来免疫亲和柱在谷物及其制品中毒素含量检测时广泛使用，也应用到动物组织中，为了达到更好的净化效果，且更好地应用于不同的基质中，两种净化柱的共同使用也得到研究，Döll 等（2003）和 Dänicke 等（2010）报道硅藻土净化柱与免疫亲和柱一起使用，在猪血浆和鸭子中对 DON 和 Deep-DON 的回收率分别在 75%～95%和 64%～104%，在鸡蛋黄中回收率分别为 80%和 78%，在鸡蛋蛋白中回收率分别为 77%和 72%。然而本研究发现在猪盲肠内，用于 DON 净化的免疫亲和柱对 Deep-DON 的回收率非常低，不适用于这两种毒素的同时检测，而使用两次多功能净化柱时 Deep-DON 的回收率可达到 90%。尿液和粪便是 DON 及其代谢产物最主要的排泄途径（Cyr et al.，2011），因而研究建立肠道内这两种毒素的检测方法将有利于进一步研究 DON 等毒素在动物体内的代谢过程及毒性等。

瘤胃和肠道内的混合菌群对 DON 的降解已有一些研究，多数研究（Côté et al.，1986；Dänicke et al.，2004，2010；Döll et al.，2003）认为肠道内混合菌群对 DON 有脱环氧作用；Kollarczik 等（1994）的体外实验结果显示 DON 可以被猪的后端肠段（盲肠、直肠、结肠）中的微生物降解，前端肠段（十二指肠、空肠）中微生物没有降解作用；Dänicke 等（2004）采用含 DON 的饲料喂养公猪 7 天，最后一次饲喂后不同时间（1h、2h、3h、4h、5h、6h、8h、15h、18h、24h）屠宰，检测血浆、胃、小肠、盲肠、结肠、直肠中 DON 和 Deep-DON 的含量，结果显示 DON 在经过胃和近小肠处就几乎全部被吸收，血浆中 DON 的最大含量出现在喂食后 4.1h，5.8h 时吸收的 DON 一半被消除，在小肠末端 Deep-DON 开始出现，在直肠收集到的粪便中，检测到毒素中 80%为 Deep-DON。

有研究（Goyarts and Dänicke，2006）显示，正常喂养的猪的粪便中的微生物对 DON 没有降解脱毒作用，除非猪被饲喂含单端孢霉烯毒素的食物，Cyr 等（2011）及 Cavret 和 Lecoeur（2006）报道的鸡肠道微生物的研究也证实了这个结论。由于 Deep-DON 的毒性较游离态 DON 小，DON 脱环氧成为 Deep-DON 是一个去毒过程（Prelusky et al.，1988），因而综合分析相关研究可以认为肠道内微生物对 DON 的降解作用是一种应激和自我保护，以抵抗毒素的侵害。另外也正因为 DON 降解成为 Deep-DON 是一个脱毒过程，可以从肠道内筛选获得微生物或酶用于降解去除 DON，这也是目前国内外研究的一个重要方向。

二、猪肠道微生物对 DON-3-G 的体外降解

（一）DON-3-G 简介

目前研究的隐蔽型脱氧雪腐镰刀菌烯醇主要是 DON 与葡萄糖的结合物，现在发现的有脱氧雪腐镰刀菌烯醇-3-葡萄糖苷（deoxynivalenol-3-glucoside，DON-3-G）和脱氧雪腐镰刀菌烯醇-15-葡萄糖苷（deoxynivalenol-15-glucoside，DON-15-G）。

1. DON-3-G 的发现

1983 年，Miller 等发现镰刀菌感染的小麦中 DON 的含量会先达到一个最大值（580mg/kg），随后减少（约 430mg/kg）直至收获。1984 年，Young 等报道酵母发酵生产的食品中的DON的含量高于生产该食品所用的被污染的面粉中的含量（Berthiller et al.，2007），这些现象的发现使人们开始推测是由于形成了某些未知的 DON 的代谢产物，Savard（1991）使用化学方法分别合成了 DON 与葡萄糖和脂肪酸的结合物，1992 年，Sewald 等用 DON 处理玉米细胞悬浮液得到 DON 的代谢物，其中主要的 DON 代谢物经核磁共振进行结构鉴定，确定该结合物为 DON-3-G（D3G）。拟南芥经 DON 处理后，也会将 DON 转变为 D3G，研究认为该反应是在葡萄糖基转移酶 DOGTI 的作用下发生的（Poppenberger et al.，2003）。小麦对赤霉病的抗性试验证实 DON 与葡萄糖结合，转化为 DON-3-G 是小麦对赤霉病产生抗性的一个重要途径，将 DON 转化为 DON-3-G 的能力越强的小麦品种表现出来的对镰刀菌产 DON 的抗性也越强（Lemmens et al.，2005）。

2. 隐蔽型 DON 的合成

DON 分子结构中有 3 个羟基分别位于 3、7 和 15 位，7 号位的羟基很难酰化，因而结合位置只有 3 位和 15 位，DON-3-G 即是 DON 在 C3 位置上的羟基由极性较大的葡萄糖苷取代之后形成的。Poppenberger 等（2003）研究人工合成 DON 葡萄糖苷结合物，经两步反应成功得到了 DON-3-G，同时得到了 DON-15-G，首先

是 1-α-溴代-1-脱氧-2,3,4,6-四-*O*-乙酰基-β-D-葡萄糖与 15-乙酰 DON（15ADON）在碳酸镉（$CdCO_3$）的催化作用下形成乙酰基-葡萄糖-DON，后者经水解形成 DON-3-G（图 3-55），如用葡萄糖和 3-乙酰 DON（3ADON）反应则可得到产物 DON-15-葡萄糖苷（DON-15-G）。对反应产物进行纯化，首次采用三重四级杆线性离子阱质谱鉴定了毒素的结合物。由于碎片离子不同，二级质谱可以鉴别出两种不同的葡萄糖苷结合物：在实验条件下采用 EPI 模式，DON-3-G 会产生 m/z=427.3 的碎片离子，而 DON-15-G 不会产生该碎片离子。

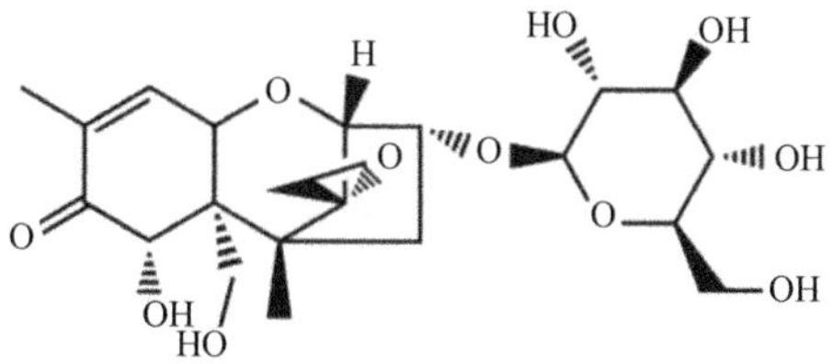

图 3-55　DON-3-G 的结构

（二）DON-3-G 的体外降解

DON-3-G 是 DON 的强极性结合物，其在谷物中与谷物基质成分以结合态形式存在，用常规毒素分析方法检测不到（Poppenberger et al.，2003；Rupfich and Ostrý，2008），Berthiller 等（2005，2009）和李凤琴等（2011）分别建立了小麦及玉米中 DON-3-G 的 LC-MS-MS 检测方法。

目前，自然感染赤霉病的小麦、玉米（Berthiller et al.，2005）、大麦、麦芽、啤酒（Kostelanska et al.，2009）、燕麦（Desmarchelier and Seefelder，2011）等谷物及其产品中均检测到 DON-3-G，其安全性问题受到关注，国际上关于 DON-3-G 的代谢研究结果显示 DON-3-G 在肠道菌和酶的作用下会被降解为 DON，在纤维素酶（绿色木霉）和纤维二糖酶（黑曲霉）作用下，在 18h 内分别有 15%和 73%的降解，部分肠道菌株也可降解 DON-3-G，但模拟人工胃液、人工肠道液对 DON-3-G 没有降解作用，为了更好地研究 DON-3-G 在肠道内的代谢情况，采用猪肠道内容物稀释液进行了 DON-3-G 体外代谢研究。

1. 肠道内容物稀释液的制备

猪宰杀后将肠道各部分用棉线扎紧，马上割取，分别放入厌氧培养罐，以保证处在厌氧环境中。新鲜猪盲肠、直肠、十二指肠、空肠置于充满 N_2 的 Sekuroka® 厌氧袋中，猪肠道外壁用无菌水冲洗，快速剪开肠道壁，取出肠道内容物。按 1∶1 的体积比加入 PBS（0.15mol/L，pH=6.4，121℃灭菌 15min），用玻璃棒混合混匀，4 层纱布过滤混合液，待用。等体积的滤液灭菌后作为基质对照。每一个孵育实验用 3 个不同的猪盲肠。

2. 体外孵育实验

实验在充满 CO_2 的 Sekuroka®厌氧袋中进行，以保证与氧气完全隔离。DON-3-G 标准品分别与盲肠、直肠、十二指肠、空肠内容物滤液在样品管中混合，37℃下孵育不同时间。孵育结束后，马上将样品管放于–20℃的低温冰箱中，以停止孵育反应。

3. 样品处理

样品取出，4℃解冻，10 000r/min 离心 10min，按照 16/84（*V/V*）的比例加入乙腈，在涡旋混合器上剧烈振荡提取 3min，–20℃冷冻后 4℃解冻，10 000r/min 离心 10min，取上清液置于 10mL 刻度试管中，氮气吹干，1mL 乙腈/水溶液（40/60，*V/V*）复溶，涡旋振荡 3min，通过 0.22μm 的微孔滤膜过滤后置于进样小瓶，待测。

4. 3 种毒素的 HPLC/MS 检测方法的建立

建立了DON、Deep-DON和DON-3-G的HPLC/MS检测方法：Agilent 6460 Triple Quad LC/MS 仪，Agilent ZORBAX SB-C18 色谱柱，2.1mm×50mm。

液相色谱梯度洗脱条件设置见表 3-26，流动相：A. 0.2% 氨水；B. 乙腈，梯度洗脱，柱温：30℃；进样量：5μL。

表 3-26 液相色谱梯度洗脱设置

洗脱步骤编号	时间（min）	0.2% 氨水（%）	乙腈（%）
1	0～4	97	3
2	4～8	70	30
3	8～10	20	80
4	10～14	90	10
5	14～25	97	3

质谱条件：采用电喷雾电离化（ESI）方式和多反应离子监测（MRM）模式，干燥气温度 350℃，气流速 6L/min，雾化器压力 35psi，鞘气温度（sheath gas temperature）350℃，鞘气流速（sheath gas flow）10L/min，毛细管电压 3500V。

MRM 离子对及质谱条件参数设置见表 3-27，该条件下 DON-3-G、DON 和 Deep-DON 的色谱图如图 3-56 所示。

表 3-27　三种毒素 MRM 离子对及质谱条件参数

测定物质	分子离子（*m/z*）	特征碎片离子（*m/z*）	电压（V）	碰撞能（V）
DON-3-G	457.0	426.9	120	20
		246.9	120	15
DON	295.1	264.8	110	15
		137.6	110	20
Deep-DON	279.0	233.0	110	15
		214.0	110	20

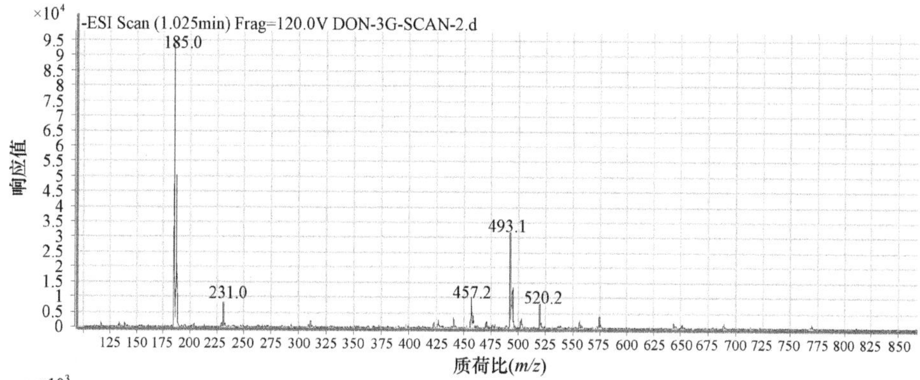

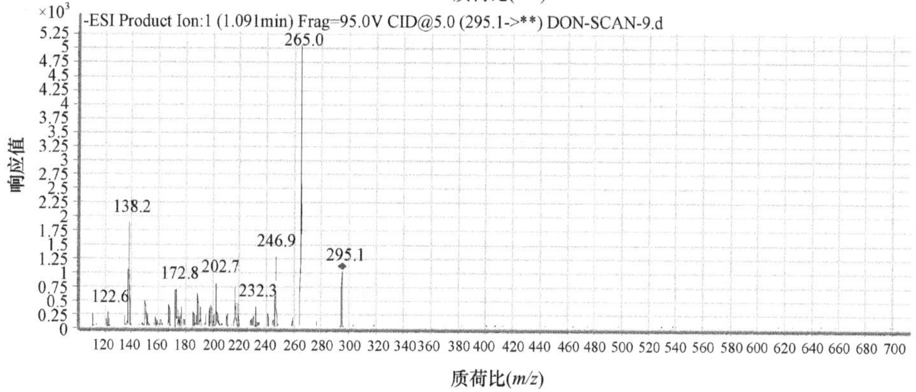

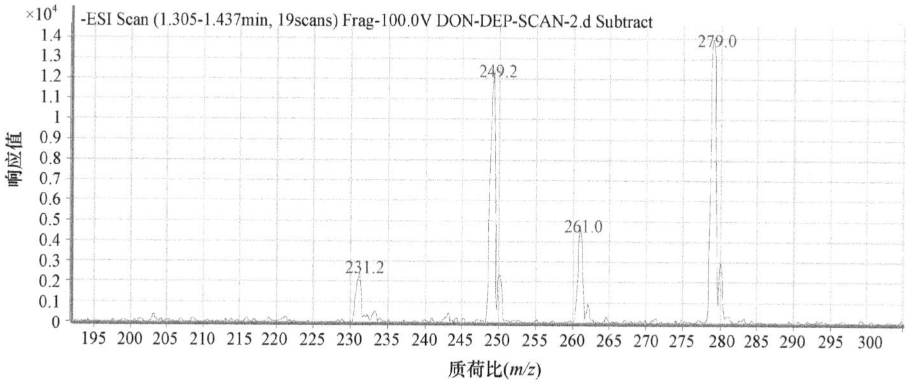

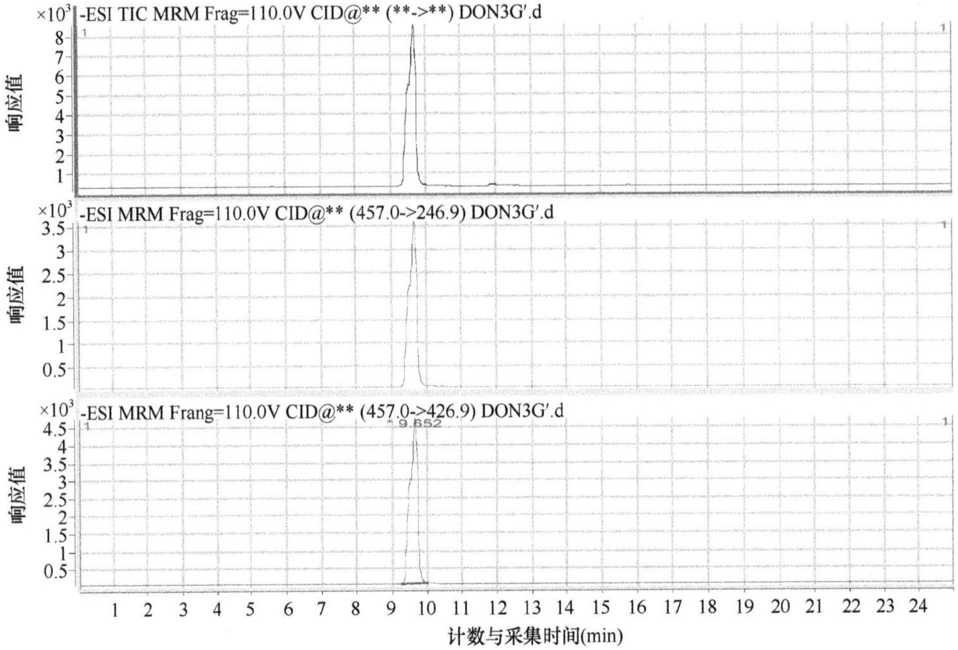

-ESI TIC MRM Frag=110.0V CID@** (**->**) DON3G′.d
-ESI MRM Frag=110.0V CID@** (457.0->246.9) DON3G′.d
-ESI MRM Frang=110.0V CID@** (457.0->426.9) DON3G′.d
9.652
响应值
计数与采集时间(min)

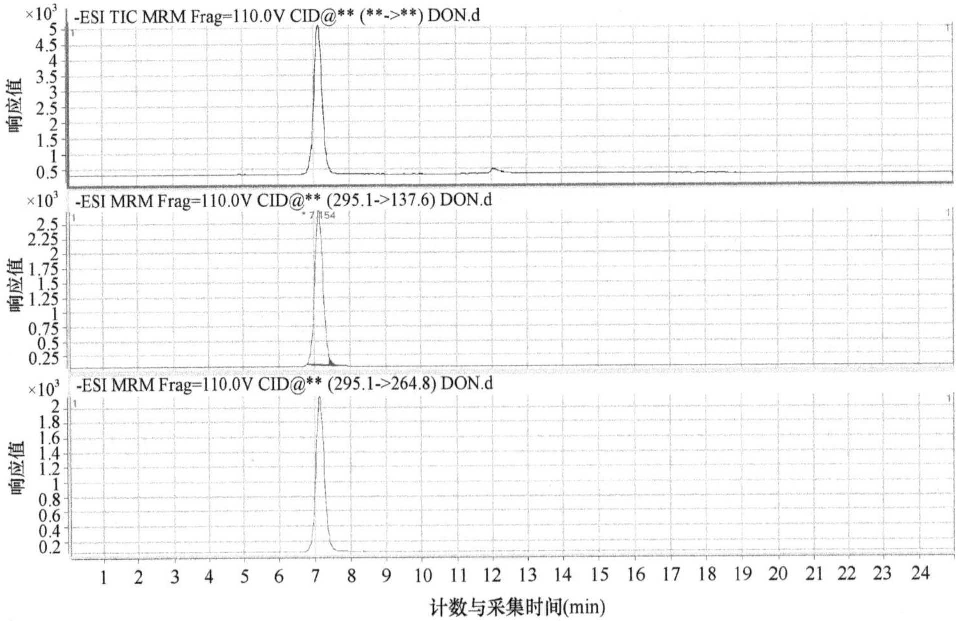

-ESI TIC MRM Frag=110.0V CID@** (**->**) DON.d
-ESI MRM Frag=110.0V CID@** (295.1->137.6) DON.d
7.154
-ESI MRM Frag=110.0V CID@** (295.1->264.8) DON.d
响应值
计数与采集时间(min)

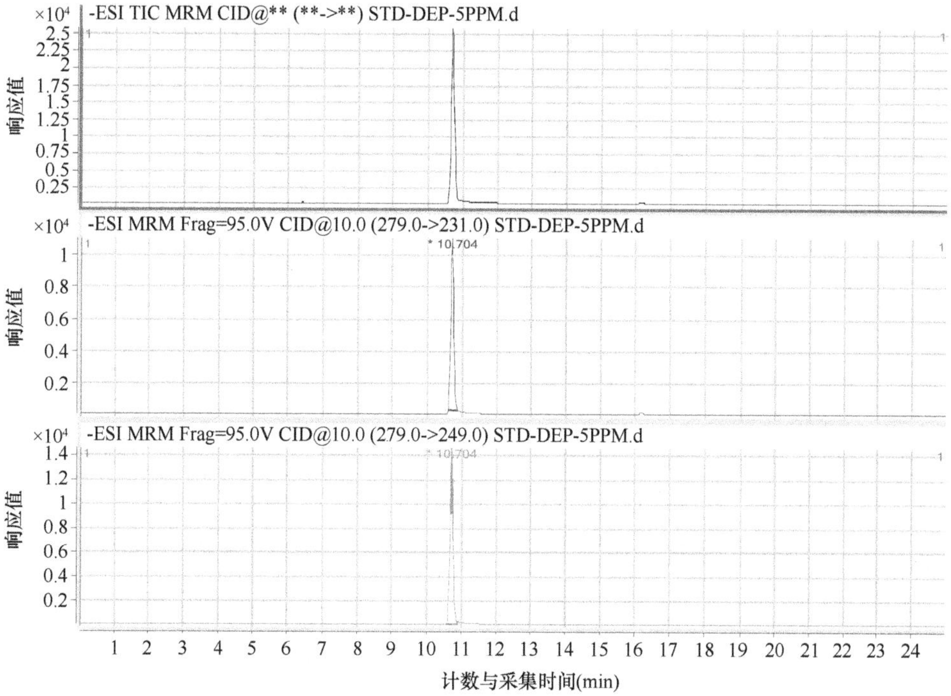

图 3-56　DON-3-G、DON 和 Deep-DON 标准品的 HPLC/MS 图谱

5. DON-3-G 的体外降解

400ng DON-3-G 与 3mL 新鲜猪盲肠内容物稀释液混合，37℃厌氧孵育 0h、12h、24h；250ng DON-3-G 分别与 3mL 新鲜猪空肠、直肠、十二指肠、结肠内容物稀释液混合，37℃厌氧孵育 0h、24h，采用 HPLC/MS 检测分析代谢产物。结果显示（表 3-28），12h 时猪盲肠内容物可将 65.7%的 DON-3-G 降解为游离态 DON，24h 时可降解 94.5%的 DON-3-G，其中，21.7%降解为 DON，72.8%降解为 Deep-DON。24h 时直肠可降解 70.6%的 DON-3-G，其中，6.4%降解为 DON，64.2%降解为 Deep-DON，十二指肠、结肠分别对 DON-3-G 有 5.0%、12.6%的降解，并未见降解为 Deep-DON，空肠对 DON-3-G 未见降解作用。即猪盲肠、直肠、十二指肠、结肠内容物稀释液均可将 DON-3-G 降解为游离态 DON，随着时间延长，盲肠、直肠内容物稀释液可进一步将 DON 转化为 Deep-DON（表 3-29）。

表 3-28　猪盲肠液对 DON-3-G 的降解

孵育时间（h）	DON 含量（ng）		
	DON-3-G	游离态（降解率）	脱环氧（降解率）
0	400.0	—	—
12	141.6	262.8（65.7%）	—
24	—	86.7（21.7%）	291.0（72.8%）

表 3-29 猪肠道液对 DON-3-G 的降解

不同肠段	孵育时间（h）	DON 含量（ng）		
		DON-3-G	游离态（降解率）	脱环氧（降解率）
空肠	0	250.0	—	—
	24	220.6	—	—
直肠	0	250.0	—	—
	24	—	16.07（6.4%）	160.5（64.2%）
十二指肠	0	250.0	—	—
	24	222.3	12.4（5.0%）	—
结肠	0	250.0	—	—
	24	203.2	31.5（12.6%）	—

参 考 文 献

樊小英, 朱越雄, 孙海一, 等. 2011. 野生糙皮侧耳多糖的提取、分离纯化和组分分析. 氨基酸和生物资源, 33(1): 10-13.

郭梅, 蒲军, 路福平, 等. 2004. 白腐菌漆酶特性及其应用前景. 天津农学院学报, 11(3): 44-47.

李凤琴, 于钏钏, 邵兵, 等.2011. 2007—2008 年中国谷物中隐蔽型脱氧雪腐镰刀菌烯醇及多组分真菌毒素污染状况. 中华预防医学杂志, 45(1): 57-63.

刘尚旭, 董佳里, 张义正. 2004. 糙皮侧耳 *Ax3* 产漆酶条件及部分酶学性质研究.四川大学学报(自然科学版), 41(1): 160-163.

浦军平, 朱国芳, 杨东明, 等. 1999. 麸皮水解液在 L-异亮氨酸发酵中的应用. 大连轻工业学院学报, 18(4): 298-301.

任广明, 李滇华, 曲娟娟, 等. 2010. 漆酶高产菌株筛选及漆酶基因片段的克隆. 中国林副特产, (5): 39-41.

王剑锋, 刘建玲, 王璋. 2007. 从土壤中筛选产漆酶微生物菌株的研究. 食品与发酵工业, 33(10): 35-39.

杨海龙, 李燕文. 1999. 平菇多糖的分离纯化及其对超氧自由基的效应. 食品科学, (10): 16-18.

杨史良. 2007. 益生菌清除脱氧雪腐镰刀菌烯醇的作用研究. 南昌: 南昌大学硕士学位论文.

Alberts J F, Engelbrecht Y, Steyn P S, et al. 2006. Biological degradation of aflatoxin B_1 by *Rhodococcus erythropolis* cultures. International Journal of Food Microbiology, 109(1/2): 121-126.

Alberts J F, Gelderblom W C A, Botha A W H, et al. 2009. Degradation of aflatoxin B_1 by fungal laccase enzymes. International Journal of Food Microbiology, 135: 47-52.

Alessandra P, Paola G, Cristina M, et al. 2005. Recombinant expression of *Pleurotus ostreatus* laccases in *Kluyveromyces lactis* and *Saccharomyces cerevisiae*. Applied Microbiological Biotechnology, 69: 428-439.

Aliabadi M A, Alikhani F E, Mohammadi M, et al. 2013. Biological control of aflatoxins. European Journal of Experimental Biology, 3(2): 162-166.

Baldrian B, Gabriel J. 2003. Lignocellulose degradation by *Pleurotus ostreatus* in the presence of cadmium. FEMS Microbiology Letter, 200: 235-240.

Baldrian P. 2006. Fungal laccases: occurrence and properties. FEMS Microbiol Rev, 30(2): 215-242.
Bata A, Lasztity R. 1999. Detoxification of mycotoxin-contaminated food and feed by microorganisms. Trends in Food Science & Technology, 10(6-7): 223-228.
Bergot B J, Stanley W L, Masri M S. 1977. Reaction of coumarin with aqua ammonia. Implications in detoxification of aflatoxin. Journal of Agricultural & Food Chemistry, 25(4): 865-865.
Berthiller F, Dallasta C, Schuhmacher R. 2005. Masked mycotoxins: determination of a deoxynivalenol glucoside in artificially and naturally contaminated wheat by liquid chromatography-tandem mass spectrometry. Journal of Agricultural and Food Chemistry, 53(9): 3421-3425.
Berthiller F, Schuhmacher R, Adam G, et al. 2009. Formation, determination and significance of masked and other conjugated mycotoxins. Analytical and Bioanalytical Chemistry, 395(5): 1243-1252.
Berthiller F, Sulyok M, Krska R, et al. 2007. Chromatographic methods for the simultaneous determination of mycotoxins and their conjugates in cereals. International Journal of Food Microbiology, 119: 33-37.
Cavret S, Lecoeur S. 2006. Fusariotoxin transfer in animal. Food & Chemical Toxicology, 44(3): 444-453.
Cohen R, Persky L, Hadar Y. 2002. Biotechnological applications and potential of wood-degrading mushrooms of the genus *Pleurotus*. Applied Microbiology and Biotechnology, 58: 582-594.
Coppock R W. 1985. Studies on the pharmacokinetics and toxicopathy of diacetoxyscirpenol and deoxynivalenol in swine, cattle and dogs. Dissertation Abstracts International, 45(11): 3382.
Côté L M, Buck W, Jeffery E. 1987. Lack of hepatic microsomal metabolism of deoxynivalenol and its metabolite, DOM-1. Food & Chemical Toxicology An International Journal Published for the British Industrial Biological Research Association, 25(4): 291-295.
Côté L M, Nicoletti J, Swanson S P, et al. 1986. Production of deepoxydeoxynivalenol(DOM-1), a metabolite of deoxynivalenol, by *in vitro* rumen incubation. Journal of Agricultural & Food Chemistry, 34(34): 458-460.
Cyr D, Giguère R, Villain G, et al. 2011. Determination of deoxynivalenol in wheat by validated GC/ECD method: comparison with HPTLC. Inhalation Toxicology, 832(13): 24-29.
Dänicke S, Brüssow K P, Valenta H, et al. 2010. On the effects of graded levels of *Fusarium* toxin contaminated wheat in diets for gilts on feed intake, growth performance and metabolism of deoxynivalenol and zearalenone. Molecular Nutrition & Food Research, 49(10): 932-943.
Dänicke S, Valenta H, Doll S. 2004. On the toxicokinetics and the metabolism of deoxynivalenol DON in the pig. Archives of Animal Nutrition, 58(2): 169-180.
Desmarchelier A, Seefelder W. 2011. Survey of deoxynivalenol and deoxynivalenol -3-glucoside in cereal-based products by liquid chromatography electrospray ionization tandem mass spectrometry. World Mycotoxin Journal, 4: 29-35.
Döll S, Dänicke S, Ueberschär K H, et al. 2003. Effects of graded levels of *Fusarium* toxin contaminated maize in diets for female weaned piglets. Archives of Animal Nutrition, 57: 311-334.
El-Nezami H, Kankaanpää P, Salminen S, et al. 1998. Ability of dairy strains of lactic acid bacteria to bind a common food carcinogen, aflatoxin B_1. Food & Chemical Toxicology, 36(4): 321-326.
Eriksen G S, Pettersson H, Lundh T. 2004. Comparative cytotoxicity of deoxynivalenol, nivalenol, their acetylated derivatives and deepoxy metabolites. Food and Chemical Toxicology, 42(4): 19-624.
Eriksen G S, Pettersson H. 2004. Toxicological evaluation of trichothecenes in animal feed. Animal

Feed Science and Technology, 114(1): 205-239.

Farzaneh M, Shi Z Q, Ghassempour A, et al. 2012. Aflatoxin B_1 degradation by *Bacillus subtilis*, UTBSP1 isolated from pistachio nuts of Iran. Food Control, 23(1): 100-106.

Funke G, Hutson R A, Bernard K A, et al. 1996. Isolation of *Arthrobacter* spp. from clinical specimens and description of *Arthrobacter cumminsii* sp. nov. and *Arthrobacter woluwensis* sp. nov. Journal of Clinical Microbiology, 34(10): 2356-2363.

Gao X, Ma Q, Zhao L, et al. 2011. Isolation of *Bacillus subtilis*: screening for aflatoxins B_1, M_1, and G_1 detoxification. European Food Research & Technology, 232(6): 957-962.

Gareis M, Bauer J, Gedek B.1987. On the metabolism of the mycotoxin deoxynivalenol in the isolated perfused rat liver. Mycotoxin Research, 3(1): 25-32.

Garzillo A M, Colao M C, Buonocore V, et al. 2001. Structural and kinetic characterization of native laccases from *Pleurotus ostreatus*, *Rigidoporus lignosus* and *Trametes trogii*. Journal of Protein Chemistry, 20(3): 191-201.

Gauvreau H C. 1991. Toxicokinetic, tissue residue, and metabolite studies of deoxynivalenol (vomitoxin) in turkeys. The degree of Master Theses (Department of Biological Sciences), Simon Fraser University, Vancouver, BC.

Goyarts T, Dänicke S. 2006. Bioavailability of the *Fusarium* toxin deoxynivalenol (DON) from naturally contaminated wheat for the pig. Toxicol Letters, 163: 171-182.

Grove M D, Plattner R D, Weisleder D. 1981. Ammoniation products of an aflatoxin model coumarin. Journal of Agricultural & Food Chemistry, 29(6): 1161-1164.

Guan S, He J W, Young J C, et al. 2009. Transformation of trichothecene mycotoxins by microorganisms from fish digesta. Aquaculture, 290: 290-295.

Guan S, Ji C, Zhou T, et al. 2008. Aflatoxin B_1 degradation by *Stenotrophomonas maltophilia* and other microbes selected using coumarin medium. International Journal of Molecular Sciences, 9(8): 1489-1503.

He J, Li X Z, Zhou T. 2009. Sample clean-up methods, immunoaffinity chromatography and solid phase extraction, for determination of deoxynivalenol and deepoxy deoxynivalenol in swine serum. Mycotoxin Research, 25(2): 89-94.

He P, Young L G, Forsberg C. 1992. Microbial transformation of deoxynivalenol (vomitoxin). Appl Environ Microbiol, 58(12): 3857-3863.

Hormisch D, Brost I, Kohring G W, et al. 2004. *Mycobacterium fluoranthenivorans* sp. nov. a fluoranthene and aflatoxin B_1 degrading bacterium from contaminated soil of a former coal gas plant. Systematic & Applied Microbiology, 27(6): 653-660.

JECFA. 2001. Deoxynivalenol. WHO Food Additives Series 47.

Jönsson L J, Saloheimo M, Pentilla M. 1997. Laccase from the white rot fungus *Trametes versicolor* cDNA cloning of *lcc1* and expression in *Pichia pastoris*. Current Genetics, 32: 425-430.

Karacsonyi S, Kuniak L. 1994. Polysaccharides of *Pleurotus ostreatus*: isolation and structure of pleuran, all alkali-insoluble beta-D-gluean. Carbohydr Polym, 24: 107-111.

King R R, McQueen R D, Levesque D, et al. 1984. Transformation of deoxynivalenol (vomitoxin) by rumen microorganisms. Journal of Agricultural and Food Chemistry, 32: 1181-1183.

Kollarczik B, Gareis M, Hanelt M.1994. *In vitro* transformation of the *Fusarium* mycotoxins deoxynivalenol and zearalenone by the normal gut microflora of pigs. Natural Toxins, 2: 105-110.

Kostelanska M, Hajslova J, Zachariasova M. 2009. Occurrence of deoxynivalenol and its major conjugate, deoxynivalenol-3-glucoside, in beer and some brewing intermediates. Journal of Agricultural and Food Chemistry, 57: 3187-3194.

Kothe E. 2001. Mating-type genes for basidiomycete strain improvement in mushroom farming. Applied Microbiology and Biotechnology, 56(5/6): 589-601.

Lane D J. 1991. 16S/23S rRNA sequencing. *In*: Stackebrandt E, Goodfellow M. Nucleic Acid Techniques in Bacterial Systematics. Chichester, UK: John Wiley and Sons.

Lemmens M, Scholz U, Berthiller F, et al. 2005. The ability to detoxify the mycotoxin deoxynivalenol colocalizes with a major quantitative trait locus for *Fusarium* head blight resistance in wheat. Molecular Plant-Microbe Interactions, 18: 1318-1324.

Liu Y, Walker F, Hoeglinger B, et al. 2005. Solvolysis procedures for the determination of bound residues of the mycotoxin deoxynivalenol in *Fusarium* species infected grain of two winter wheat cultivates and pre-infected with barley yellow dwarf virus. Journal of Agricultural and Food Chemistry, 53: 6864-6869.

Lyver A, Smith J P, Austin J, et al. 1998. Competitive inhibition of *Clostridium botulinum*, type E by *Bacillus*, species in a value-added seafood product packaged under a modified atmosphere. Food Research International, 31(4): 311-319.

Marmur J. 1963. A procedure for the isolation of deoxyribonucleic acid from microorganisms. Journal of Molecular Biology, 6: 726-738.

Motomura M, Toyomasu T, Mizuno K, et al. 2003. Purification and characterization of an aflatoxin degradation enzyme from *Pleurotus ostreatus*. Microbiological Research, 158(3): 237-242.

Mukherjee A K. 2012. Biodegradation of benzene, toluene, and xylene (BTX) in liquid culture and in soil by *Bacillus subtilis* and *Pseudomonas aeruginosa* strains and a formulated bacterial consortium. Environ Sci Pollut Res Int, 19(8): 3380-3388.

Palmieri G, Bianco C, Cennamo G, et al. 2001. Purification, characterization and functional role of a novel extracellular protease from *Pleurotus ostreatus*. Applied Environment Microbiology, 67(6): 2754-2759.

Palmieri G, Cennamo G, Faraco V, et al. 2003. A typical laccase isoenzymes from copper supplemented *Pleurotus ostreatus* cultures. Enzyme Microb Technol, 33(23): 220-230.

Palmieri G, Giardina P, Bianco C, et al. 2000. Copper induction of laccase isoenzymes in the ligninolytic fungus *Pleurotus ostreatus*. Applied Environmental Microbiology, 66: 920-924.

Palmieri G, Giardina P, Bianco C. et al. 1997. A novel white laccase from *Pleurotus ostreatus*. The Journal of Biological Chemistry, 272: 31301-31307.

Peltonen K D, El-Nezami H S, Salminen S J, et al. 2000. Binding of aflatoxin B_1 by probiotic bacteria. J. Sci. Food Agri., 80: 1942-1945.

Ping H E, Young L G, Forsberg C. 1992. Microbial transformation of deoxynivalenol (vomitoxin). Appl Environ Microbiol, 58(12): 3857-3863.

Pinton A, Faraut T, Yerle M, et al. 2005. Comparison of male and female meiotic segregation patterns in translocation heterozygotes: a case study in an animal model (*Sus scrofa domestica* L.). Human Reproduction, 20(9): 2476-2482.

Pinton P, Accensi F, Beauchamp E, et al. 2008. Ingestion of deoxynivalenol (DON) contaminated feed alters the pig vaccinal immune responses. Toxicology Letters, 177(3): 215-222.

Poppenberger B, Berthiller F, Lucyshyn D, et al. 2003. Detoxification of the *Fusarium* mycotoxin deoxynivalenol by a UDP-glucosyltransferase from *Arabidopsis thaliana*. Journal of Biological Chemistry, 278(48): 47905.

Pozdnyakova N N, Nowak J R, Turkovskaya O V, et al. 2006. Oxidative degradation of polyaromatic hydrocarbons catalyzed by blue laccase from *Pleurotus ostreatus* DI in the presence of synthetic mediators Enzyme. Microb. Technology, 3: 1-8.

Prelusky D B, Hamilton R M, Trenholm H L, et al. 1986b. Tissue distribution and excretion of radioactivity following administration of ^{14}C-labeled deoxynivalenol to White Leghorn hens. Fundamental & Applied Toxicology, 7(4): 635-645.

Prelusky D B, Hartin K E, Trenholm H L, et al.1988. Pharmacokinetic fate of ^{14}C-labeled deoxynivalenol in swine. Fundam Appl Toxicol, 10(2): 276-286.

Prelusky D B, Trenholln H L. 1991. Tissue distribution of dcoxynivalenol in swine dosed intravenously. Journal of Agricultural and Food Chemistry, 39(4): 748-751.

Prelusky D B, Trenholm H L, Lawrence G A, et al.1984. Nontransmission of deoxynivalenol (vomitoxin) to milk following oral administration to dairy cows. Journal of Environmental Science & Health. Part. B. Pesticides Food Contaminants & Agricultural Wastes, 19(7): 593-609.

Prelusky D B, Veira D M, Trenholm H L, et al. 1986a. Excretion profiles of the mycotoxin deoxynivalenol, following oral and intravenous administration to sheep. Fundamental and Applied Toxicology, 6: 356-363.

Ramu S, Seetharaman B. 2014. Biodegradation of acephate and methamidophos by a soil bacterium *Pseudomonas aeruginosa* strain Is-6. Journal of Environmental Science & Health Part B, 49(1): 23-34.

Rancano G, Lorenzo M, Molares N, et al. 2003. Production of laccase by *Trametes versicolor* in an air lift fermentor. Proc Bioch, 39(4): 467-473.

Rawal S, Kim J E, Coulombe R J. 2010. Aflatoxin B_1 in poultry: toxicology, metabolism and prevention. Research in Veterinary Science, 89(3): 325-331.

Ruprich J, Ostrý V. 2008. Immunochemical methods in health risk assessment: cross reactivity of antibodies against mycotoxin deoxynivalenol with deoxynivalenol-3- glucoside. Cent Eur J Public Health, 16(1): 34-37.

Savard M E. 1991. Deoxynivalenol fatty acid and glucoside conjugates. Journal of Agricultural & Food Chemistry, 39(3): 570-574.

Setyabudi F M C S, Böhm J, Mayer H K, et al. 2012. Analysis of deoxynivalenol and de-epoxy-deoxynivalenol in horse blood through liquid chromatography after clean-up with immunoaffinifty column. Journal of Veterinary & Animal Sciences, 2: 21-31.

Sewald N, Gleissenthall J L V, Schuster M, et al. 1992. Structure elucidation of a plant metabolite of 4-desoxynivalenol. Tetrahedron Asymmetry, 3(7): 953-960.

Shi G, Yin H, Ye J, et al. 2013. Effect of cadmium ion on biodegradation of decabromodiphenyl ether (BDE-209) by *Pseudomonas aeruginosa*. Journal of Hazardous Materials, 263(4): 711-717.

Silva C M, Vargas E A. 2001. A survey of zearalenone in corn using Romer Mycosep 224 column and high performance liquid chromatography. Food Additives & Contaminants, 18(1): 39-45.

Smiley R D, Draughon F A. 2000. Preliminary evidence that degradation of aflatoxin B_1 by *Flavobacterium aurantiacum* is enzymatic. J Food Prot, 63(3): 415-418.

Sugimori D, Utsue T. 2012. A study of the efficiency of edible oils degraded in alkaline conditions by *Pseudomonas aeruginosa* SS-219 and *Acinetobacter* sp. SS-192 bacteria isolated from Japanese soil. World Journal of Microbiology & Biotechnology, 28(3): 841-848.

Teather R M, Wood P J. 1982. Use of Congo red-polysaccharide interactions in enumeration and characterization of cellulolytic bacteria from the bovine rumen. Applied & Environmental Microbiology, 43(4): 777-780.

Teniola O D, Addo P A, Brost I M, et al. 2005. Degradation of aflatoxin B(1) by cell-free extracts of *Rhodococcus erythropolis* and *Mycobacterium fluoranthenivorans* sp. nov. DSM44556(T). International Journal of Food Microbiology, 105(2): 111-117.

Tosch D, Waltking A E, Schlesier J F. 1984. Comparison of liquid chromatography and high performance thin layer chromatography for determination of aflatoxin in peanut products. J Assoc Off Anal Chem, 67(2): 337-339.

Tran S T, Smith T K, Girgis G N. 2011. A survey of free and conjugated deoxynivalenol in the 2008 corn crop in Ontario, Canada. Journal of the Science of Food & Agriculture, 92(1): 37-41.

Tran S T, Smith T K. 2011. Determination of optimal conditions for hydrolysis of conjugated deoxynivalenol in corn and wheat with trifluoromethanesulfonic acid. Animal Feed Science and Technology, 63: 84-92.

Völkl A, Vogler B, Schollenberger M, et al. 2004. Microbial detoxification of mycotoxin deoxynivalenol. J Basic Microbiol, 44: 147-156.

Waldeck J, Daum G, Bisping B, et al. 2006. Isolation and molecular characterization of chitinase-deficient *Bacillus licheniformis* strains capable of deproteinization of shrimp shell waste to obtain highly viscous chitin. Appl Environ Microbiol, 72(12): 7879-7885.

Wang J W, Wu J H, Huang W Y, et al. 2006. Laccase production by *Monotospora* sp., an endophytic fungus in Cynodon dactylon. Biores Tech, 97(5): 786-789.

Wang J, Ogata M, Hirai H, et al. 2011. Detoxification of aflatoxin B_1 by manganese peroxidase from the white-rot fungus *Phanerochaete sordida* YK-624. FEMS Microbiology Letters, 314: 164-169.

Wasser S P, Weis A L. 1999. Therapeutie effects of substances occurring in higher Basidiomycetes mushrooms: a modern perspective. Crit Rev Immunology, 19: 65-96.

Worrell N R, Mallett A K, Cook W M, et al. 1989. The role of gut micro-organisms in the metabolism of deoxynivalenol administered to rats. Xenobiotica, 19(1): 25-32.

Wu Q, Jezkova A, Yuan Z, et al. 2009. Biological degradation of aflatoxins. Drug Metabolism Reviews, 41(1): 1-7.

Xue Y, Zhang X, Zhou C, et al. 2006. *Caldalkalibacillus thermarum* gen. nov. sp. nov. a novel alkalithermophilic bacterium from a hot spring in China. International Journal of Systematic & Evolutionary Microbiology, 56(6): 1217-1221.

Yi P J, Pai C K, Liu J R. 2011. Isolation and characterization of a *Bacillus licheniformis* strain capable of degrading zearalenone. World Journal of Microbiology & Biotechnology, 27(5): 1035-1043.

Yoshizawa T, Takeda H, Ohi T. 2014. Structure of a novel metabolite from deoxynivalenol, a trichothecene mycotoxin, in animals. Journal of the Agricultural Chemical Society of Japan, 47(9): 2133-2135.

Yunus A W, Valenta H, Abdelraheem S M, et al. 2010. Blood plasma levels of deoxynivalenol and its de-epoxy metabolite in broilers after a single oral dose of the toxin. Mycotoxin Research, 26(4): 217-220.

Zhou B, Li Y, Gillespie J. 2007. Doehlert matrix design for optimization of the determination of bound deoxynivalenol in barley grain with trifluoroacetic acid (TFA). Journal of Agricultural and Food Chemistry, 55, 10141-10149.

Zusman I, Reifen R, Livni O, et al. 1997. Role of apoptosis, proliferating cell nuclear antigen and p53 protein in chemically induced colon cancer in rats fed corncob fiber treated with the fungus *Pleurotus ostreatus*. Anticancer Research, 17: 2105-2113.

第四章　黄曲霉毒素 B_1（AFB_1）降解酶的分离纯化及基因的克隆表达

AFB_1 是强烈的致癌物和基因毒性化合物。AFB_1 基因毒性的危害在于能够诱发 DNA 损伤从而导致突变，引发人和动物患肝癌。传统的物理和化学防治黄曲霉毒素的方法本身存在处理效率低、时间长、产生其他污染物等缺点，而生物法尤其是生物酶法降解 AFB_1 具有效率高且安全无污染等优点成为人们关注的焦点和热点。自然界中微生物所产的酶具有丰富性和多样性，为了满足酶制剂生产及应用的特殊要求，需要对各种来源的微生物进行基因资源挖掘。因此，深入开展真菌毒素降解酶的分离纯化及基因的克隆表达研究成为基础研究和实际生产的迫切需求。

第一节　酶的分离纯化方法及蛋白质的质谱鉴定技术

一、酶的分离纯化方法

酶的分离纯化方法有很多种，主要包括沉淀法、透析和超滤法及色谱法分离技术等。

（一）沉淀法

沉淀法是指将溶液中的蛋白质由液相变为固相的一种纯化方法。简便、经济和浓缩倍数高是其显著优点。通过沉淀法，可以将目的蛋白沉淀析出或留在溶液中，从而达到蛋白质初步分离的效果。

沉淀法的原理是根据不同物质在溶剂中的溶解度的不同而达到分离的目的。加入相应沉淀剂或改变溶液的 pH 和离子强度都会使蛋白质的溶解度产生明显改变。沉淀法包括盐析法、有机溶剂沉淀法、等电点沉淀法和亲和沉淀法等。

（二）透析和超滤法

透析是指溶质在渗透压的调节下，从膜的一侧扩散到另一侧的过程。其原理是分子的扩散运动。透析通常将样品装在孔径一定的透析袋内，样品中大分子量的目的蛋白被截留在袋内，而一些小分子量的分子和盐类不断扩散至透析袋外侧，直至透析袋内外渗透压达到平衡。一般情况下，选择在 4℃进行透析，升高温度可加快透析速度，但是一些对温度比较敏感的蛋白质容易变性。透析可用于除去蛋白质样品中可溶性杂质、少量有机溶剂和盐类等。透析效果可用 1% $AgNO_3$ 来检验 NaCl、KCl 中的 Cl^-。

超滤法属于膜分离的范畴，设备简单、成本低廉、无相变且处理效率高。超滤膜有不同的规格，可根据目的蛋白的大小来选择超滤膜的规格，一般 3kDa 的超滤膜能有效截留分子量大于 10kDa 的蛋白质分子，10kDa 的超滤膜能够有效截留分子量大于 30kDa 的蛋白质分子。超滤膜的使用温度不宜超过 50℃，使用不同材质的超滤膜前要研究清楚其化学耐受性，用于有机溶剂的超滤时，需选用 PP 膜；用于无机溶剂的超滤时，宜选用乙酸纤维素膜。超滤装置主要有超滤管、超滤杯和膜包等。在蛋白质分离纯化技术中，超滤法主要用于蛋白质的除盐、脱水和浓缩等。

（三）色谱法分离技术

色谱法分离主要包括分子筛色谱、离子交换色谱、亲和色谱、疏水作用色谱和反相色谱等。

分子筛色谱的原理是根据不同物质分子量大小的差异来对物质进行分离，分子筛层析色谱柱中装有凝胶，凝胶是一类内部有小孔、类似筛子的颗粒状物质，当含有不同分子量的混合物质流经层析柱时，分子量大的物质无法进入小孔，而是从各个球状凝胶的间隙中流出，流程较短，流速较快，可以率先通过层析柱而被洗脱下来；分子量小的物质能够进入球状凝胶的内部，流程较长，流速较慢，随后才能被洗脱下来（Hagel，1994）。分子量大小介于中间的物质，既能够通过凝胶颗粒的小孔，又能够流经各个凝胶颗粒的间隙，因而可在中途被洗脱下来。分子筛层析原理示意图如图 4-1 所示。

分子筛色谱操作十分简便，有时仅需要一根色谱柱即可完成分离。但是也存在一些缺点，上样量不宜过多，样品的黏度不宜过大，由于凝胶基质的限制，分子量大小差异不大的物质难以分离。此外，凝胶基质能够对某些蛋白质产生吸附作用，从而影响分离效果。即使分子筛色谱存在一些缺点，但仍然是蛋白质分离纯化技术上的重要分离方法，广泛用于蛋白质和多肽的分离纯化及分子量测定。

离子交换色谱是根据离子交换剂上的可交换离子与周围介质中各种带电荷离子间的电荷作用力的不同，经过交换平衡达到蛋白质分离目的的一种方法（Visith et al.，2007）。离子交换色谱主要用于蛋白质的分离纯化、蛋白质等电点的测定和样品的脱色等，具有灵敏度高、重复性好、选择性好、分析速度快等优点。若目的蛋白等电点已知，则可根据目的蛋白等电点来选择用哪一种离子交换方法，当缓冲液 pH 高于目的蛋白等电点时，目的蛋白可与阴离子交换剂结合；反之，当缓冲液 pH 低于目的蛋白等电点时，目的蛋白可与阳离子交换剂结合。在目的蛋

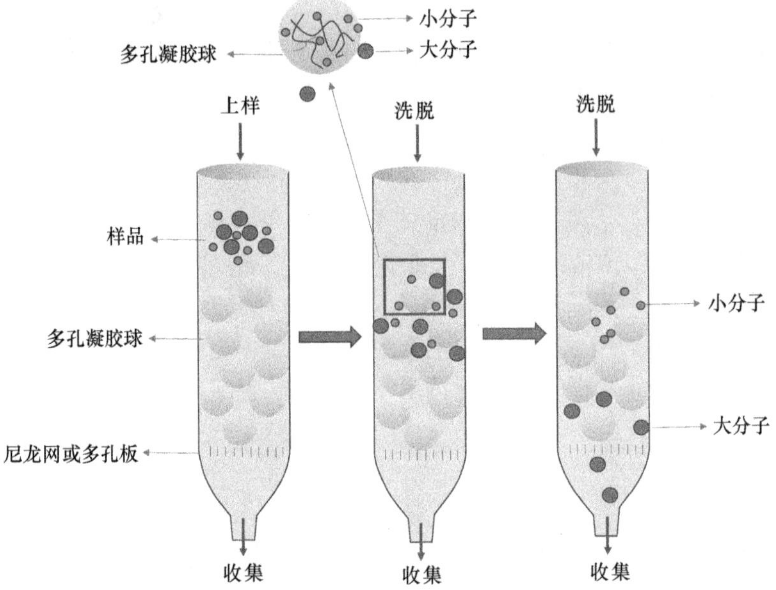

图 4-1 分子筛层析原理示意图（另见彩图）

白等电点未知的情况下，若选择阴离子交换剂，则应该在蛋白质保持稳定的前提下尽量提高缓冲体系的 pH；若选择阳离子交换剂，则应该在蛋白质保持稳定的前提下尽量降低缓冲体系的 pH。

常选用的离子交换剂：①疏水性离子交换剂（阴离子交换剂、阳离子交换剂、螯合离子交换剂）；②亲水性离子交换剂（纤维素离子交换剂、交联葡聚糖离子交换剂、琼脂糖离子交换剂）。实际操作中，需根据离子交换剂的性质和目的蛋白的理化性质来选择一种合适的离子交换剂进行层析分离。缓冲液的选择也十分重要，取决于目的蛋白的等电点、稳定性和溶解度。此外，缓冲液的起始浓度应较低，以保证目标物质能够尽可能被吸附。

亲和色谱是利用某些生物分子间亲和力的专一性对这些物质进行分离的。某些生物大分子物质能和特定的分子专一地可逆结合，如抗原与抗体、激素与受体等，利用这种性质可以对蛋白质进行分离纯化（黄昕，1999）。亲和色谱主要包括五种类型，凝集素亲和色谱、染色配基体亲和色谱、免疫亲和色谱、固相金属离子亲和色谱和嗜硫亲和色谱。亲和色谱分离过程简单、快速，具有很高的分辨率，在蛋白质分离中具有广泛的应用。

疏水作用色谱是利用疏水介质表面的疏水效应建立起来的层析技术（Jennissen，1996；Ueberbacher et al.，2010）。蛋白质和多肽表面会暴露一些疏水性基团，这些疏水基团可与层析介质发生疏水作用而结合，不同种类的蛋白质和多肽的疏水性是有差别的，疏水作用色谱正是利用不同种类蛋白质和多肽与疏水层析介质作用力的不同而将蛋白质和多肽进行分离的，其基本原理如图 4-2 所示。缓冲液的离子浓度越高，蛋白质与疏水介质的作用力越强，所以首先使用高离子浓度的缓冲液将待分离蛋白吸附在层析介质上，再用线性或梯度降低缓冲液离子强度对待分离蛋白进行洗脱。一般情况下，选用硫酸铵来配制缓冲液，原因是硫酸铵价格低廉，溶解度高，且在 280nm 处吸光度较低。

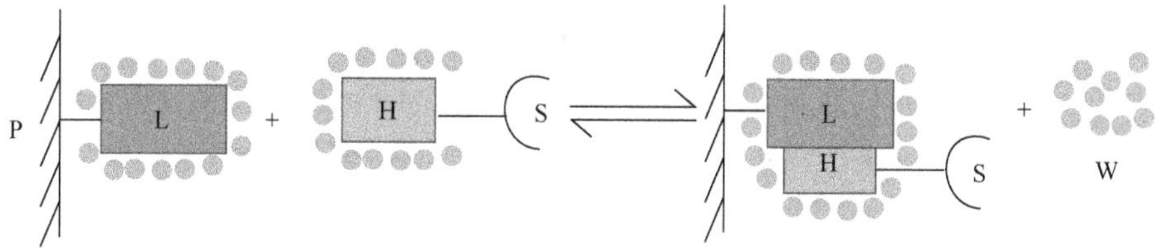

图 4-2　疏水作用色谱基本原理（另见彩图）

P. 固相支持物；L. 疏水性配体；S. 蛋白质或多肽等生物大分子；H. 疏水补丁；W. 溶液中水分子

反相色谱是基于疏水作用的色谱分离方法（朱晓囡和苏志国，2004；邵承伟等，2007）。与正相色谱相反，反相色谱体系中固定相的极性小于流动相的极性，而正相色谱固定相的极性大于流动相的极性。在反相色谱中，先流出的为极性大的组分，后流出的为极性较小的组分。因为不同的蛋白质具有不同的表面疏水结构，使得这些蛋白质与固定相之间的相互作用的疏水力不同，通过改变流动相极性的大小可将目的蛋白分离出来。

二、蛋白质的质谱鉴定技术

质谱鉴定技术是通过分析物质的分子量来对物质进行鉴定的方法。20 世纪 80 年代前，质谱鉴定技术只适用于一些小分子物质的鉴定，直到 80 年代，随着电喷雾离子化技术和软激光解析离子化技术逐渐成熟，质谱鉴定技术才广泛用于蛋白质等生物大分子的分析与鉴定。

（一）电喷雾离子化质谱（ESI-MS）鉴定技术

ESI-MS 鉴定技术是一种使用强静电场的电离技术，首先样品通过一根喷雾针或毛细管进入大气压电离源，形成带电荷的小液滴，然后向质量分析器移动，测出质荷比。在移动过程中，液滴中的溶剂在高温环境下会逐渐挥发，小液滴越来越小，表面电荷密度越来越大，达到一定极限时，小液滴会再度分裂，形成更小的液滴，如此循环，直至溶剂完全挥发，形成样品气相离子（Schneiter et al.，1999；韩俊等，2001）。

ESI-MS 是将蛋白质酶切成一个个 800～2000Da 的肽段，然后对肽段进行测序，因此此方法并不是对蛋白质分子从 N 端或者 C 端开始测序，而是对其中的任何部分进行测序。一般测定 2～3 个肽段就可以十分准确地鉴定一个蛋白质。此方法分子量测定准确度高，样品用量小，并且能够与液相色谱（LC）和毛细管电泳（CE）联用。

（二）基质辅助激光解吸离子化质谱（MALDI-MS）鉴定技术

普通的激光解吸电离是蛋白质直接吸收激光，这就需要待分析蛋白质对激光有强吸收，但这会使蛋白质分子碎裂而影响分析结果。MALDI-MS 鉴定技术首先是将待分析的蛋白质样品与基质进行混合，基质能够吸收激光并获得能量，带着样品进入气相，导致蛋白质样品的电离。然后进入飞行时间分析器（TOF），通过计算飞行时间来确定分子量（Karas and Hillenkamp，1988）。

好的基质有烟酸、芥子酸、琥珀酸和丙三醇等。它们有共同的优点：能够有效分散蛋白质分子，防止蛋白质分子聚集、沉淀；基质不破坏待测蛋白质分子；基质必须能够使蛋白质分子电离；基质本身信号小，不影响待测蛋白质的检测；具有很好的真空稳定性。

第二节　节杆菌 AFB_1 降解酶的分离纯化及鉴定

一、节杆菌对 AFB_1 的降解作用

（一）节杆菌 L15 发酵液的制备与降解体系的建立

将甘油低温保存的节杆菌菌株 L15 划线接种到 NA 培养基（蛋白胨 10g/L、牛肉浸粉 3g/L、氯化钠 5g/L，琼脂 20g/L，pH 7.0）上，37℃培养过夜进行活化。挑取单菌落接种到装有 5mL NB 培养基的试管中，37℃、200r/min 条件下摇培过夜，获取种子液。次日按 1%的接种量将种子液接种到新鲜的 NB 培养基中，37℃、200r/min 条件下摇培 72h。含菌体的发酵液 10 000r/min、4℃离心 10min，沉淀菌体，收集发酵液，发酵液用 0.22μm 微孔滤膜过滤除去杂质和剩余菌体。

降解体系：取 1.8mL 发酵液+0.2mL AFB_1 母液（20mg/L）至终浓度 2mg/L，空白对照为 1.8mL NB 培养基+0.2mL AFB_1 母液（20mg/L），混匀体系，37℃孵育 72h。处理组和对照组各做 3 个重复。

（二）AFB_1 降解率的测定

向反应体系加入等体积的三氯甲烷萃取 3 次，将 AFB_1 萃取到氯仿相中，然后于 60℃、用氮气将氯仿相吹干，再用 1mL 流动相复溶，复溶后的溶液用 1mL 一次性注射器吸取，过 0.22μm 微孔滤膜除去杂质，新滤液收集到进样瓶中，用高

效液相色谱仪（HPLC）检测 AFB_1 含量。

HPLC 检测 AFB_1 条件：C18 色谱柱（4.6mm×250mm，5μm）；荧光检测器：激发波长 360nm，发射波长 440nm；柱温：30℃；流动相：甲醇/水（60/40，*V*/*V*）；流速：1.0mL/min，进样体积 20μL。根据出峰面积计算 AFB_1 降解率（魏丹丹，2014）。计算公式为

$$AFB_1\text{降解率}=\frac{A_1-A_2}{A_1}\times100\%$$

式中，A_1 为对照组 AFB_1 峰面积；A_2 为处理组 AFB_1 峰面积。

经测定，节杆菌 L15 发酵液对 AFB_1 的降解率能够达到 73.9%，体系中剩余 AFB_1 浓度为 0.52mg/L。

（三）节杆菌降解 AFB_1 产物的基因毒性

我们前期筛选到的 AFB_1 降解菌节杆菌（*Arthrobacter* sp.）L15，已经证实是其发酵液中的耐热酶在起作用。欲分离纯化此酶，首先需确定其降解产物的安全性。SOS 显色实验能够简便快捷地检测物质的基因毒性（Krivobok et al.，1987；Miyazawa and Hisama，2001；Kazuki et al.，2010），其基础是利用细胞自身对基因损伤的修复功能。1987 年，Quillardet 和 Hofnung 构建了大肠杆菌突变体菌株 PQ37，菌株 PQ37 接触到基因毒性物质后，会产生一种诱导 SOS 应答的信号，这种信号能够激活 β-半乳糖苷酶的合成，β-半乳糖苷酶与显色物质 ONPG 结合后，在 615nm 和 420nm 波长下测定其吸光值，从而估算受试物的基因毒性。为制备 SOS 显色实验处理组样品，首先要使用节杆菌 L15 发酵液对 AFB_1 进行降解，以获得含有 AFB_1 降解产物的样品，并确定 AFB_1 降解率，方便后续分析。当降解体系为 2mL，AFB_1 终浓度为 2mg/L 时，节杆菌 L15 发酵液对 AFB_1 的降解率能够达到 73.9%，体系中剩余 AFB_1 浓度为 0.52mg/L。

1. 大鼠肝 S9 溶液的制备

许多致癌物都是依赖机体混合功能氧化酶系来完成生物转化的，这种混合功能氧化酶一般存在于人体和动物的肝脏细胞的微粒体中，其中细胞色素 P450 对致癌物的激活起着至关重要的作用（Walton et al.，1987；王亚其等，2006）。环境中多数致癌物需经机体混合功能氧化酶系的氧化激活，才能转化成亲电子性能的终致癌物作用于机体而致癌。体外实验若利用细胞来研究 AFB_1 的基因毒性，需添加具有混合功能氧化酶系功能的物质，一般选用大鼠肝脏提取物 S9 来激活 AFB_1 致癌性，然而 S9 只有在−70℃保存，才能够保持其活性，冻干法是保持蛋白质和酶类活性的较好方法之一，实验室中，通常选用冻干的大鼠肝 S9 来配制 S9 溶液（曾立成等，1982）。

S9 混合溶液的制备采用 S9 制备试剂盒，方法如下所述。

所需试剂：

S-9 A. KCl + $MgCl_2$ 混合溶液；

S-9 B. 0.5mol/L 6-磷酸葡萄糖溶液；

S-9 C. NADP（nicotine amide dinucleotide phosphate）溶液；

S-9 D. Tris-HCl 缓冲液，pH 7.4；

S-9 E. 无菌蒸馏水；

S-9 F. 冻干大鼠肝 S9 提取物。

用 2.1mL 无菌蒸馏水复溶冻干大鼠肝 S9 提取物（S-9 F），S9 性质不稳定，需在冰浴上进行。复溶后，用 200μL PCR 管分装，每管 100μL，–70℃保存备用。

进行实验前，按说明书混合以下组分：0.1mL（S-9 A）+0.05mL（S-9 B）+0.1mL（S-9 C）+2.5mL（S-9 D）+1.95mL（S-9 E），使用肝 S9 前，将其从–70℃超低温冰箱中取出，置于冰上，加 0.1mL S9 预混合溶液，混匀，制成大鼠肝 S9 混合溶液，用于下一步实验。

2. SOS 显色实验

SOS 显色实验采用 SOS-CHROMOTEST^{TM} 试剂盒。所需试剂：A. 菌株 PQ37 所需的培养基；B. 冻干菌 *E.coli* PQ37；C. 稀释剂（10%DMSO + 0.85%生理盐水）；D. 基因毒性标准溶液 2-氨基蒽（2-AA）（配合 S9 使用），浓度 1mg/mL，分子量 193.22；E. 蓝色显色剂；F. 固态碱性磷酸酶；G. 终止液；H. 对硝基苯磷酸（*p*-nitrophenyl-phosphate）。

实验方法：

1）用 A 瓶中的培养基重悬 B 瓶中的冻干菌，取 50μL 重悬的菌液移至一瓶新的培养基中（A 瓶），37℃培养 16～18h。

2）紫外可见分光光度计测定过夜培养菌液 OD_{600} 值。用培养基（A 瓶）稀释过夜培养的大肠杆菌 PQ37，稀释至 OD_{600}=0.05，并在此时加入 S9 混合溶液，终体积 10mL，备用。

所需菌悬液体积=0.05×10/过夜培养菌悬液 OD_{600} 值

稀释公式：所需菌悬液体积（*V*）+2.5mL S9 混合液+培养基=10mL

3）阳性对照（2-AA）：90μL 稀释剂（C）+10μL 2-AA（100mg/mL），获得初始浓度 10mg/mL。注：2-AA 溶液不稳定，琥珀色-褐色可用；阴性对照：稀释剂（C）；处理组：1.8mL 发酵液+0.2mL AFB_1 母液（20mg/L）至终浓度 2mg/L，37℃孵育 72h；对照组：1.8mL NB 培养基+0.2mL AFB_1 母液（20mg/L），37℃孵育 72h。

4）加样至 96 孔板。梯度稀释（2 倍、4 倍、8 倍、16 倍、32 倍）阳性对照（2-AA）、阴性对照、对照组样品、处理组样品，每个样品 6 个浓度梯度，每孔 10μL。

5）每孔加 100μL 菌悬液（含 S9），37℃孵育 2h。

6）终止液（G）37℃回温。

7）用 F 瓶里的溶液溶解 H 瓶里的物质。每孔加入 100μL 溶解液，37℃孵育 60～90min，直到绿色显现，用 50μL 终止液终止反应。

8）用酶标仪终点检验法测 595nm 和 415nm 吸光值。

9）计算各样品的 SOS 诱导因子（SOSIF）值，计算公式如下：

$$\text{SOSIF}=\frac{(\text{OD}_{595,i})/(\text{OD}_{415,i})}{(\text{OD}_{595,\ \text{negative}})/(\text{OD}_{415,\ \text{negative}})}$$

式中，$\text{OD}_{595,i}$ 为样品 i 在波长 595nm 处的吸光值；$\text{OD}_{415,i}$ 为样品 i 在波长 415nm 处的吸光值；$\text{OD}_{595,\ \text{negative}}$ 为阴性对照样品在波长 595nm 处的吸光值的平均值；$\text{OD}_{415,\ \text{negative}}$ 为阴性对照样品在波长 415nm 处的吸光值的平均值。

判定样品是否具有基因毒性的标准：当 SOSIF＜1.5 时，样品不具有基因毒性；当 SOSIF 为 1.5～2.0 时，不能确定样品有无基因毒性；当 SOSIF＞2.0 时，可确定样品具有基因毒性。

受试菌株经过 16h 的过夜培养，用紫外可见分光光度计测其 OD_{600} 值为 0.29，为将受试菌 OD_{600} 值稀释至 0.05，且终体积达 10mL，所需菌悬液体积根据菌株稀释公式计算，所需添加的菌悬液体积为 1.72mL，添加事先配好的 S9 混合液 2.5mL，用 5.78mL 的培养基补足 10mL。

如表 4-1 所示，未经稀释的阳性对照样品 SOSIF 值为 3.49，显然是具有基因毒性的，随着梯度稀释的进行，SOSIF 值逐渐降低，当稀释倍数达到 16 倍时，SOSIF 值小于 1.5，不具有基因毒性，以上阳性对照组的结果表明，SOS-CHROMOTEST™ 试剂盒搭配 S9 溶液制备试剂盒使用能够正常检测到阳性对照样品的基因毒性，试剂盒检测功能正常，数据可信。对照组样品未经稀释时，SOSIF 值为 2.53，具有基因毒性，稀释 2 倍后，SOSIF 值降低至 1.73，稀释倍数在 4～32 倍时，SOSIF 值不再有明显的降低趋势，而是维持在一个稳定的水平内。试剂盒对物质基因毒

表 4-1　SOS 显色实验结果

稀释比例	各浓度样品 SOSIF 值			
	阳性对照 2-AA	阴性对照	处理组	对照组
1∶1	3.49±0.08	1.09±0.05	1.13±0.09	2.53±0.06
1∶2	3.02±0.06	1.12±0.10	0.97±0.07	1.73±0.14
1∶4	2.29±0.09	1.14±0.09	1.09±0.08	1.08±0.06
1∶8	1.78±0.05	1.13±0.04	1.12±0.03	1.18±0.09
1∶16	1.42±0.12	0.98±0.09	0.99±0.05	1.04±0.05
1∶32	1.45±0.07	1.01±0.11	0.92±0.13	1.07±0.08

性的检测是有一定浓度范围的，当具有基因毒性的物质浓度过低，便检测不到基因毒性。当 AFB_1 的浓度低至 0.5mg/L 以下时，就检测不到基因毒性，这也是本实验选择 AFB_1 初始浓度为 2mg/L 的原因。处理组样品未经稀释时，SOSIF 值就已经小于 1.5，且经过一系列的梯度稀释，SOSIF 值没有降低趋势，很显然说明处理组样品基因毒性明显小于对照组，证明节杆菌 L15 的发酵液能够将 AFB_1 降解成为没有基因毒性的物质或基因毒性明显降低的物质。

二、节杆菌 AFB_1 降解酶的分离纯化及酶学性质

蛋白质的纯化方法有多种，包括分子筛层析、离子交换层析、疏水作用层析等。实验过程中，为了获得较单一蛋白质，通常按照实际情况选取其中几种方法。前期研究中，节杆菌 L15 发酵上清液经 SDS 和蛋白酶 K 处理后，活性显著降低，说明节杆菌 L15 发酵上清液降解 AFB_1 是一个酶促反应。将发酵液沸水煮沸 10min，活性降低不明显，说明这可能是一种耐高温的蛋白质在起降解作用。由于节杆菌 L15 发酵上清液中蛋白质浓度较低，需先将发酵液浓缩，再进行分离纯化。

（一）杂蛋白的去除方法

1. 发酵液的制备

将用甘油低温保存的节杆菌菌株 L15 划线接种到 NA 培养基（蛋白胨 10g/L、牛肉浸粉 3g/L、氯化钠 5g/L、琼脂 20g/L，pH 7.0）上，37℃培养过夜进行活化。挑取单菌落接种到装有 5mL NB 培养基的试管中，37℃、200r/min 条件下摇培过夜，获取种子液。次日按 1%的接种量将种子液接种到新鲜的 NB 培养基中，37℃、200r/min 条件下摇培 72h。含菌体的发酵液于 10 000r/min、4℃离心 10min，沉淀菌体，收集发酵液，发酵液用 0.22μm 微孔滤膜过滤除去杂质和剩余菌体。

2. 沸水处理去除热不稳定性杂蛋白

蛋白质的功能取决于其三级结构，二硫键、疏水作用和离子对等都会影响蛋白质的热稳定性，加热可使热不稳定性蛋白质疏水性氨基酸暴露于蛋白质三维结构的外部，容易析出，形成沉淀。

第三章第二节的研究表明，发酵液经沸水浴处理，活性没有明显降低，但加入 SDS 和蛋白酶 K 处理后，活性明显降低，由此表明，发酵液中起 AFB_1 降解作用的是热稳定蛋白。将获取的粗酶液装在玻璃三角瓶中，注意粗酶液的量不要太多，以免加热不彻底。将装有粗酶液的三角瓶置于沸水中，处理 10min，取出待冷却至室温后，12 000r/min、4℃离心 10min，使变性的热不稳定性蛋白质沉淀，收集上清液，用 0.22μm 滤膜进行过滤，除去杂菌和杂质。

（二）DEAE-Sepharose 离子交换层析及效果

1. 发酵液的浓缩

由于节杆菌 L15 发酵液蛋白质浓度较低，进行分离纯化之前，先对发酵液进行浓缩，获得较高浓度的粗酶液。选用 3kDa 的超滤管 4500r/min、4℃离心，10 倍体积浓缩发酵液。用 0.22μm 微孔滤膜除去杂质和残留菌体。

2. DEAE-Sepharose 离子交换层析

由于粗酶液中含有 NB 培养基中的 NaCl，盐离子会影响阴离子层析时蛋白质与层析柱的结合，所以层析之前要进行脱盐处理。将透析袋（截留分子量 3.5kDa）剪成合适的长度（15cm），蒸馏水煮沸 10min，冷却后，将透析袋泡在 30%乙醇中备用，使用前，将蛋白质样品移至透析袋中（注：透析过程会发生溶胀作用，加入的蛋白质样品体积应为透析袋容积的 1/2～1/3），透析 12h，期间应 3～4h 更换一次缓冲液。透析结束后，溶胀作用会使蛋白质被稀释，因此用 3kDa 的超滤管浓缩，浓缩后的样品过 0.22μm 滤膜，备用。

上样之前，用 pH 8.5、0.02mol/L Tris-HCl 缓冲液预平衡 Sephadex DEAE-52（3.5cm×20cm）层析柱，用蛋白质纯化系统检测信号。信号稳定后，加入 15mL 粗酶液，不能被层析柱吸附的蛋白质和杂质会流穿下来，待穿透组分完全流出，信号稳定后，再依次用含 0.1mol/L、0.3mol/L、0.5mol/L、0.8mol/L、1mol/L NaCl 的 0.02mol/L Tris-HCl 缓冲液梯度洗脱，流速为 2mL/min，直到监测不到有蛋白质流出为止。收集各洗脱峰的蛋白质溶液（包括穿透峰），用超滤管（截留分子量为 3kDa）进行浓缩，再透析除盐。然后用 0.22μm 滤膜进行过滤，除去不溶性杂质。测定各组分蛋白质浓度，再与 AFB_1 母液 37℃孵育 24h，测定其降解率，计算各组分的酶活。

3. 层析效果

在洗脱缓冲液 NaCl 含量从 0～1mol/L 的过程中，包括穿透峰在内一共出现了 5 个峰（图 4-3），说明 DEAE-Sepharose 离子交换层析将煮沸处理后的粗酶液分离成为 5 个组分。

测定各组分酶比活，发现活性蛋白存在于第一个洗脱峰，即 NaCl 含量为 0.1mol/L 时洗脱下来的蛋白质组分。酶比活为 1620.5U/mg，经过 SDS 电泳鉴定，可以看出活性组分只有一个条带，大小约为 55kDa（图 4-4）。

（三）AFB_1 降解酶的酶学性质

酶是一种具有高效性、专一性的生物催化剂，是一种大分子物质。酶有极高

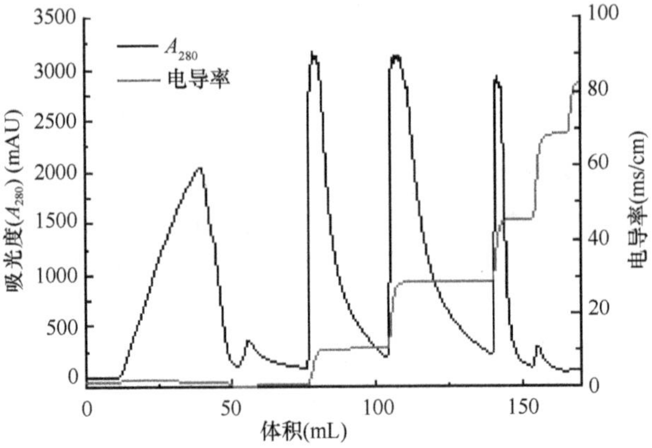

图 4-3 DEAE-Sepharose 层析图谱

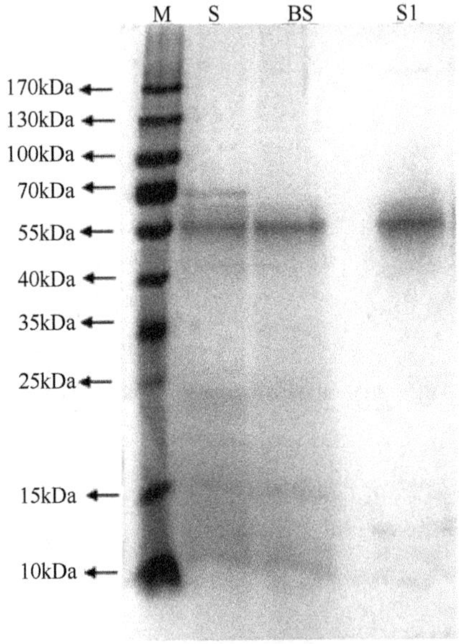

图 4-4 DEAE-Sepharose 层析后降解酶 SDS-PAGE 电泳图

M. 蛋白质 marker；S. 粗酶液；BS. 高温处理后的粗酶液；
S1. 离子交换层析分离得到的降解酶

的催化效率和高度的特异性，并且作用条件温和，有很高的利用价值。由于酶有着活性可调节的性质，所以优化其作用条件可以提高酶的活性。经过酶的分离纯化，得到了具有 AFB_1 降解活性的分子量约 55kDa 的较单一酶。对纯化后的单一条带降解酶相关酶学性质进行测定和研究，包括 pH、温度及金属离子对其活性的影响，为其进一步研究和应用奠定理论基础。

1. 温度对降解酶活性的影响

在 pH 为 7 的条件下，温度设定为 25℃、30℃、37℃、45℃、50℃和 55℃共 6 个水平，反应体系 800μL：酶的上清液 720μL +1μg/mL AFB_1 80μL；空白对照为 Tris-HCl 缓冲液 720μL +1μg/mL AFB_1 80μL。反应体系混匀后，各温度条件下孵育 24h，然后用 HPLC 检测 AFB_1 的残留量，计算 AFB_1 的降解率。

如图 4-5 所示，不同温度下降解酶活性测定结果表明，其降解 AFB_1 的最适反应温度为 45℃。温度低于 45℃时，随着温度升高酶的活性逐渐上升，其原因可能是温度的升高可以增加分子运动速率以提高酶与底物的接触频率从而加快酶促反应速率。而当温度高于 45℃时，酶活性减弱，当温度为 55℃时，酶活力仍有最大酶比活力的 53.9%，说明此酶有很好的耐热性。

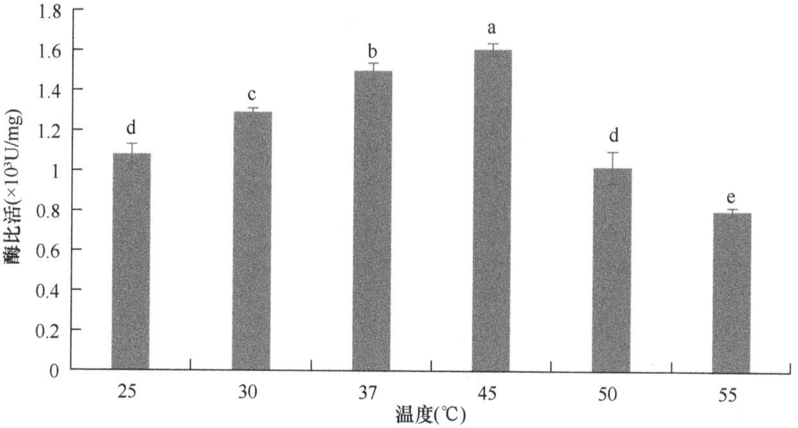

图 4-5　温度对酶活性的影响

不同字母表示差异极显著（$P<0.01$）

2. pH 对降解酶活性的影响

在 37℃的条件下，调节酶液的 pH 分别为 4、5、6、7、8、9 和 10 共 7 个水平，反应体系 800μL：调节至各 pH 水平的酶的上清液 720μL +1μg/mL AFB_1 80μL；空白对照为调节至各 pH 水平的 Tris-HCl 缓冲液 720μL +1μg/mL AFB_1 80μL。反应体系混匀后，37℃条件下孵育 24h，然后用 HPLC 检测 AFB_1 的残留量，计算 AFB_1 的降解率。

如图 4-6 所示，不同 pH 条件下酶活性测定结果表明，其降解 AFB_1 的最适反应 pH 为 8。当 pH 范围在 4～8 时，随着 pH 的升高，其 AFB_1 降解活性逐渐增强，当 pH 为 8 时，酶比活达到最高，为 1.51×10^3U/mL。当 pH 范围在 8～10 时，由于 pH 的升高而抑制酶活，其原因可能是碱性环境不利于 AFB_1 与酶充分接触，此外，在较高 pH 的条件下降解酶的结构可能遭到破坏，影响了酶活力。

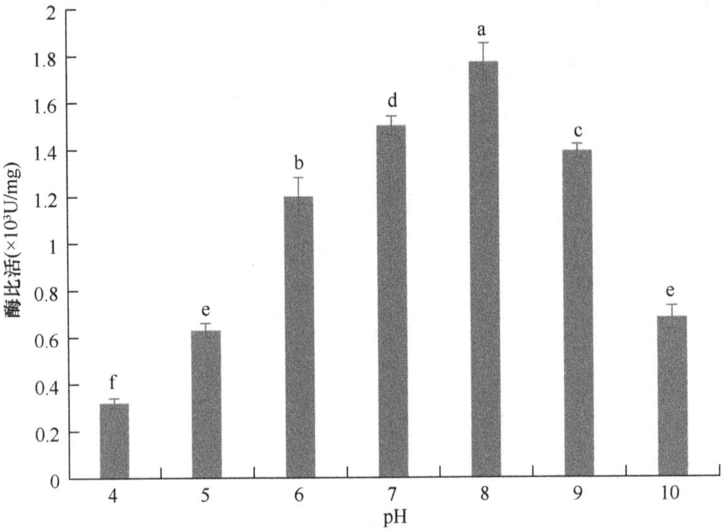

图 4-6 pH 对酶活性的影响

不同字母表示差异极显著（$P<0.01$）

3. 金属离子对酶活性的影响

考察金属离子对 AFB_1 降解酶活性的影响。在反应体系中加入 Mg^{2+}、Cu^{2+}、Zn^{2+}、Mn^{2+}、Fe^{3+}、Li^{+}，使之终浓度达到 0.01mol/L。反应体系 800μL：酶的上清液 640μL+1μg/mL AFB_1 80μL+0.1mol 金属离子溶液 80μL；空白对照为酶的上清液 640μL+1μg/mL AFB_1 80μL+去离子水 80μL。反应体系混匀后，37℃条件下孵育 24h，然后用 HPLC 检测 AFB_1 的残留量，计算 AFB_1 的降解率。

如图 4-7 所示，Cu^{2+}、Mg^{2+}、Mn^{2+}对该酶活性有一定的激活作用，酶比活较对照组分别提高了 26.7%、22.1%和 16.1%；Zn^{2+}、Fe^{3+}和 Li^{+}则对该酶活性有一定的抑制作用，酶比活较对照组分别降低了 40%、26%和 6.8%。

三、节杆菌 AFB_1 降解酶的质谱测序鉴定方法

（一）节杆菌基因组 DNA 的提取与测序方法

1. 节杆菌 L15 基因组 DNA 的提取与测序

使用细菌基因组试剂盒对节杆菌 L15 基因组 DNA 进行提取，方法参照说明书。稀释 50×TAE 缓冲液至 1×作为电泳缓冲液。琼脂糖凝胶的配制：用 1×TAE 缓冲液配制浓度为 0.8%的琼脂糖凝胶。点样：8μL DNA 样品与 2μL Loading Buffer

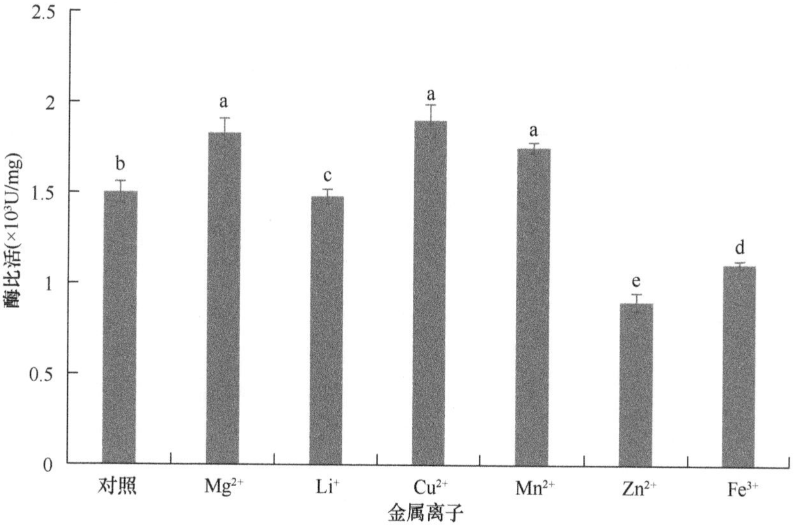

图 4-7　金属离子对酶活性的影响

不同字母表示差异极显著（$P<0.01$）

混合。调整电压 120V，电泳时间 25min 左右，然后用凝胶成像分析系统分析 DNA 完整性。得到的 DNA 用痕量核酸分析仪测定浓度和 A_{260}/A_{280}，提取的 DNA 样品浓度 88.7ng/μL，A_{260}/A_{280} 值为 1.829。凝胶成像分析系统对 DNA 完整性进行分析，DNA 样品大小合适，无降解，符合测序要求。测序结果表明，基因组大小为 4.19Mb，GC 含量为 65.85%。

2. 文献检索查找已知 AFB_1 降解酶基因

在 NCBI 数据库中查找已有报道的 AFB_1 降解酶基因与氨基酸序列。然后将这些氨基酸序列在测序得到的节杆菌 L15 的氨基酸序列中进行同源比对，找到同源蛋白。

在 NCBI 数据库中查找已有报道的 AFB_1 降解酶基因与氨基酸序列，结果表明，已报道序列的 AFB_1 降解酶有 4 个（表 4-2）。

表 4-2　已报道的 AFB_1 降解酶

序号	名称	来源菌株	分子量（kDa）
1	单加氧酶	假蜜环菌	77
2	锰过氧化物酶	平菇	17.9
3	$F_{420}H_2$ 依赖型还原酶	分枝杆菌	12.2
4	漆酶	云芝	55.5

将这些氨基酸序列在测序得到的节杆菌 L15 的氨基酸序列中进行同源比对，找到一个与漆酶相似性为 26.7%的铜氧化还原酶，大小为 51kDa。

3. ESI-MS 质谱测序鉴定 AFB_1 降解酶电泳条带

胶内酶解：凝胶样品管中加入 200～400μL 脱色液[30%CAN（乙腈）/100mmol/L NH_4HCO_3]，清洗脱色至透明，吸弃上清，冻干；加入 100mmol/L DTT（二硫苏糖醇），56℃孵育 30min；吸弃上清，加入 200mmol/L IAA，暗处孵育 20min。吸弃上清，加入 100mmol/L NH_4HCO_3，室温孵育 15min。吸弃上清，加入 100%ACN，5min 后吸弃上清冻干，加入 2.5～10ng/μL Trypsin 溶液，在 37℃条件下反应 20h 左右。转移酶解原液至新的 EP 管中，之后凝胶中加入 100μL 抽提液[60% ACN/0.1% TFA（三氟乙酸）]，超声 15min 后将提取液与酶解原液合并，冻干后取出。加入 0.1%氯乙酸（FA）水溶液 60μL 进行复溶，再用 0.22μm 过滤管过滤后待用。

毛细管高效液相色谱方法：A 液为含 0.1%甲酸的水溶液，B 液为含 0.1%甲酸的乙腈水溶液（乙腈为 84%）。色谱柱以 95%的 A 液平衡后，样品由自动进样器上样至 Trap 柱。色谱梯度：0～50min，B 液线性梯度从 4%～50%；50～54min，B 液线性梯度从 50%～100%；54～60min，B 液维持在 100%。

质谱数据采集：多肽和多肽的碎片的质量电荷比按照下列方法采集：每次全扫描（full scan）后采集 10 个碎片图谱（MS2 scan）。

数据分析：质谱测试原始文件（raw file）用 Mascot 2.2 软件检索相应的数据库，最后得到鉴定的蛋白质结果。用测序得到的氨基酸序列与节杆菌 L15 的氨基酸序列进行同源比对，找到相似性在 40%以上的同源蛋白，并找到其对应的核酸序列。

（二）ESI-MS 质谱测序鉴定分析方法及结果

活性组分经质谱测序鉴定，共鉴定到 37 个蛋白质，结果详见表 4-3。从节杆菌 L15 的基因组测序的氨基酸序列中，调出质谱鉴定到的 37 种蛋白质的同源蛋白（相似度≥40%），共调出 32 个，对这 32 个蛋白质进行分类（表 4-4）。一共可分为 12 类，氧化还原酶、水解酶、转录调节因子、ATP 结合蛋白、甲基转移酶、膜蛋白、谷氨酸运输腺苷结合蛋白、蛋白转移酶、甘油酮激酶、果糖聚酶、铜离子结合蛋白，剩余 4 个不确定功能的蛋白质划分为一类。已经报道的 AFB_1 降解酶有单加氧酶、锰过氧化物酶、$F_{420}H_2$ 依赖型还原酶、漆酶等，多为氧化还原酶类。其中单加氧酶和锰过氧化物酶作用于 AFB_1 的双呋喃环，$F_{420}H_2$ 依赖型还原酶作用于 AFB_1 内酯环的不饱和双键。调出的 32 个同源蛋白中，氧化还原酶降解 AFB_1 的可能性较大，考虑到蛋白质的分子量大小，蛋白质 L15GM000600、L15GM001863 和 L15GM003287 在 50kDa 左右，与降解酶 SDS-PAGE 电泳的 55kDa 比较接近。

表 4-3　ESI-MS 质谱测序鉴定结果

序号	Uniprot	蛋白质名称	功能	分子量（kDa）
1	A0A0B4DP07	Glycoside hydrolase	溶菌酶活性	85.7
2	A0A0B4DIJ0	ABC transporter substrate-binding protein	跨膜转运	60.7
3	N1V6C2	LytR family transcriptional regulator	—	55
4	A0A0C1DVP7	Glutamate transport ATP-binding protein	氨基酸转运 ATP 酶活性	27.2
5	H0QU46	Putative hydrolase	作用于碳氮的水解酶活性	50.1
6	A0A078MWM8	Transcriptional regulatory protein LiaR	磷信号转导系统	22.9
7	U2A4I1	Glutamate ABC transporter ATP-binding protein	氨基酸转运 ATP 酶活性	27.3
8	A0A095ZQL9	Protein translocase subunit SecD	蛋白质的靶向输送	63.1
9	N1V4Q9	Multicopper oxidase family protein	铜离子结合	48.2
10	A0A095ZSU2	Uncharacterized protein	碳水化合物代谢过程	28.5
11	A0A0A1CUC7	Methylase of polypeptide chain release factors	核酸结合	41.5
12	A0A0A1D152	Dihydroxyacetone kinase	甘油激酶活性	21.2
13	A0A0A1D0H5	Protein translocase subunit SecA	ATP 结合	86.7
14	A1R184	Dihydroxyacetone kinase，L subunit	甘油激酶活性	22.1
15	A0A078MQI2	ATP synthase subunit delta	质子转运 ATP 合酶活性	28.8
16	A0A0B4DKE9	Uncharacterized protein	铜离子结合	25.7
17	A0A0C1DW25	Major facilitator transporter	转运活性	39.9
18	A0A0C1DWW	Uncharacterized protein	—	26.1
19	A0A078MM37	Trigger factor	肽基脯氨酸顺反异构酶活性	49.7

续表

序号	Uniprot	蛋白质名称	功能	分子量（kDa）
20	A0JXC9	Uncharacterized protein	—	12.4
21	A0JYN4	Transcriptional regulator，TetR family	DNA 结合	25.3
22	B8HC20	Levanase	果聚糖酶活性	70.3
23	E1VSJ6	Conserved hypothetical membrane protein	—	39.6
24	F0M683	Carbohydrate ABC transporter membrane protein 1，CUT1 family	转运蛋白	33.2
25	F0MAK7	Short-chain alcohol dehydrogenase	氧化还原酶活性	27.2
26	H0QGT6	Uncharacterized protein	—	69.8
27	H0QRL9	Arginine-tRNA ligase	精氨酸-tRNA 连接酶活性	59.2
28	J7LQ42	Uncharacterized protein	—	51.1
29	L8TK05	Acyl-CoA dehydrogenase domain-containing protein	黄素腺嘌呤二核苷酸结合	42.6
30	N1UPH3	Molybdopterin binding aldehyde oxidase and xanthine	铁硫簇（2Fe-2S）结合	100.9
31	A0A095YDZ1	Glutamate ABC transporter ATP-binding protein	氨基酸转运 ATP 酶活性	27.6
32	A0A0D1A5U0	SPG23_c25，whole genome shotgun sequence	氧化还原酶活性	44.2
33	A0JSQ3	Phytoene dehydrogenase	氧化还原酶活性	55.7
34	N1V7A0	5-carboxymethyl-2-hydroxymuconate semialdehyde dehydrogenase	5-羧甲基-2-羟基黏糠酸半醛	55.3
35	J7LQY6	Putative transcriptional regulator，LysR family	DNA 结合	35
36	F0M541	Succinyldiaminopimelate aminotransferase apoenzyme	磷酸吡哆醛结合	43.2
37	B8HH09	Uncharacterized protein	—	45.5

表 4-4　同源蛋白的分类（相似度≥40%）

酶的种类	UniProt ID	L15 氨基酸序列号	相似度（%）	分子量（kDa）
氧化还原酶	A0A0D1A5U0	L15GM000518	83.99	40.8
	N1V4Q9	L15GM000600	57.98	51
	N1V7A0	L15GM001863	42.71	49.5
	L8TK05	L15GM002905	86.91	40.1
	N1V7A0	L15GM003287	78.47	50.3
水解酶	M7NP70	L15GM003567	65.99	76.5
转录调节因子	A0JYN4	L15GM000073	93.26	21.7
	N1V6C2	L15GM000505	45.56	53.2
	N1V6C2	L15GM001062	46.89	50.8
ATP 结合蛋白	U2A4I1	L15GM000097	92.31	26.8
	A0A095YDZ1	L15GM000471	55.69	20.9
	H0QRL9	L15GM001995	90.07	59.6
	A0A095YDZ1	L15GM003083	41.15	37.5
	U2A4I1	L15GM003132	55.92	12.7
	U2A4I1	L15GM003412	40.27	21.7
	J7LYE9	L15GM003646	41.52	29.6
甲基转移酶	A0A024GY75	L15GM000675	84.62	44.2
	A0A095YDX8	L15GM003512	61.76	19.6
膜蛋白	A0A0B4DIJ0	L15GM000118	94.06	60.6
	A0A0C1DW25	L15GM000481	67.74	38.5
	F0M683	L15GM001922	91.96	33.2
	E1VSJ6	L15GM003630	47.52	38
谷氨酸运输腺苷结合蛋白	A0A0C1DVP7	L15GM000060	53.82	26.7
蛋白转移酶	A0A095ZQL9	L15GM000993	57.33	62.3
甘油酮激酶	A0A0D1C896	L15GM001863	42.71	49.5
果糖聚酶	B8HC20	L15GM002902	77.94	60
铜离子结合蛋白	A0A0B4DKE9	L15GM003050	83.02	26

降解酶质谱鉴定得到的蛋白质 L15GM000600，与已报道的 AFB_1 降解酶漆酶有 26.7%的相似性。经蛋白质的质谱鉴定分析，发现一种氧化还原酶 L15GM000600 能够与 Cu^{2+}结合发挥催化活性，活性组分酶活性分析证明 Cu^{2+}能够有效地激活黄曲霉毒素降解酶的活性（$P<0.01$），二者结论相符。Alberts 等（2009）研究云芝能够高效降解 AFB_1 时发现，云芝中提取纯化的一种漆酶能够显著地降解 AFB_1，致使其降解产物失去了致突变的能力。该 AFB_1 降解漆酶经 NCBI 保守域分析发现，其中一个保守域具有铜氧化酶的活性，该结果与本研究分离得到的活性组分在 Cu^{2+}作用下能够显著提高降解酶的活性相吻合，推测该铜氧化还原酶能够降解

AFB_1。推断 AFB_1 降解酶漆酶可以断裂黄曲霉毒素的内酯环，同理推测氧化还原酶 L15GM000600 在铜离子作为辅因子的催化作用下，能够作用于 AFB_1 香豆素部分的内酯环。

第三节　沙氏芽孢杆菌 AFB_1 降解酶的分离纯化及基因的克隆表达

一、AFB_1 降解菌沙氏芽孢杆菌 L7 的特征

（一）沙氏芽孢杆菌 L7 对不同黄曲霉毒素的降解效果

河北唐山花生种植区土壤中筛选出一株黄曲霉毒素高效降解菌 L7，通过形态和 16S rRNA 分子鉴定为沙氏芽孢杆菌（Xu et al.，2017）；将用甘油低温保存的菌株 L7 划线接种到 NA 培养基（蛋白胨 10g/L、牛肉浸粉 3g/L、氯化钠 5g/L，琼脂 20g/L，pH 7.0）上，37℃培养过夜进行活化；挑取单菌落接种到装有 5mL NB 培养基的试管中，37℃、180r/min 条件下摇培 12h，获取种子液。次日按 1%的接种量将种子液接种到新鲜的 NB 培养基中，37℃、180r/min 条件下摇培 24h。AFB_1 降解率的测定参照本章第二节的一（二）。

菌株 L7 和黄曲霉毒素 37℃孵育 72h，AFB_1、AFB_2、AFG_1、AFG_2 和 AFM_1 的降解率分别为 92.1%、84.1%、63.6%、76.1%和 90.4%（图 4-8），这是首次报道沙氏芽孢杆菌具有降解黄曲霉毒素的能力。

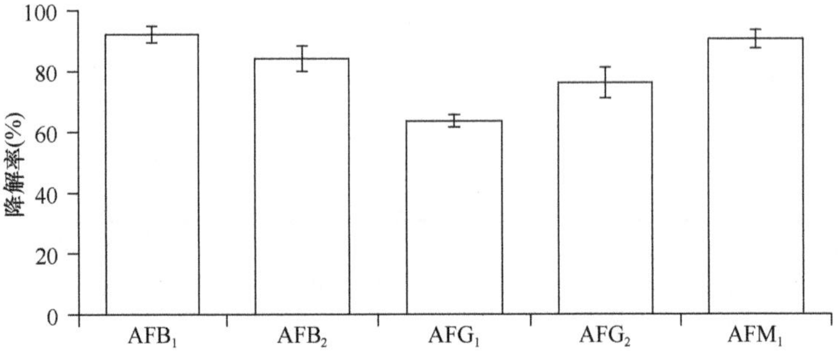

图 4-8　菌株 L7 对不同黄曲霉毒素的降解率

（二）降解菌 L7 发酵上清液、菌体细胞、细胞提取物对 AFB_1 降解效果

1）将用甘油低温保存的菌株 L7 划线接种到 NA 培养基（蛋白胨 10g/L、牛肉浸粉 3g/L、氯化钠 5g/L、琼脂 20g/L，pH 7.0）上，37℃培养过夜进行活化。

2）挑取单菌落接种到装有 5mL NB 培养基的试管中，37℃、180r/min 条件下

摇培 12h，获取种子液。次日按 1%的接种量将种子液接种到新鲜的 NB 培养基中，37℃、180r/min 条件下摇培 72h。

3）第 2）步获得的培养液 4℃、8000r/min 离心 10min；上清液过 0.22μm 滤膜至一灭菌离心管中，400μL 滤液与 100μL 的 AFB_1（500μg/kg）进行 37℃孵育反应 72h，NB 培养基作对照，计算菌株 L7 发酵上清液对 AFB_1 的降解活性。

4）第 3）步分离获得的菌体细胞沉淀，采用磷酸缓冲液（50mmol/L，pH 7.0）洗 3 次，最后悬浮于 5mL 磷酸缓冲液（50mmol/L，pH 7.0）中，菌体浓度 3g/mL。400μL 菌悬液与 100μL 的 AFB_1（500μg/kg）进行 37℃孵育反应 72h，磷酸缓冲液（50mmol/L，pH 7.0）作对照，计算 L7 菌体细胞对 AFB_1 的降解活性。

5）将第 4）步中 3g/mL 的菌悬液置于冰水混合物中，采用超声波细胞破碎仪（宁波新芝生物科技股份有限公司，中国宁波）进行细胞破碎；破碎细胞 4℃、12 000r/min 离心 10min，上清液过 0.22μm 滤膜。400μL 上清液与 100μL 的 AFB_1（500μg/kg）进行 37℃孵育反应 72h，磷酸缓冲液（50mmol/L，pH 7.0）作对照，计算菌株 L7 细胞提取物对 AFB_1 的降解活性。

6）参照本章第二节中一（二）的操作，计算菌株 L7 不同组分对 AFB_1 的降解率。

获得菌株 L7 发酵上清液、菌体细胞及细胞提取物，与 AFB_1 在 37℃分别孵育 72h，发酵上清液对 AFB_1 降解率（77.9%）显著高于菌体细胞（28.6%）和细胞提取物（17.2%）（$P<0.05$）（图 4-9）；菌株 L7 对 AFB_1 的主要降解活性组分分泌在发酵上清液中。

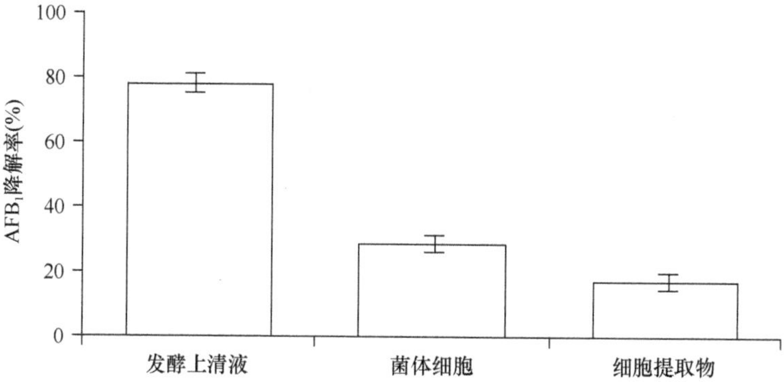

图 4-9　菌株 L7 发酵上清液、菌体细胞、细胞提取物对 AFB_1 降解率测定

（三）孵育时间、加热、蛋白酶 K+SDS、3kDa 超滤管浓缩处理后，菌株 L7 发酵上清液对 AFB_1 降解效果

准备菌株 L7 发酵 72h 的上清液，400μL 发酵上清液与 100μL 的 AFB_1（500μg/kg）混合，37℃黑暗条件下分别静置孵育 1h、6h、12h、24h、48h、72h、

96h、120h 和 168h，以 NB 培养基与 100μL 的 AFB_1（500μg/kg）孵育作对照，检测孵育不同时间点 AFB_1 降解率变化；随着孵育时间的延长，菌株 L7 发酵上清液对 AFB_1 降解率相对较快且持续增大；孵育 12h、72h 和 120h，AFB_1 降解率分别为 40.9%、77.9%和 90.3%（图 4-10）。

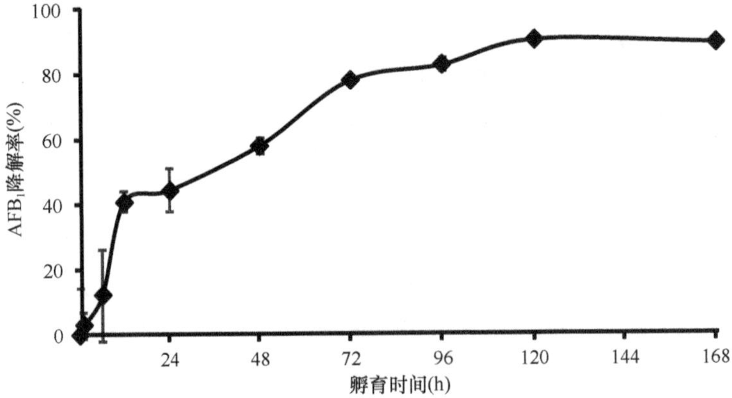

图 4-10　随着孵育时间延长，菌株 L7 发酵上清液对 AFB_1 降解率变化趋势

菌株 L7 发酵上清液中添加终浓度 1mg/mL 蛋白酶 K(酶活性≥30U/mg)，37℃孵育 1h；同时，菌株 L7 发酵上清液中添加终浓度 1mg/mL 的蛋白酶 K 和 1%(*m*/*V*)的 SDS，37℃孵育 6h；400μL 分别处理后的发酵上清液与 100μL 的 AFB_1(500μg/kg)混合，37℃黑暗条件下静置孵育 72h，以未处理的发酵上清液与 100μL 的 AFB_1（500μg/kg）孵育作对照，检测蛋白酶 K+SDS 处理后，发酵上清液对 AFB_1 降解率的变化；菌株 L7 发酵 72h 的上清液，经蛋白酶 K、蛋白酶 K+SDS 分别处理后，AFB_1 降解率从 77.9%分别减少至 52.6%和 15.3%（图 4-11）。菌株分泌到胞外的蛋白质或酶对 AFB_1 起主要的降解作用。

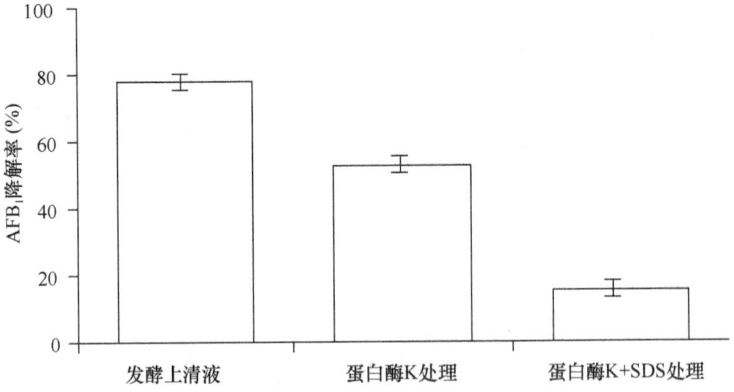

图 4-11　蛋白酶 K+SDS 处理后菌株 L7 发酵上清液对 AFB_1 的降解率差异

菌株 L7 发酵上清液沸水浴 10min 后，400μL 发酵上清液与 100μL 的 AFB_1（500μg/kg）混合，37℃黑暗条件下分别静置孵育 72h，以未处理的发酵上清液与 100μL 的 AFB_1（500μg/kg）孵育作对照，检测加热处理后，发酵上清液对 AFB_1 的降解率变化；菌株 L7 发酵上清液采用 3kDa 超滤管（Millipore）浓缩获得不同蛋白质浓度的上清液；浓缩处理后的发酵上清液与 100μL 的 AFB_1（500μg/kg）混合，37℃黑暗条件下静置孵育 72h，以未处理的发酵上清液与 100μL 的 AFB_1（500μg/kg）孵育作对照，检测上清液蛋白质浓度与 AFB_1 降解率之间的相关性；孵育 24h，浓缩 50 倍的菌株 L7 发酵上清液对 AFB_1 的降解率由 47.58%升高至 70.12%，揭示了 AFB_1 的降解率与菌株 L7 分泌蛋白质浓度呈正相关；而浓缩的发酵上清液沸水浴 10min 后，其对 AFB_1 的降解率未发生变化，仍维持在 76.67%（表 4-5）。这说明菌株 L7 对 AFB_1 起主要降解作用的分泌蛋白是一种热稳定性蛋白。

表 4-5 孵育 24h 菌株 L7 发酵上清液对 AFB_1 的降解率

不同处理的发酵上清液	蛋白质浓度（mg/mL）	降解率（%）
发酵上清液	0.13 ± 0.03	47.58 ± 1.09
浓缩后的发酵上清液[a]	0.66 ± 0.04	70.12 ± 0.69
煮沸且浓缩后的发酵上清液[a]	0.10 ± 0.02	76.67 ± 0.85

注：a. 发酵上清液采用 3kDa 超滤管进行浓缩

（四）AFB_1 降解产物毒性分析

SOS 显色实验能够简便快捷地检测物质的基因毒性（Krivobok et al.，1987；Miyazawa and Hisama，2001；Kazuki et al.，2010）。

1）1.8mL 菌株 L7 发酵上清液与 0.2mL AFB_1 母液（20mg/kg）混合至终浓度 2mg/kg，黑暗条件下，37℃静置孵育 72h；空白对照为 1.8mL NB 培养基+ 0.2mL AFB_1 母液（20mg/kg），对照和处理各 3 次重复；测定 AFB_1 的降解率。

2）根据 SOS-CHROMOTEST^{TM} 试剂盒和 S9 制备试剂盒（Environmental Bio-detection Products，Mississauga，ON，Canada）使用说明书进行 AFB_1 代谢产物遗传毒性测定。采用二甲基亚砜将样品分别稀释成 6 个浓度梯度（100%、50%、25%、12.5%、6.25%和 3.125%），加到 96 孔板中。AFB_1 与菌株 L7 发酵上清液孵育为处理的样品，AFB_1 与 NB 孵育作为阳性对照样品，甲醇与菌株 L7 发酵上清液孵育作为阴性对照样品；稀释剂二甲基亚砜作为空白对照，而 2-AA 作为 S9 的阳性对照。

3）用酶标仪终点检验法测不同样品在 595nm 和 415nm 处的吸光值。各样品的 SOSIF 值，计算方法参照本章第二节中一（三）。

为了检测菌株 L7 发酵上清液处理后 AFB_1 的代谢产物，本研究在菌株 L7 发酵 72h 上清液中添加 AFB_1 至终浓度为 5mg/kg，37℃孵育 72h，AFB_1 降解率为 77.9%，同时将 AFB_1 代谢产物经 3 次三氯甲烷萃取后，采用 LC-QTOF/MS 进行分析。与阳性对照（NB 培养基与 AFB_1 37℃孵育 72h）及阴性对照（甲醇与发酵上清液 37℃孵育 72h）相比，未检测到任何 AFB_1（图 4-12），结果说明 AFB_1 代谢产物的理化性质与 AFB_1 完全不同，并且代谢完全。

采用 SOS 显色实验评价发酵上清液孵育 72h 后，AFB_1 代谢产物的遗传毒性，结果采用诱导系数±标准偏差表示（表 4-6）。菌株 L7 发酵 72h 上清液与 AFB_1 在 37℃黑暗条件下孵育 72h 后，降解产物的诱导系数与阴性对照（甲醇与发酵上清液孵育）6 个浓度梯度数据大小一致，均为 1 左右，不存在遗传毒性；而阳性对照和处理样品间诱导系数存在显著差异（$P<0.05$），在高浓度范围内（50%、100%）内，阳性对照诱导系数均大于 1.5，具有明显的遗传毒性。菌株 L7 发酵上清液处理后，AFB_1 代谢产物无遗传毒性。

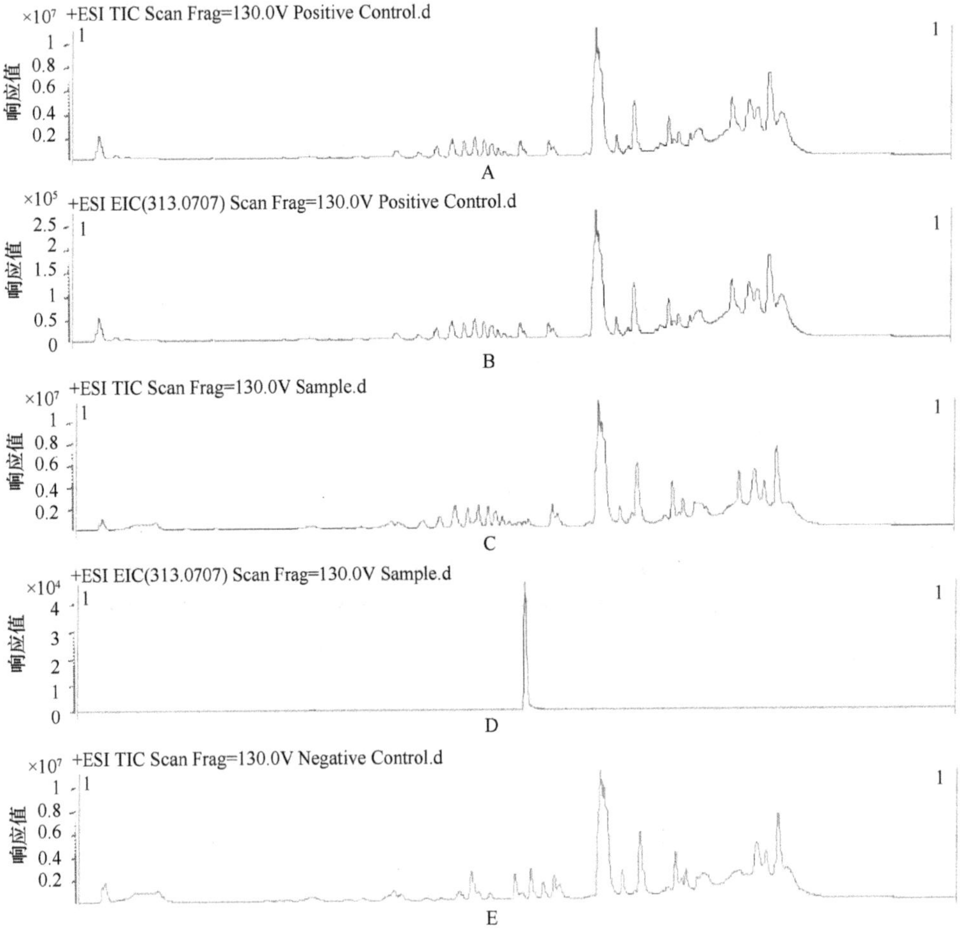

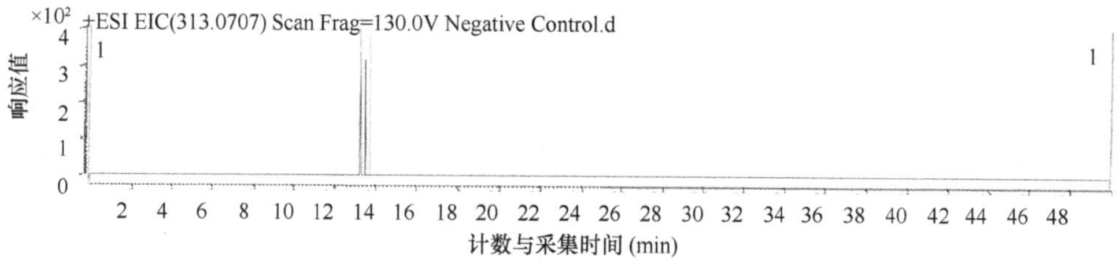

F

图 4-12 AFB_1 降解产物的 LC-QTOF/MS 质谱鉴定

电喷雾电离（ESI）总离子流图（TIC）扫描：A. 阳性对照［0.15mL AFB_1（50mg/kg）+1.35mL NB］；C. 样品［0.15mL AFB_1（50mg/kg）+1.35mL 菌株 L7 发酵上清液］；E. 阴性对照（0.15mL 甲醇+1.35mL 菌株 L7 发酵上清液）；黑暗条件下 37℃孵育 72h。电喷雾电离（ESI）萃取离子色谱图（EIC）扫描：B. 阳性对照；D. 样品；F. 阴性对照

表 4-6 SOS 显色实验评价样品产生的诱导系数

浓度（%）	2-AA[a]	阳性对照[b]	降解样品[c]	阴性对照[d]
100	3.49 ± 0.08	2.53 ± 0.06	1.06 ± 0.00	1.09 ± 0.05
50	3.02 ± 0.06	1.73 ± 0.14	1.02 ± 0.03	1.12 ± 0.10
25	2.29 ± 0.09	1.08 ± 0.06	1.00 ± 0.01	1.14 ± 0.09
12.5	1.78 ± 0.05	1.18 ± 0.09	1.02 ± 0.01	1.13 ± 0.04
6.25	1.42 ± 0.12	1.04 ± 0.05	0.96 ± 0.06	0.98 ± 0.09
3.125	1.45 ± 0.07	1.07 ± 0.08	1.07 ± 0.03	1.01 ± 0.11

注：a. 采用 10%二甲基亚砜（DMSO）进行 2-AA 的 2 倍梯度稀释（初始浓度为 100μg/mL）。10μL 体积的稀释液依次加至 96 孔板中作为 S9 细胞的阳性对照。

b. 60μL AFB_1（50mg/L）加至 1.44mL NB 培养基中（最后终浓度为 2mg/L）；黑暗条件下 37℃孵育 72h 后，依次用稀释剂（10%DMSO + 0.85%生理盐水）进行 2 倍梯度稀释；10μL 体积的稀释液依次加至 96 孔板中作为阳性对照。

c. 60μL AFB_1（50mg/L）加至 1.44mL 菌株 L7 发酵上清液中（最后终浓度为 2mg/L）；黑暗条件下 37℃孵育 72h（AFB_1 的降解率为 77.9% ± 2.3%）后，依次用稀释剂（10%DMSO + 0.85%生理盐水）进行 2 倍梯度稀释；10μL 体积的稀释液依次加至 96 孔板中作为降解样品。

d. 60μL 甲醇加至 1.44mL 菌株 L7 发酵上清液中（最后终浓度为 2mg/L）；黑暗条件下 37℃孵育 72h 后，依次用稀释剂（10% DMSO + 0.85% 生理盐水）进行 2 倍梯度稀释；10μL 体积的稀释液依次加至 96 孔板中作为阴性对照

二、沙氏芽孢杆菌 L7 降解酶分离纯化、质谱鉴定

（一）菌株 L7 的活化培养与发酵液的制备

菌株 L7 发酵 72h 的上清液转入三角瓶，沸水浴 10min，取出待冷却至室温后，4℃、12 000r/min 离心 10min，使变性的热不稳定性蛋白质沉淀，上清液用 0.22μm 滤膜进行过滤，除去杂质。

（二）DEAE-琼脂糖离子交换层析柱纯化获得 AFB_1 降解活性蛋白及其质谱鉴定

1）（一）步的发酵上清液选用 3kDa 的超滤管 4℃、5000r/min 离心 20min，50 倍体积浓缩，最终获得 20mL 的发酵上清液。浓缩后的样品在 4℃、20mmol/L Tris-HCl 缓冲液（pH 8.5）中采用 3kDa 透析袋透析 24h。

2）用 pH 8.5、0.02mol/L Tris-HCl 缓冲液预平衡 DEAE-琼脂糖凝胶柱（1.6cm×20cm；GE Healthcare，Little Chalfont，UK）层析柱，实时检测收集液在 280nm 下的吸光值。

3）信号稳定后，将第 1）步获得的 20mL 粗酶液加入 DEAE-琼脂糖离子交换柱中，通过不断增加洗脱缓冲液中 1mol/L NaCl 浓度进行线性洗脱（0%～100%），流速为 2mL/min，直至检测不到蛋白质流出为止。

4）收集各个蛋白质峰于 4℃ 20mmol/L 磷酸缓冲液（pH 8.5）中，采用 3kDa 透析袋透析 24h；最后每个蛋白质峰采用 3kDa 超滤管进行浓缩，最终体积分别为穿透峰（peak 1）0～20mL、洗脱峰 1（peak 2）40～80mL 和洗脱峰 2（peak 3）80～100mL。

5）460μL 的每一蛋白质峰组分与 40μL AFB_1（1.25mg/L）在黑暗条件下 37℃孵育 72h，测定各蛋白质峰对 AFB_1 的降解率；实验设置 3 次重复，以 20mmol/L 磷酸缓冲液（pH 7.4）与 AFB_1 孵育反应为对照［一个酶活单位（U）被定义为 37℃孵育 72h，降解 1ng AFB_1 所需的酶量］。

6）每个蛋白质峰中蛋白质浓度采用 Bradford 法测定（Bradford，1976），每个蛋白质峰内蛋白质分子量采用 SDS-PAGE 电泳（Laemmli，1970）进行鉴定，参照质谱兼容性银染试剂盒（Tiandz，中国北京）使用说明进行染色。

7）用无菌手术刀从 SDS-PAGE 胶上切下的目标条带低温保存送至上海中科新生命生物科技有限公司，采用 Thermo Scientific Q Exactive 进行鉴定。质谱测试原始文件（raw file）用 Mascot 2.2 软件检索相应的数据库（UniProt），最后得到鉴定的蛋白质结果。

煮沸、除盐、浓缩后的 20mL 发酵上清液经蛋白质纯化柱分离获得一个穿透蛋白峰（peak 1）和 2 个洗脱蛋白峰（peak 2、peak 3），收集的不同组分在 20mmol/L 磷酸缓冲液（pH 7.4）中透析 24h。与对照相比［AFB_1+20mmol/L 磷酸缓冲液（pH 7.4）］，peak 2（40～50mL）具有最高的降解活性（38.49×10^2U/mg）（图 4-13），然后依次是 peak 1（0～20mL）（26.30×10^2U/mg）、peak 2（50～80mL）（23.88×10^2U/mg），peak 3（80～95mL）（17.27×10^2U/mg）和 peak 3（95～100mL）（≈0.00U/mg），每步纯化的酶的比活力如表 4-7 所示。AFB_1 降解酶 BADE（40～50mL，peak 2）进行了 9.55 倍浓缩，39.92%的回收率，SDS-PAGE 鉴定其分子量为 22kDa（图 4-14）。

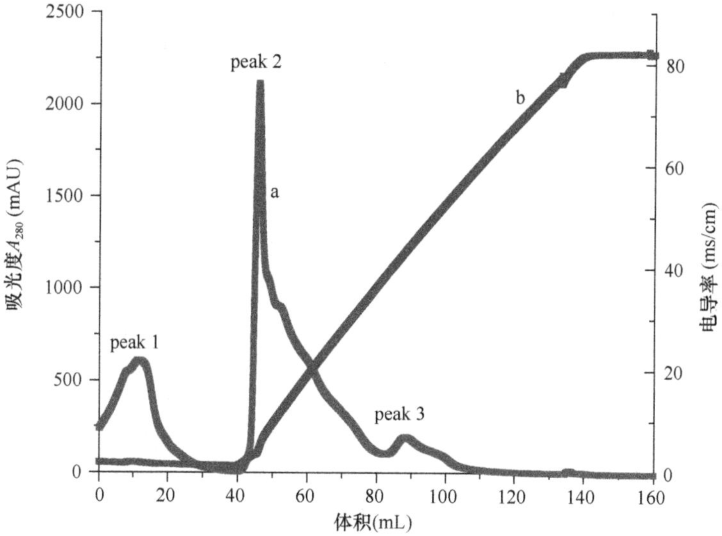

图 4-13　降解酶进行 DEAE-琼脂糖凝胶柱离子交换层析

a 和 b 分别代表蛋白质在 280nm 处的吸光度值及电导值；

peak 1 为穿透峰，peak 2 和 peak 3 为洗脱峰

表 4-7　BADE 纯化总表

纯化步骤	总蛋白（$\times 10^{-3}$mg）	AFB_1 降解活性（U）*	酶的比活力（$\times 10^2$U/mg）*	纯化（倍数）	产量（%）
发酵上清液	96.55	38.95	4.03	1.00	100.00
peak 1（0～20mL）	1.35	3.55	26.30	6.53	9.10
peak 2（40～50mL）	4.04	15.55	38.49	9.55	39.92
peak 2（50～80mL）	6.37	15.21	23.88	5.93	39.05
peak 3（80～95mL）	3.26	5.63	17.27	4.29	14.45
peak 3（95～100mL）	0.20	5.5×10^{-5}	0.002 8	0.000 69	0.000 14

注：*. 一个酶活单位（U）被定义为 37℃孵育 72h，每降解 1ng AFB_1 所需的酶量

BADE 切胶送至上海中科新生命生物科技有限公司采用 Thermo Scientific Q Exactive 进行鉴定，共获得 19 个蛋白质，包括 2 个氧化还原酶、8 个未知蛋白、4 个激酶、2 个螺旋酶、1 个转录调控因子、1 个鞭毛合成蛋白及 1 个环化酶。依据唯一的肽段数（unique pepcount）越多，肽段得分（score）越高，说明可信度越大，肽段二级图谱的匹配程度越高。表 4-8 中，查询号 1 预测蛋白为一个超氧化物歧化酶蛋白，其唯一肽段数为 8，远大于其他的预测蛋白（肽段数为 1），而且其肽段得分为 127.73，也远大于其他预测蛋白（<38.7）；考虑到蛋白质的分子量大小，查询号 1 预测的超氧化物歧化酶的分子量为 22.5kDa，与降解酶（BADE）SDS-PAGE 电泳的 22kDa 最为接近。实验结果解释了本研究纯化获得的 AFB_1 降解酶（BADE）为一个超氧化物歧化酶。

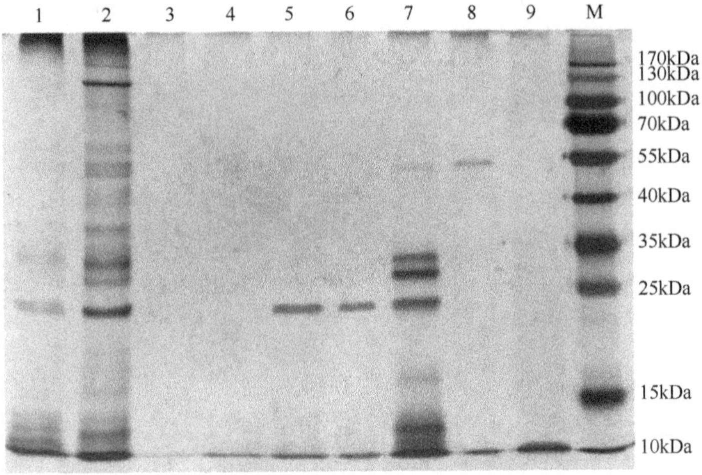

图 4-14　SDS-PAGE 检测目标蛋白

M. 蛋白 marker；1. 热处理 10min 后菌株 L7 发酵上清液中的粗蛋白；2. 菌株 L7 发酵上清液中的粗蛋白；3、4. 第一个穿透峰 0～20mL 收集液中的蛋白质（peak 1）；5、6. 第一个洗脱峰 40～50mL 收集液中的蛋白质（peak 2）；7. 第一个洗脱峰 50～80mL 收集液中的蛋白质（peak 2）；8. 第二个洗脱峰 80～95mL 收集液中的蛋白质（peak 3）；9. 第二个洗脱峰 95～100mL 收集液中的蛋白质（peak 3）

三、沙氏芽孢杆菌 L7 降解酶酶学特征

（一）温度和 pH 对降解酶（BADE）活性的影响

1）反应体系中，配制 0.1mol/L 柠檬酸-磷酸缓冲液，分别调节 pH 至 4.0、5.0；配制 0.1mol/L 磷酸钠缓冲液，分别调节 pH 至 7.0、8.0；处理组为某一 pH 条件下，100μL AFB_1（500μg/kg）与 40μL BADE 目标蛋白，以及缓冲液（0.1mol/L）混合，黑暗条件下 37℃孵育 72h；对照组为相同 pH 条件下，100μL AFB_1（500μg/kg）与 400μL 缓冲液（0.1mol/L）混合，黑暗条件下 37℃孵育 72h。

2）反应体系中，温度分别设定为 16℃、28℃、37℃、55℃和 70℃共 5 个水平；处理组为某一温度条件下，100μL AFB_1（500μg/kg）与 40μL BADE 目标蛋白，以及 360μL 磷酸钠缓冲液（pH 7.0，0.1mol/L）混合，黑暗条件下孵育 72h；对照组为相同温度条件下，100μL AFB_1（500μg/kg）与 400μL 磷酸钠缓冲液（pH 7.0，0.1mol/L）混合，黑暗条件下孵育 72h。

3）参照本章第二节中一（二）操作，计算不同处理和对照中 AFB_1 的降解率。

菌株 L7 降解酶（BADE）对 AFB_1 的降解活性受温度的影响（图 4-15）。在没有添加 BADE（–BADE）情况下，16℃、28℃、37℃、55℃和 70℃均不降解 AFB_1，且无显著差异；而与对照相比（–BADE），添加 BADE（+BADE）后，16℃（19.50%）、

表 4-8 ESI-MS 质谱鉴定目标蛋白

查询号	蛋白名称	功能	得分（Score）[a]	分子量（kDa）	唯一的肽段数（unique pepcount）[b]	肽段
1	Superoxide dismutase	氧化还原酶活性	127.73	22.5	8	K.SVEDLISNLDAVPEAAR.T
2	Uncharacterized protein	转录调控	29.0	15.9	1	K.YEKIEQEIK.S
3	LacI family transcriptional regulator	转录调控	26.4	35.4	1	K.QALDAGIK.I
4	RNA helicase	解旋酶活性	21.2	44.8	1	K.LSAAER.F
5	Uncharacterized protein	—	21.3	21.6	1	K.NQDAIK.K
6	Flagellar biosynthesis protein FlgL	细菌型依赖鞭毛的细胞运动	30.7	32.5	1	K.EVTQLR.N
7	Oxidoreductase	氧化还原酶活性	38.7	38.0	1	R.EDLAR.L
8	GTP pyrophosphokinase	鸟苷四磷酸代谢过程	21.2	25.4	1	K.QAVDELK.V
9	Histidine kinase	转录调控	25.9	58.8	1	R.LLEVVK.A
10	1-phosphofructokinase	1-果糖磷酸激酶活性	25.9	33.9	1	K.EQIQLK.K
11	Uncharacterized protein	—	23.4	38.9	1	K.SNSSFR.K
12	Uncharacterized protein	—	20.8	93.6	1	K.QLEALK.M
13	Uncharacterized protein	—	21.7	18.8	1	K.QMLQNVVNKK.R
14	Uncharacterized protein	—	23.0	74.6	1	R.SSLNKK.I
15-1	Uncharacterized protein	细胞膜组分	29.2	10.8	1	–.M*AKVR.L ! –.M*AKVR.V
15-2	HPr kinase/ phosphorylase	磷酸化和磷酸酶解反应	29.2	34.7	1	
16-1	Squalene-hopene cyclase	转移酶活性	22.8	71.9	1	R.AVNGLK.S ! K.AVNGLK.N
16-2	Uncharacterized protein	—	22.8	31.1	1	
17	ATP-dependent helicase/nuclease subunit A	依赖 ATP 的 DNA 解螺旋酶活性	21.0	144.8	1	K.LSIWRDNAR.V

注：a. 得分，一般情况下肽段筛选的最低分为 20，分值越高说明肽段二级图谱的匹配程度越高；b. 唯一的肽段数，值越高，可信度越高

28℃（24.40%）、37℃（34.27%）、55℃（27.01%）及 70℃（47.51%）AFB_1 降解率显著升高。BADE 对 AFB_1 的降解率随温度升高逐渐增大，70℃时具有最高的降解效率（47.51%），即 70℃是 BADE 的最适酶活条件。

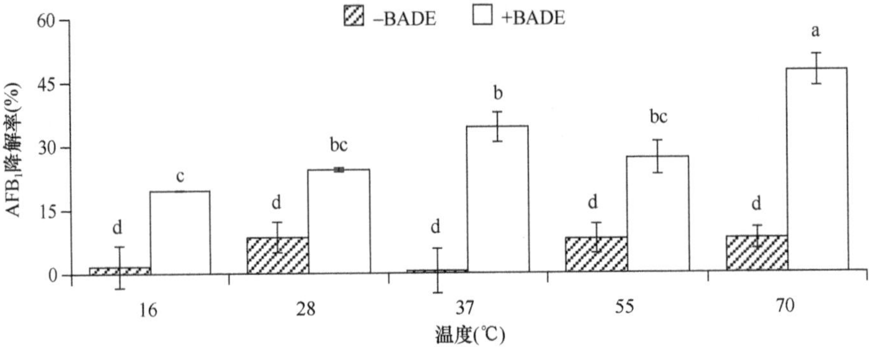

图 4-15 不同孵育温度对 BADE 酶活的影响

混合物在不同温度下孵育 72h（pH 7.0，未加任何金属离子）；–BADE. 未加 BADE；+BADE. 添加 BADE；不同小写字母分别表示不同温度间 BADE 对 AFB_1 的降解率差异显著（$P<0.05$）；以及相同温度下 BADE 对 AFB_1 的降解率差异显著（$P<0.05$）

菌株 L7 降解酶（BADE）对 AFB_1 的降解活性受 pH 的影响（图 4-16）。在没有添加 BADE（–BADE）情况下，pH 4.0、5.0 和 7.0 时，AFB_1 均没有降解且无显著差异；而与对照相比（–BADE），添加 BADE（+BADE）后，pH 4.0（10.40%）、pH 5.0（14.30%）和 pH 7.0（30.73%）时 AFB_1 的降解率显著升高。而 pH 8.0 未添加 BADE（–BADE）时 AFB_1 的降解率为 13.52%，添加 BADE（+BADE）后，AFB_1 的降解率由 13.52%升高至 44.70%。BADE 对 AFB_1 的降解率随 pH 升高逐渐增大，pH 8.0 时具有最高的降解率（31.18%），即 pH 8.0 是 BADE 的最适酶活条件。

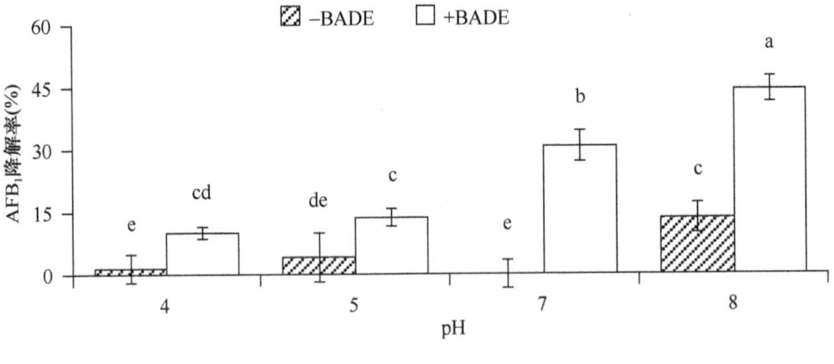

图 4-16 不同 pH 对 BADE 酶活的影响

混合物在不同 pH 下孵育 72h（37℃，未加任何金属离子）；–BADE. 未加 BADE；+BADE. 添加 BADE；不同小写字母分别表示不同 pH 间 BADE 对 AFB_1 的降解率差异显著（$P<0.05$），以及相同 pH 下 BADE 对 AFB_1 的降解率差异显著（$P<0.05$）

（二）金属离子对降解酶（BADE）活性的影响

1）100μL AFB_1（500μg/kg）与 40μL BADE 目标蛋白，以及 350μL 磷酸钠缓冲液（pH 7.0，0.1mol/L）混合。

2）分别添加 10μL 的 Zn^{2+}（$ZnSO_4$）、Mn^{2+}（$MnCl_2$）、Mg^{2+}（$MgCl_2$）、Cu^{2+}（$CuSO_4$）及 Li^+（LiCl）于第 1）步反应混合物中，至终浓度为 10mmol/L；37℃黑暗条件下孵育 72h。

3）以分别添加不同金属离子的 100μL AFB_1（500μg/kg）及 390μL 磷酸钠缓冲液（pH 7.0，0.1mol/L）混合物为对照；同时以不加任何金属离子的 100μL AFB_1（500μg/kg）与 40μL BADE 目标蛋白，以及 360μL 磷酸钠缓冲液（pH 7.0，0.1mol/L）混合物作对照；37℃黑暗条件下孵育 72h。

4）参照本章第二节一（二）操作，计算不同处理和对照中 AFB_1 的降解率。

菌株 L7 降解酶（BADE）对 AFB_1 的降解活性受金属离子的影响（图 4-17）。在没有添加 BADE（–BADE）情况下，未加金属离子以及添加 10mmol/L 的 Zn^{2+}、Mn^{2+}、Mg^{2+}、Cu^{2+}、Li^+间 AFB_1 均没被降解且不存在显著差异；与未加任何金属离子的对照相比，BADE（+BADE）存在的条件下，添加 10mmol/L 的 Zn^{2+}、Mn^{2+}、Mg^{2+}及 Li^+抑制了 AFB_1 的降解率，而添加 10mmol/L 的 Cu^{2+}则强烈促进了 AFB_1 的降解活性（图 4-17）。

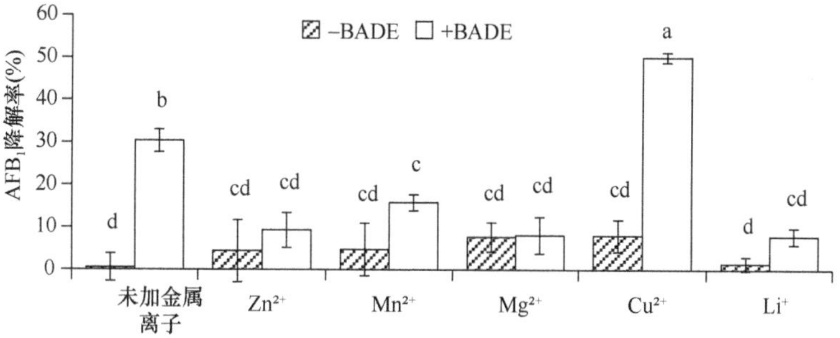

图 4-17　不同金属离子对 BADE 酶活的影响

混合物在添加不同金属离子条件下孵育 72h（37℃，pH 7.0）；–BADE. 未加 BADE；+BADE. 添加 BADE；不同小写字母分别表示添加不同金属离子间 BADE 对 AFB_1 的降解率差异显著（$P<0.05$），以及添加同一金属离子条件下 BADE 对 AFB_1 的降解率差异显著（$P<0.05$）

（三）最适酶活条件下降解酶（BADE）对 AFB_1 降解活性测定

100μL AFB_1（500μg/kg）与 40μL BADE 目标蛋白，以及 350μL 磷酸钠缓冲液（pH 8.0，0.1mol/L）混合；向上述混合物中添加 10μL 的 Cu^{2+}（$CuSO_4$）至终浓度为 10mmol/L；70℃黑暗条件下孵育 24h；以 10μL 的 Cu^{2+}（$CuSO_4$）、100μL AFB_1（500μg/kg）及 390μL 磷酸钠缓冲液（pH 8.0，0.1mol/L）混合物为对照；70℃黑

暗条件下孵育 24h，计算不同处理和对照中 AFB_1 的降解率。

菌株 L7 降解酶（BADE）在 70℃ pH 8.0、添加 10mmol/L Cu^{2+}最适酶活条件下，测定对 AFB_1 的降解活性（图 4-18）。在没有添加 BADE（CK）的情况下，AFB_1 的降解率为 0%；而添加 BADE（BADE）后，AFB_1 的降解率由 0%提高至 87%。同时发现，在最适条件下，BADE 对 AFB_1 的降解效率为 0.023μg/（min·mg）。

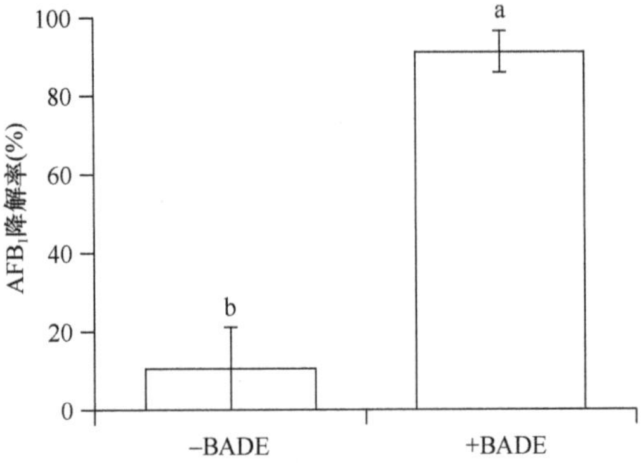

图 4-18　70℃ pH8.0 添加 10mmol/L Cu^{2+}，BADE 对 AFB_1 的降解活性测定

–BADE. 未加 BADE；+BADE. 添加 BADE；不同小写字母表示最适酶活条件下 BADE 对 AFB_1 的降解率差异显著（$P<0.05$）

四、沙氏芽孢杆菌 L7 降解酶基因大肠杆菌原核表达

（一）降解酶（BADE）基因扩增

1）采用 Primer 5.0 软件，根据降解酶（BADE）基因两段序列设计引物对 BADE-F（5′-ATGGCTTTTGAGTTGCCACAATTGC-3′）和 BADE-R（5′-TTATTTACCAGCTTCGTATAACTTAG-3′）；

2）菌株 L7 基因组 DNA 提取参照 TIANamp Bacterial DNA kit［天根生化科技（北京）有限公司］试剂盒使用说明书操作。

（二）按照下列 PCR 反应体系进行扩增

组分	体积（μL）
细菌基因组 DNA	2.0
Taq DNA 聚合酶	0 .5
d NTP（每份 10mmol/L）	0.5
10×PCR 缓冲液（含 25mmol/L $MgCl_2$）	4
引物 BADE-F（10pmol/μL）	2.5
引物 BADE-R（10pmol/μL）	2.5
双蒸水（D.D.W）	13
总体积	25

按照下列 PCR 反应程序进行扩增。

温度	时间
94℃	5min
94℃	1min
56℃	45s
72℃	45s
	34 个循环
72℃	7min
4℃	无限保存

采用 BADE-F 和 BADE-R 两引物从菌株 L7 基因组 DNA 中克隆获得 609bp 的基因片段（图 4-19）。基因片段经北京擎科新业生物技术有限公司进行测序，其核酸序列及推导的氨基酸序列、蛋白质序列提交 NCBI BLAST，其与沙氏芽孢杆菌（*Bacillus shackletonii*）的 superoxide dismutase（登录号为 WP_055739264.1）序列相似性高达 100%，为一类 Fe/Mn-超氧化物歧化酶。

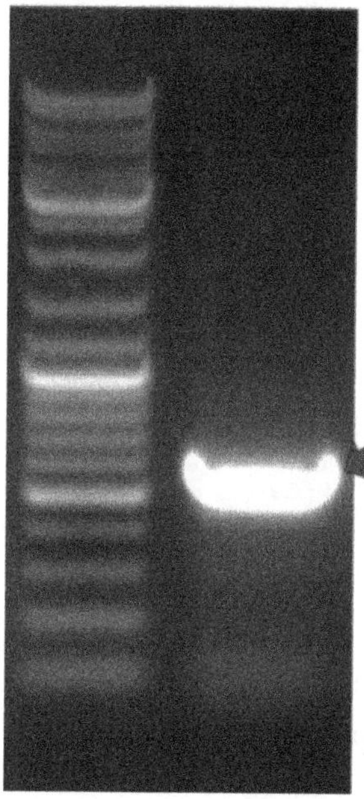

图 4-19　BADE 基因的 PCR 扩增

M. 蛋白 marker；A. BADE 基因片段

（三）T4 连接酶连接

T4 连接酶	20μL 反应体系
10×T4 连接酶 buffer	2μL
pEASY-E1 载体（4kb）	50ng（0.020pmol）
BADE 基因（1kb）	37.5ng（0.060pmol）
T4 连接酶（T4 DNA ligase）	1μL
无核酸酶水（nuclease-free water）	至 20μL
反应温度	16℃过夜或室温 10min
热失活温度	65℃ 10min
冰上冷却，1～5μL 反应物转到 50μL 感受态细胞	

（四）转化大肠杆菌克隆细胞 DH5α 及验证重组质粒构建是否正确

1）取 8μL 20%（*m*/*V*）IPTG、40μL 20mg/mL 的 X-Gal 涂布于含 100μg/mL 氨苄青霉素（Amp）的 LB 固体培养基上，室温下至涂布液被培养基吸干。

2）从–70℃取出 *E. coli* DH5α 感受态细胞，在冰浴中融化。

3）取 2μL 连接反应物，加入 50μL 感受态细胞，轻缓转动以混匀内容物。

4）冰浴 20～30min，42℃水浴热激 90s，快速转至冰浴中 2min。

5）加入 950μL 加 Amp 的 LB 液体培养基，于 37℃下 150r/min 振荡复苏培养 1.5h。

6）取 100μL 涂布于第 1）步处理的 LB 固体培养基上，于室温下至涂布的菌液被培养基吸干；

7）倒置培养皿，于 37℃培养 18～24h；

8）挑取白色菌落进行鉴定，采用正向引物 T7 Promoter Primer 和目标基因反向引物 T7 Terminator Primer 通用引物进行菌落 PCR 扩增，将分子量大小正确的基因片段送北京擎科新业生物技术有限公司进行测序，验证重组质粒 BADE/pEASY-E1 构建是否正确。

（五）将验证正确的重组质粒 BADE/pEASY-E1 转化进大肠杆菌表达细胞 BL21

1）制作含 100μg/mL Amp 的 LB 固体培养基，室温下至涂布液被培养基吸干；

2）从–70℃取出 *E. coli* BL21 感受态细胞，在冰浴中融化；

3）取 2μL 连接反应物，加入 50μL 感受态细胞，轻缓转动以混匀内容物；

4）冰浴 20～30min，42℃水浴热激 90s，快速转至冰浴中 2min；

5）加入 950μL 加 Amp 的 LB 液体培养基，于 37℃下 150r/min 振荡复苏培养 1.5h；

6）取 100μL 涂布于第 1）步处理的 LB 固体培养基上，于室温下至涂布的菌液被培养基吸干；

7）倒置培养皿，于 37℃培养 18～24h；

8）挑取白色菌落进行 PCR 验证。

（六）构建正确的工程菌株 BL21 进行 IPTG 诱导表达

1）接种验证正确的单菌落与 5mL（Amp 100μg/mL）的 LB 液体培养基，37℃、150r/min 振荡培养过夜；

2）500μL 的接种量于次日接种于 50mL（Amp 100μg/mL）的 LB 液体培养基中，37℃、150r/min 振荡培养 2h，培养至 OD_{600}=0.6 左右；

3）加 6μL IPTG 于第 2）步的培养物中至终浓度为 1mmol/L，25℃、150r/min 振荡培养；

4）诱导 4h 后，照相并分别取出 1mL 菌液，迅速在室温下 12 000r/min 离心 5min，弃除上清液；

5）第 4）步菌体用适量 pH 7.4 20mmol/L Tris-HCl 缓冲液洗涤 3 次，将 5mL Tris-HCl 缓冲液悬浮菌体于 50mL 离心管中，离心管置于冰浴中，在细胞粉碎机中进行超声波破碎；

6）发酵优化中超声波破壁条件设置为输出功率 325W，总工作时间 15min，工作/间歇时间为 5s/ 5s；

7）12 000r/min 离心 5min，20μL 离心后的上清液加入 5μL 5×SDS-PAGE buffer 悬浮，于沸水浴中 10min；

8）取 20μL 样品进行 SDS-PAGE 电泳，检测是否诱导表达 BADE 目标蛋白。

沙氏芽孢杆菌 L7 的超氧化物歧化酶（BADE）基因连接到大肠杆菌原核表达载体 pEASY-E1，构建的重组表达质粒 *BADE*/pEASY-E1 转化进大肠杆菌 *E.coli* BL21（DE3）细胞，IPTG 诱导表达，SDS-PAGE 结果显示与仅转有 pEASY-E1 空载体的工程菌株相比，在 22kDa 位置处，目标蛋白（BADE）获得了高效表达（图 4-20）。

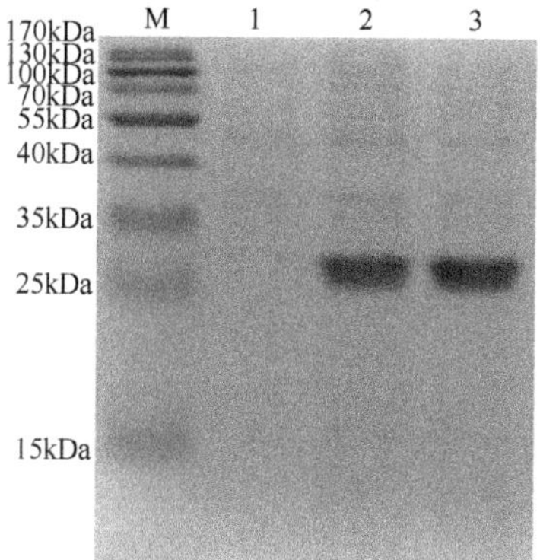

图 4-20　BADE 大肠杆菌表达蛋白图谱

M. 蛋白 marker；1. 转化 pEASY-E1 工程菌表达蛋白；2、3. 转化 pEASY-E1/BADE 工程菌表达蛋白

参 考 文 献

韩俊, 杨仲元, 盛龙生, 等. 2001. 电喷雾离子化质谱法及其在药物与生物大分子分析中的应用. 药物分析杂志, (3): 212-217.

黄昕. 1999. 免疫亲和色谱在蛋白质分离纯化中的应用. 重庆医科大学学报, (4): 436-440.

邵承伟, 张婷婷, 魏荣卿, 等. 2007. 高聚物型反相色谱填料在蛋白分离中的应用. 沪、苏、闽暨全军生物技术药物研讨会论文集. 南京: 沪、苏、闽暨全军生物技术药物研讨会.

王亚其, 李宏霞, 肖凯, 等. 2006. 两种诱导方法制备大鼠肝 S9 在两种遗传毒性试验中活性比较. 现代预防医学, 33(4): 457-459.

魏丹丹. 2014. 不产毒黄曲霉菌不产毒的分子机制及其抑制产毒菌产毒的研究. 中国农业科学院硕士学位论文.

曾立成, 张效良, 胡红一. 1982. 冻干大鼠肝 S9 对前致癌物/前致突变物代谢活性的研究. 川北医学院学报, (1): 1-8.

朱晓囡, 苏志国. 2004. 反相液相色谱在蛋白质及多肽分离分析中的应用. 分析化学, 32(2): 248-254.

Alberts J F, Gelderblom W C A, Botha A, et al. 2009. Degradation of aflatoxin B_1 by fungal laccase enzymes. International Journal of Food Microbiology, 135(135): 47-52.

Bradford M M. 1976. A rapid and sensitive method for the quantification of microgram quantities of protein utilizing the principle of protein-dye binding. Analytical Biochemistry, 72: 248-254.

Hagel L. 1994. Gel-filtration chromatography. Methods in Molecular Biology, 36(1): 25-33.

Jennissen H P. 1996. Hydrophobic interaction chromatography. Methods in Molecular Biology, 59(244): 133-138.

Karas M, Hillenkamp F. 1988. Laser desorption ionization of proteins with molecular masses exceeding 10, 000 daltons. Analytical Chemistry, 60(20): 2299-2301.

Kazuki S, Yoshimitsu O, Mitsuo M. 2010. Suppression of SOS-inducing activity of chemical mutagens by metabolites from microbial transformation of (–)-isolongifolene. Journal of Agricultural & Food Chemistry, 58(4): 2164-2167.

Krivobok S, Olivier P, Marzin D R, et al. 1987. Study of the genotoxic potential of 17 mycotoxins with the SOS Chromotest. Mutagenesis, 2(6): 433-439.

Laemmli U K. 1970. Cleavage of structural proteins during the assembly of the head of bacteriophage T4. Nature, 227(5259): 680-685.

Miyazawa M, Hisama M. 2001, Suppression of chemical mutagen-induced SOS response by alkylphenols from clove (*Syzygium aromaticum*) in the *Salmonella typhimurium* TA1535/ pSK1002 umu Test. Journal of Agricultural and Food Chemistry, 49(8): 4019-4025.

Quillardet P, Hofnung M. 1987. Induction of the SOS system in a dam-3 mutant: a diagnostic strain for chemicals causing DNA mismatches. Mutation Research/fundamental & Molecular Mechanisms of Mutagenesis, 177(1): 17-26.

Schneiter R, Brügger B, Sandhoff R, et al. 1999. Electrospray ionization tandem mass spectrometry (ESI-MS/MS) analysis of the lipid molecular species composition of yeast subcellular membranes reveals acyl chain-based sorting/remodeling of distinct molecular species en route to the plasma membrane. Journal of Cell Biology, 146(4): 741-754.

Ueberbacher R, Rodler A, Hahn R, et al. 2010. Hydrophobic interaction chromatography of proteins: thermodynamic analysis of conformational changes. Journal of Chromatography A, 1217(2): 184-190.

Visith T, Theptida S, Somchai C. 2007. Enrichment of the basic/cationic urinary proteome using ion exchange chromatography and batch adsorption. Journal of Proteome Research, 6(3): 1209-1214.

Walton D G, Acton A B, Stich H F. 1987. DNA repair synthesis in cultured fish and human cells exposed to fish S9-activated aromatic hydrocarbons. Comparative Biochemistry & Physiology Part C Comparative Pharmacology & Toxicology, 86(2): 399-404.

Xu L, Eisa Ahmed M F, Sangare L, et al. 2017. Novel aflatoxin-degrading enzyme from *Bacillus shackletonii* L7. Toxins, 9: 36.

第五章　玉米赤霉烯酮（ZEN）降解酶基因的克隆表达及应用

第一节　ZEN 降解菌 *SH1* 降解酶基因大肠杆菌表达

一、基因组同源比对法获得 ZEN 降解酶基因

（一）菌株 SH1 对 ZEN 降解活性测定

1）山西临汾小麦种植区土壤中筛选出一株玉米赤霉烯酮（ZEN）高效降解菌 SH1，形态和 16S rRNA 分子鉴定为甲基营养型芽孢杆菌（Folly，2015）。

2）菌株 SH1 接种于新鲜的 5mL NB 液体培养基中，28℃、180r/min 振荡培养 18h。

3）第 2）步培养液 10%接种量接种到 4mL 含有 5mg/L ZEN 的 MM 培养基中，28℃、180r/min 振荡培养 24h；以未接 SH1 菌株的 MM 培养基（含 5mg/L ZEN）作对照。

4）第 3）步孵育后的样品加入等体积的三氯甲烷，提取 3 次，混合下层有机相，60℃条件下氮吹，干燥的样品采用 1.5mL 60%的乙腈/水溶液复溶，旋涡振荡 30s，10 000r/min 离心 1min 后，取 1mL 上清液过 0.22μm 微孔滤膜到进样瓶中；用高效液相色谱法（HPLC）检测 ZEN 含量。

HPLC 检测 ZEN 条件：C18 色谱柱（4.6mm×250mm，5μm）；荧光检测器：激发波长 274nm，发射波长 440nm；柱温：30℃；流动相：乙腈/水（60/30，*V*/*V*）；流速：1.0mL /min，进样体积 20μL。根据出峰面积计算 ZEN 降解率。计算公式为

$$\text{ZEN 降解率}=\frac{A_1-A_2}{A_1}\times 100\%$$

式中，A_1 为对照组 ZEN 峰面积；A_2 为处理组 ZEN 峰面积。

pH 7.0，37℃、45℃孵育 12h，菌株 SH1 在 MM 培养基中生长良好，并且对 ZEN 降解率均为 100%，但 60℃时，SH1 菌株不能生长，ZEN 的降解率也仅为 20%（图 5-1 和图 5-2）。研究同时发现：28℃，随着 pH 逐渐降低，菌株 SH1 对 ZEN 的降解率逐渐减小，pH 6 时，ZEN 降解率为 95%，pH 5 时为 80%，pH 4 时为 73%（图 5-3 和图 5-4）。这是首次报道甲基营养型芽孢杆菌具有降解 ZEN 的能力，并

且在 45℃和 pH 4.0 时仍具有较高的降解效果。

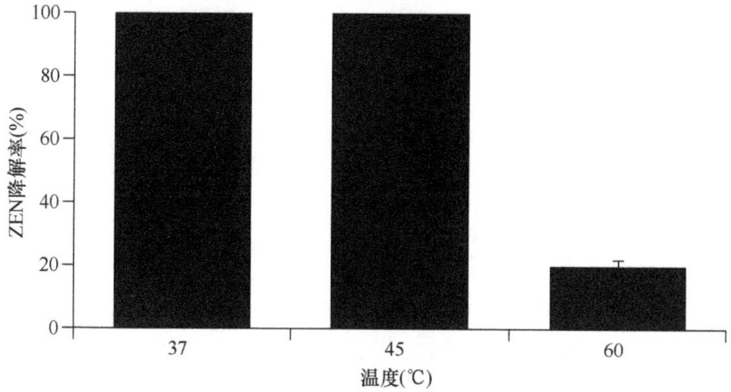

图 5-1　pH 7.0 不同温度，SH1 菌液对 ZEN 降解活性测定

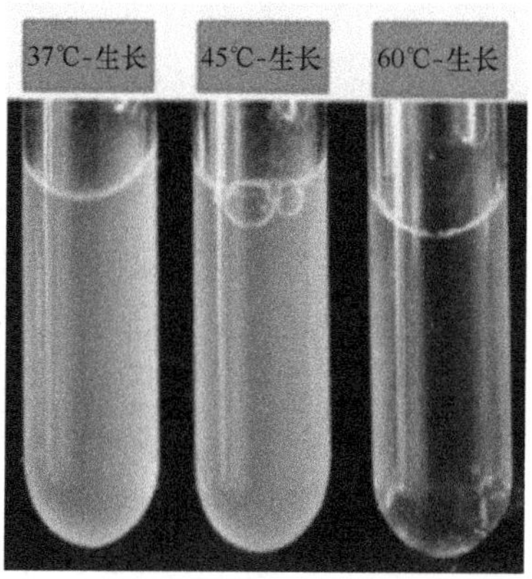

图 5-2　pH 7.0 不同温度，SH1 菌在 MM 培养基培养 12h 时的生长状况（另见彩图）

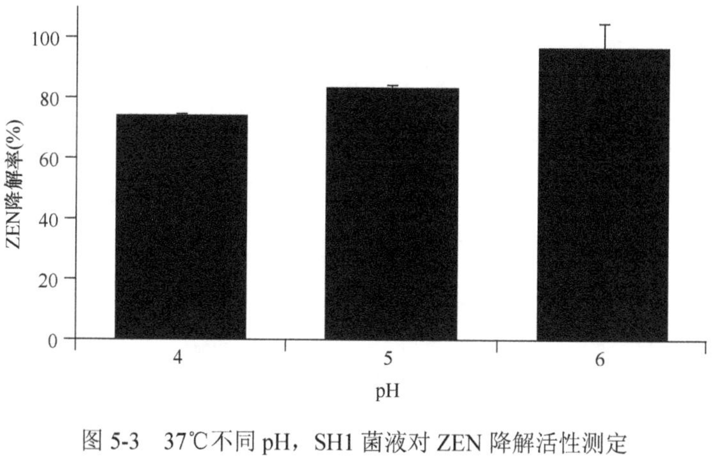

图 5-3　37℃不同 pH，SH1 菌液对 ZEN 降解活性测定

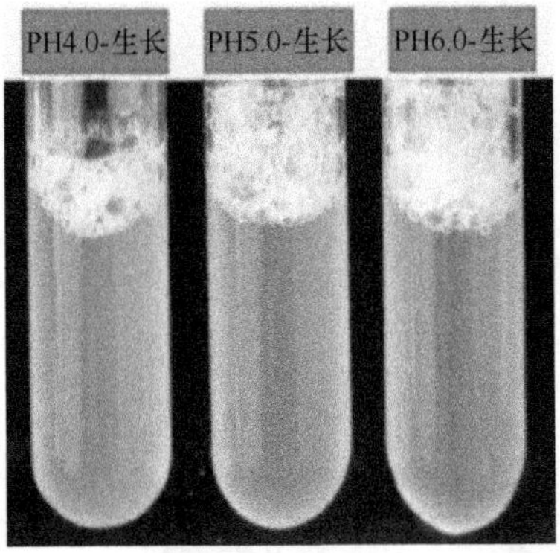

图 5-4 37℃不同 pH，SH1 菌在 MM 培养基培养 12h 时的生长状况（另见彩图）

（二）菌株 SH1 基因组与已报道的 ZEN 降解酶同源比对

菌株 SH1 基因组 DNA 提取参照 TIANamp Bacterial DNA kit［天根生化科技（北京）有限公司］试剂盒使用说明书操作；将 $OD_{260}/OD_{280}\approx 1.8$ 的基因组 DNA 交于北京诺禾致源生物信息科技有限公司进行细菌基因组重测序。

在 NCBI 数据库中查找已有报道的 ZEN 降解酶基因核酸序列、氨基酸序列。然后将这些氨基酸序列在菌株 SH1 基因组数据库中同源比对，找到同源蛋白。采用 DNAMAN 软件进行序列比对分析；采用 MEGA 软件将所有 ZEN 降解酶蛋白序列聚类分析。

在 NCBI 数据库中查找已有报道的 ZEN 降解酶基因与氨基酸序列，结果表明，已报道序列的 ZEN 降解酶有 4 个（表 5-1）。提取菌株 SH1 基因组 DNA，由北京诺禾致源生物信息科技有限公司进行重测序获得基因组全长，通过 BLAST 比对，共查找出 9 个与已知 ZEN 降解酶具有高相似性的蛋白质（表 5-2），其中包括 3 个 α/β 水解酶家族蛋白、1 个糖基水解酶家族蛋白、1 个烷基过氧化氢还原酶、1 个醇脱氢酶、1 个磷酸异构酶、1 个 III 期产孢蛋白及 1 个腺苷酸激酶。

表 5-1 已报道的 ZEN 降解酶

序号	名称	来源菌株	分子量（kDa）	文献出处
1	水解酶 ZEN-JJM（zlhy-6）	粉红粘帚霉（*Clonostachys rosea*）	28.8	Peng，2014
2	水解酶 ZHD101	淡色生赤壳菌（*Bionectria ochroleuca*）	28.7	Takahashi-Ando，2004
3	水解酶	杨盘二孢菌（*Marssonina brunnea*）	32.1	Zhu et al.，2012
4	过氧化物酶 peroxiredoxin	不动杆菌（*Acinetobacter* sp. SM04）	21.2	Yu，2012

表 5-2 甲基营养型芽孢杆菌（SH1）中 ZEN 降解酶同源比对

预测基因	蛋白英文名称	中文名称	家族
BmABH	alpha/beta hydrolase	α/β 水解酶	α/β 水解酶家族
BmHyd	hydrolase	水解酶	α/β 水解酶家族
BmPks	polyketide synthase	聚酮合成酶	α/β 水解酶家族
BmBGL	glucan endo-1,6-beta-glucosidase	葡聚糖内-1,6-β-葡萄糖苷酶	糖基水解酶家族
BmPrx	alkyl hydroperoxide reductase	烷基过氧化氢还原酶	硫氧还蛋白过氧化物酶家族
BmADH	alcohol dehydrogenase	醇脱氢酶	
BmRpi	*S*-methyl-5-thioribose-1-phosphate isomerase	*S*-甲基-5-硫代核糖-1-磷酸异构酶	起始因子 2 亚基家族
BmSpoIIIJ	SpoIIIJ	III 期产孢蛋白 J	
BmAK	adenylate kinase	腺苷酸激酶	

采用 MEGA 软件将所有已知的 ZEN 降解酶蛋白序列及同源比对获得 9 个蛋白质序列进行聚类分析，结果发现，编号为 BmABH、BmHyd、BmPks 蛋白分别与 alpha/beta hydrolase [*Bacillus amyloliquefaciens*]（99.65%）、hydrolase [*Bacillus* sp.]（100%），（*S*）-2-hydroxy-acid oxidase [*Bacillus amyloliquefaciens* Y2]（99.69%）具有高的序列相似性。同时研究发现，尽管与淡色生赤壳菌水解酶 zhd101 及粉红粘帚霉（淡色生赤壳菌的无性型）ZEN-JJM（zlhy-6）处于一个大分支中，但氨基酸相似性仅分别为 hydrolase（19.35%）、alpha/beta hydrolase（14.83%）、BmPks（14.63%）。此外，编号为 BmPrx 蛋白与 peroxiredoxin [*Acinetobacter* sp. SM04]聚在一个小分支中，且蛋白质序列相似性为 67.91%（图 5-5）。

二、ZEN 降解酶基因大肠杆菌原核表达

1. 降解酶（BmPrx）基因扩增

1）采用 Primer 5.0 软件，根据降解酶（BmPrx）基因两段序列设计引物对 BmPrx-F（5′-ATGTCTTTA ATCGGAAAAGAAG-3′）和 BmPrx-R（5′-TTAGATTTTA CCTACCAAATC AAG -3′）；

2）菌株 SH1 基因组 DNA 提取参照 TIANamp Bacterial DNA kit［天根生化科技（北京）有限公司］试剂盒使用说明书操作。

2. PCR 扩增

PCR 扩增反应体系以及反应程序具体操作参照第四章第三节四（二）。

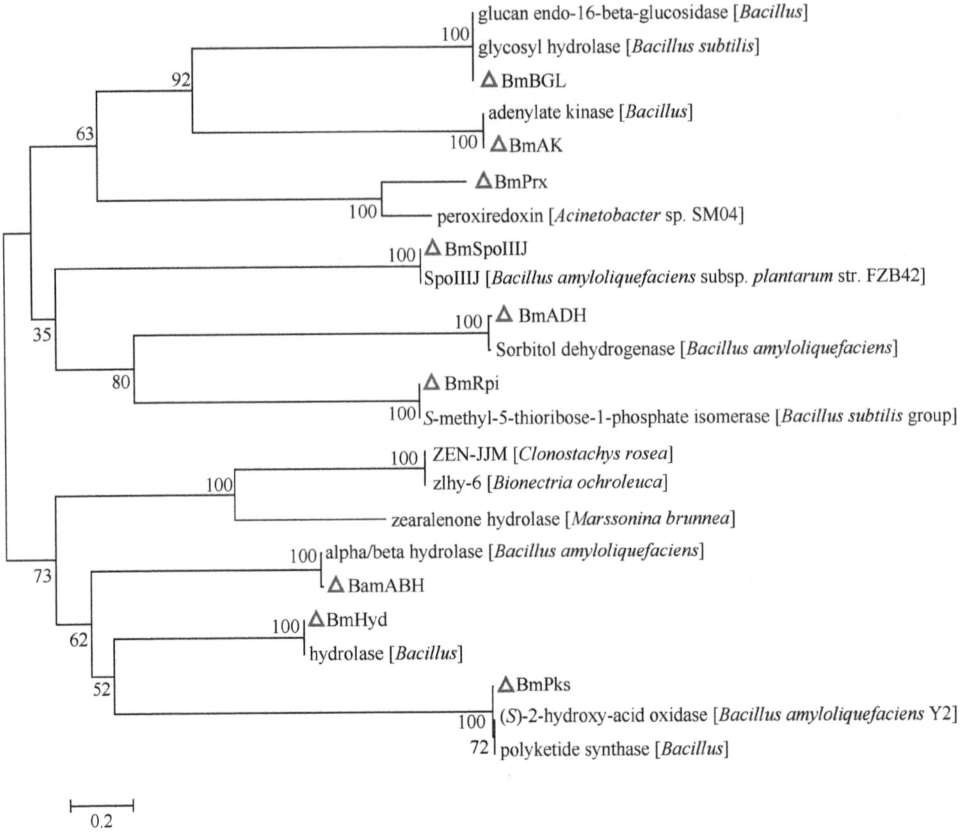

图 5-5　ZEN 降解酶聚类分析

3. T4 连接酶连接

具体操作参照第四章第三节四（三）。

4. 转化大肠杆菌克隆细胞 DH5α 及验证重组质粒构建是否正确

具体操作参照第四章第三节四（四）。

菌株 SH1 基因组 DNA 中克隆获得 609bp 的 *BmPrx* 基因片段（图 5-6）。将获得的基因序列进行测序，其核酸序列及推导的氨基酸序列、蛋白质序列提交 NCBI BLAST，其与 peroxiredoxin [*Bacillus amyloliquefaciens*]序列相似性高达 99%，同时与已报道的 peroxiredoxin [*Acinetobacter* sp.]序列相似性为 67.91%。*BmPrx* 编码了 187 个氨基酸，分子量为 21.2kDa，等电点 4.26。NCBI BLAST 分析知，*BmPrx* 属于 2-Cys Prx 家族蛋白，BmPrx 中 2 个高度保守的半胱氨酸残基如图 5-7 红框所示（FSFVCPTE 和 VCPAKW）（图 5-7）。

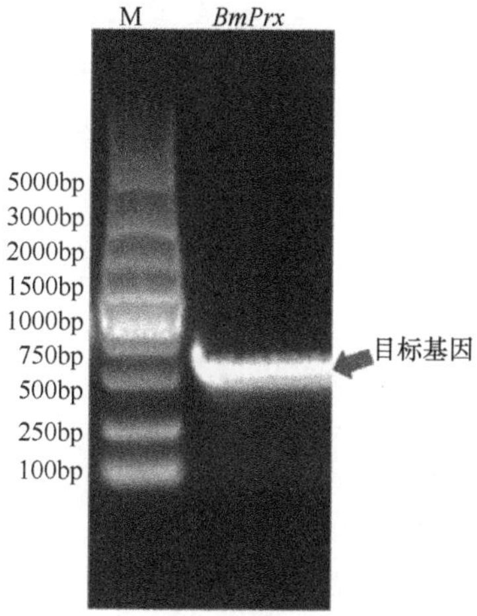

图 5-6　*BmPrx* 基因的 PCR 扩增

M. marker；*BmPrx*. *BmPrx* 基因片段；克隆获得 *BmPrx* 基因，如箭头所示

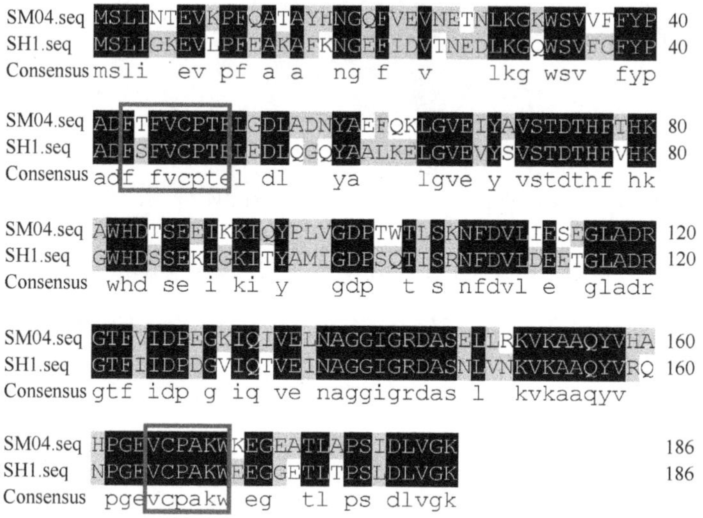

图 5-7　不动杆菌（SM04，Prx）和甲基营养型芽孢杆菌（SH1，BmPrx）过氧化物酶序列比对（另见彩图）

两个高度保守的 Cys 残基序列在图中用红框标出（FTFVCPTE 和 VCPAKW）

5. 将验证正确的重组质粒 BmPrx/pEASY-E1 转化进大肠杆菌表达细胞 BL21

具体操作参照第四章第三节四（五）。

6. 构建正确的工程菌株 BL21 进行 IPTG 诱导表达

具体操作参照第四章第三节四（六）。

菌株 SH1 过氧化物酶（BmPrx）基因连接到大肠杆菌原核表达载体 pEASY-E1，构建的重组表达质粒 *BADE*/pEASY-E1 转化进大肠杆菌 *E.coli* BL21（DE3）细胞，经 IPTG 诱导表达，在 22kDa 位置处，目标蛋白（BADE）获得了高效表达（图 5-8）。

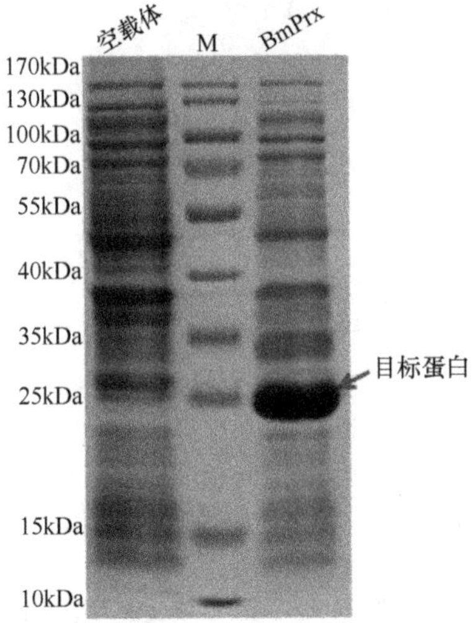

图 5-8　BmPrx 获得大肠杆菌表达

M：蛋白 marker；BmPrx：BmPrx 蛋白，BmPrx 获得可溶表达，如箭头所示

7. 不同 H_2O_2 浓度，表达蛋白（BmPrx）对 ZEN 降解活性变化

1）反应混合物包括 40μL 酶液，430μL 0.05mol/L Tris-HCl 缓冲液（pH 8.8），20μL 不同浓度的 H_2O_2 水溶液及 10μL 1000mg/kg 的 ZEN 标准品。反应混合物 37℃黑暗条件下静置 1h。

2）0.5mL 甲醇加入反应混合物中，振荡 30s，离心 30s，过 0.22μm 滤膜进样瓶，HPLC 检测 ZEN 降解率。对照为 470μL 0.05mol/L Tris-HCl 缓冲液（pH 8.8），20μL 不同浓度的 H_2O_2 水溶液及 10μL 1000mg/kg 的 ZEN 标准品孵育 1h 作对照。

BmPrx 是硫氧环过氧化物酶蛋白，其能够在添加 H_2O_2 的情况下，氧化一系列的（药物、杀虫剂、致癌物等）异型生物质。37℃ pH 8.8 孵育反应 1h，0～20mmol/L H_2O_2 添加量，ZEN 降解率逐渐增大；20mmol/L 时，ZEN 降解率达到最大 57.1%；20～40mmol/L，ZEN 降解率维持在 57.1%恒定不变（图 5-9）。H_2O_2 对于 BmPrx 降解 ZEN 是必需的，BmPrx 通过催化 H_2O_2 来快速、高效地进行 ZEN 降解。

8. 不同孵育时间，表达蛋白（BmPrx）对 ZEN 降解活性变化

1）反应混合物包括 40μL 的酶液，430μL 0.05mol/L Tris-HCl 缓冲液（pH 8.8），

20μL 500mmol/L 的 H_2O_2 水溶液及 10μL 1000mg/kg 的 ZEN 标准品。反应混合物 37℃黑暗条件下静置孵育 15min、30min、60min、180min、360min 和 720min。

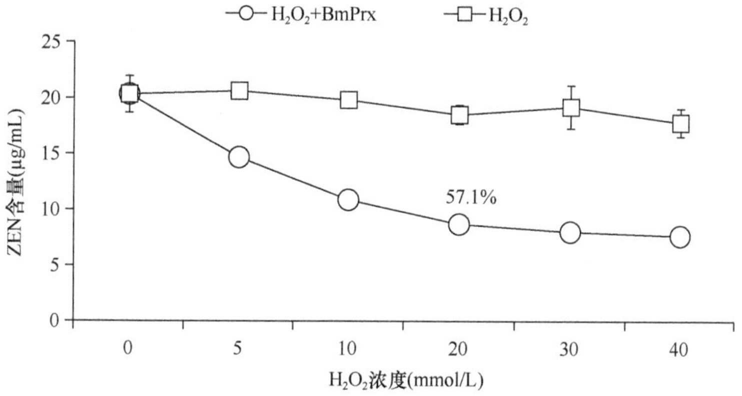

图 5-9　不同 H_2O_2 浓度下，37℃ pH8.8 孵育 1h，BmPrx 对 ZEN 的降解活性测定

2）0.5mL 甲醇加入反应混合物中，振荡 30s，离心 30s，过 0.22μm 滤膜进样瓶，HPLC 检测 ZEN 降解率。对照为 470μL 0.05mol/L Tris-HCl 缓冲液（pH 8.8），20μL 500mmol/L H_2O_2 水溶液及 10μL 1000mg/kg 的 ZEN 标准品分别孵育相同时间作对照。

37℃ pH 8.8 添加 20mmol/L H_2O_2，随着孵育时间的延长（15～720min），BmPrx 对 ZEN 的降解率快速且持续增大，孵育 60min、720min，ZEN 降解率分别为 56.4%、97.3%（图 5-10）。

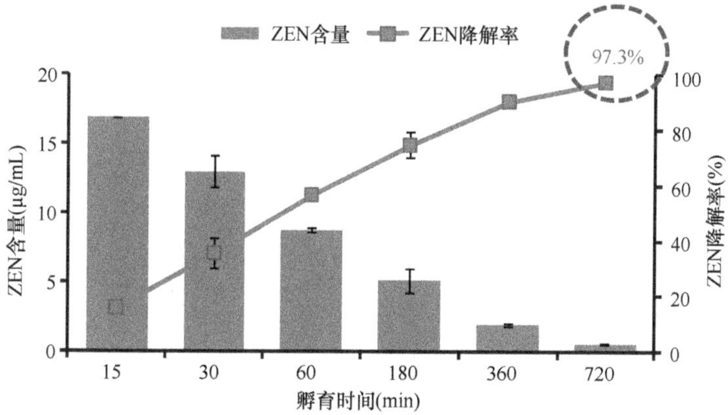

图 5-10　不同孵育时间，37℃ pH8.8 添加 20mmol/L H_2O_2，BmPrx 对 ZEN 的降解活性测定

9. 不同温度和 pH 条件下，表达蛋白（BmPrx）对 ZEN 降解活性变化

1）反应体系中，初始 pH 分别采用 0.05mol/L 柠檬酸-磷酸缓冲液调节为 4.0、

5.0，0.05mol/L 磷酸钠缓冲液调节为 7.4、8.8 和 10.1；处理组为某一 pH 条件下，反应混合物包括 40μL 的酶液、20μL 500mmol/L 的 H_2O_2 水溶液及 10μL 5mg/kg 的 ZEN 标准品，以及 430μL 0.05mol/L 缓冲液，黑暗条件下 37℃孵育 72h；对照组为相同 pH 条件下，反应混合物包括 20μL 500mmol/L 的 H_2O_2 水溶液及 10μL 5mg/kg 的 ZEN 标准品，以及 470μL 0.05mol/L 缓冲液，黑暗条件下 37℃孵育 72h。

2）反应体系中，温度分别设定为 37℃、50℃、60℃、70℃、80℃和 90℃共 6 个水平；处理组为某一温度条件下，反应混合物包括 40μL 的酶液、20μL 500mmol/L 的 H_2O_2 水溶液及 10μL 5mg/kg 的 ZEN 标准品，以及 430μL 0.05mol/L 磷酸钠缓冲液（pH 8.8），黑暗条件下孵育 72h；对照组为相同温度条件下，反应混合物包括 20μL 500mmol/L 的 H_2O_2 水溶液及 10μL 5mg/kg 的 ZEN 标准品，以及 470μL 0.05mol/L 磷酸钠缓冲液（pH 8.8），黑暗条件下孵育 72h。

3）参照本章第一节一（一）操作，计算不同处理和对照中 ZEN 的降解率。

BmPrx 对 ZEN 的降解活性受温度的影响如图 5-11 所示。pH 8.8 添加 20mmol/L H_2O_2，孵育 1h 反应体系中，37～70℃，仅添加 H_2O_2（–BmPrx）情况下，37℃、50℃、60℃及 70℃间 ZEN 降解率均小于 30%，且无显著差异；添加 H_2O_2+BmPrx（+BmPrx）后，随着温度逐渐升高，ZEN 降解率持续增大，且与对照（–BmPrx）相比，每温度点 ZEN 降解率均显著提高，分别为不增加（37℃）、17.66%（50℃）、26.95%（60℃）、32.01%（70℃）。同时发现，80～90℃，仅添加 H_2O_2（–BmPrx）情况，ZEN 降解率骤然升高，分别为 57.13%（80℃）、73.00%（90℃），而添加 H_2O_2+BmPrx 的处理组（+BmPrx），每温度点 ZEN 降解率未出现显著提高。综合考虑，70℃是 BmPrx 的最适酶活条件。

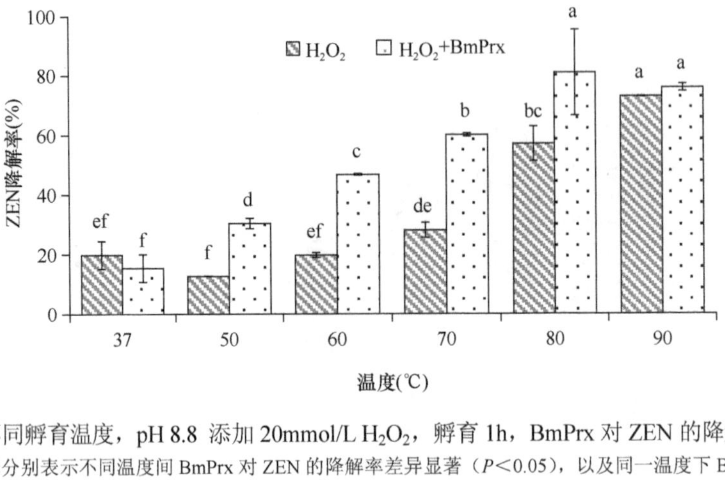

图 5-11 不同孵育温度，pH 8.8 添加 20mmol/L H_2O_2，孵育 1h，BmPrx 对 ZEN 的降解活性测定

不同小写字母分别表示不同温度间 BmPrx 对 ZEN 的降解率差异显著（$P<0.05$），以及同一温度下 BmPrx 对 ZEN 的降解率差异显著（$P<0.05$）

BmPrx 对 ZEN 的降解活性受 pH 的影响（图 5-12）。37℃添加 20mmol/L H_2O_2，孵育 1h 反应体系中，pH 3～8.8，仅添加 H_2O_2（–BmPrx）情况下，pH 3、5、7.4 及 8.8 间 ZEN 降解率仅有 20%，且无显著差异；添加 H_2O_2+BmPrx（+BmPrx）后，随着 pH 逐渐升高，ZEN 降解率持续增大，且与对照（–BmPrx）相比，仅 pH 8.8 时，ZEN 降解率显著增大，增大了 32.01%，pH 3、5、7.4，ZEN 降解率未发生变化。pH 10.1 时，仅添加 H_2O_2（–BmPrx）情况，ZEN 降解率骤然升高，为 74.70%；而添加 H_2O_2+BmPrx 的处理组（+BmPrx），与对照（–BmPrx）相比，ZEN 降解率未出现变化。因此，pH 8.8 是 BmPrx 的最适酶活条件。

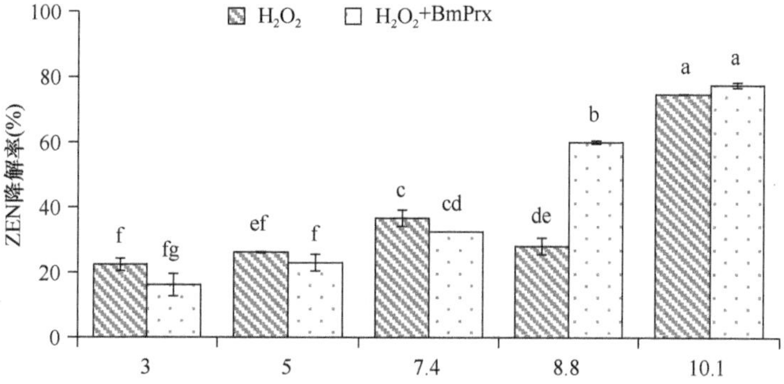

图 5-12　不同 pH，37℃ 添加 20mmol/L H_2O_2，孵育 1h，BmPrx 对 ZEN 的降解活性测定
不同小写字母分别表示不同 pH 间 BmPrx 对 ZEN 的降解率差异显著（$P<0.05$），以及同一 pH 条件下 BmPrx 对 ZEN 的降解率差异显著（$P<0.05$）

10. 不同金属离子条件下，表达蛋白（BmPrx）对 ZEN 降解活性变化

1）反应混合物包括 40μL 的酶液、20μL 500mmol/L 的 H_2O_2 水溶液及 10μL 5mg/kg 的 ZEN 标准品，以及 420μL 0.05mol/L 磷酸钠缓冲液（pH 8.8）。

2）分别添加 10μL 的 Zn^{2+}（$ZnSO_4$）、Mn^{2+}（$MnCl_2$）、Mg^{2+}（$MgCl_2$）、Cu^{2+}（$CuSO_4$）及 Li^{+}（LiCl）于第 1）步反应混合物中，至终浓度为 10mmol/L；37℃黑暗条件下孵育 72h。

3）以分别添加 10μL 不同金属离子，20μL 500mmol/L 的 H_2O_2 水溶液及 10μL 5mg/kg 的 ZEN 标准品，以及 460μL 0.05mol/L 磷酸钠缓冲液（pH 8.8）混合物为对照；同时以不加任何金属离子的 40μL 的酶液、20μL 500mmol/L 的 H_2O_2 水溶液及 10μL 5mg/kg 的 ZEN 标准品，以及 430μL 0.05mol/L 磷酸钠缓冲液（pH 8.8）作对照；37℃黑暗条件下孵育 72h。

4）参照本章第一节一（一）操作，计算不同处理和对照中 ZEN 的降解率。

BmPrx 对 ZEN 的降解活性受金属离子的影响（图 5-13）。37℃ pH 8.8 添加 20mmol/L H_2O_2，孵育 1h 反应体系中，仅 H_2O_2（–BmPrx）情况下，未加金

属离子以及添加 Zn^{2+}、Mn^{2+}、Mg^{2+}、Cu^{2+}、Li^{+}时，ZEN 均未降解；而与未加任何金属离子相比，加有 H_2O_2+ BmPrx（+BmPrx）情况下，添加至终浓度为 10mmol/L 的 Cu^{2+}、Li^{+}及 Mg^{2+}促进了 ZEN 的降解，其中 Cu^{2+}的促进效果最显著，而 Zn^{2+}抑制了 ZEN 的降解，Mn^{2+}则对 ZEN 的降解率没有影响。添加至终浓度为 10mmol/L 的 Cu^{2+}是 BmPrx 的最适酶活条件。

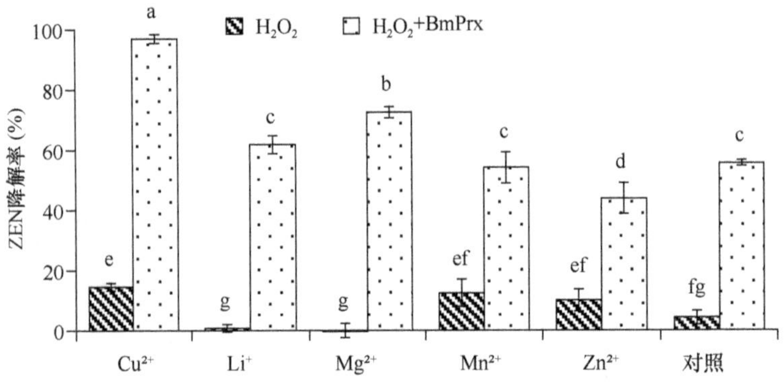

图 5-13 添加不同金属离子，37℃ pH8.8 添加 20mmol/L H_2O_2，孵育 1h，BmPrx 对 ZEN 的降解活性测定

不同小写字母分别表示添加不同金属离子间 BmPrx 对 ZEN 的降解率差异显著（$P<0.05$）；以及添加同一金属离子条件下 BmPrx 对 ZEN 的降解率差异显著（$P<0.05$）

11. 最适酶活条件下，表达蛋白（BmPrx）对 ZEN 的降解率

1）40μL 的酶液、10μL 5mg/kg 的 ZEN 标准品，以及 420μL 0.05mol/L 磷酸钠缓冲液（pH 8.8）混合。

2）添加 10μL 的 Cu^{2+}($CuSO_4$) 于第 1）步反应混合物中，至终浓度为 10mmol/L，添加 20μL 500mmol/L H_2O_2；37℃黑暗条件下孵育 1h。

3）以添加混合物包括 20μL 500mmol/L 的 H_2O_2 水溶液、10μL 5mg/kg 的 ZEN 标准品、460μL 0.05mol/L 磷酸钠缓冲液（pH 8.8）以及 10μL 的 Cu^{2+}($CuSO_4$) 至终浓度 10mmol/L 为对照；37℃黑暗条件下孵育 1h。

4）参照本章第一节一（一）操作，计算不同处理和对照中 ZEN 的降解率。

37℃ pH8.8 添加终浓度为 10mmol/L Cu^{2+}、20mmol/L H_2O_2，孵育 1h，BmPrx 对 ZEN 的降解率为 97%，降解效率为 11.84μg/（min·mg），即每毫克 BmPrx 每分钟可降解 1.47μg 的 ZEN（图 5-14）。

根据前期研究结果发现：菌株 SH1 处理后，ZEN 内酯键发生断裂，脱去—COOH（Folly，2015）；而钟凤（2015）研究发现：在过氧化物酶 A4-Prx 与 ZEN 反应过程中，发生了至少两步反应，第一步是 ZEN 酯键断裂，形成新的羧基—COOH；第二步是 ZEN 的酚基团—O—H 发生过氧化氢还原反应，这是典型的过氧化物酶以过氧化氢作为底物发生的还原反应，酚基团—O—H 被还原成—O—基团，暴露出活性位点，与体系中的其他游离离子发生结合反应。研究推测 SH1 中表达的过氧化物酶 BmPrx 作为主要蛋白参与了 ZEN 的代谢过程，发生了酯水解途径（图 5-15）。

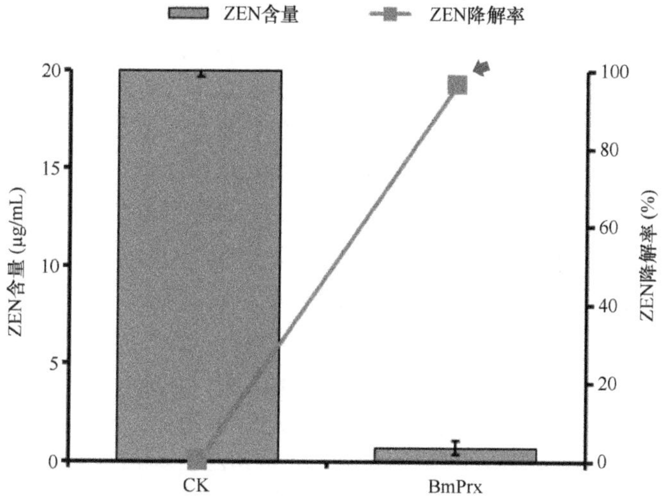

图 5-14 37℃ pH8.8 添加 20mmol/L H_2O_2、10mol/L Cu^{2+}，孵育 1h，BmPrx 对 ZEN 的降解活性测定

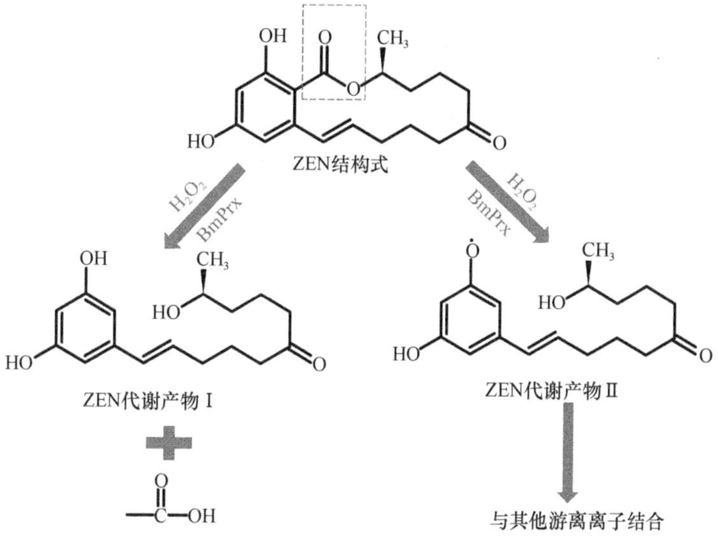

图 5-15 推测的 BmPrx 对 ZEN 的酶解机理

第二节　ZEN 降解酶基因毕赤酵母表达、应用及酶学特性

一、ZEN 降解酶基因多拷贝表达载体构建

外源基因在酵母中的表达受基因特性的影响，如密码子偏爱性、基因剂量都会影响外源蛋白的产量。通常在酵母中实现高效表达的往往是酵母偏爱密码子所编码的基因。通过对酵母基因使用密码子统计分析有 25 个密码子（共 61 个）是酵母偏爱的。张宇婷等（2013）通过密码子优化提高了 *N*-酰基高丝氨酸内酯酶在毕赤酵母中的表达活性，由 33.1U/L 提高到 36.2U/L。杨江科等（2011）将一个来自米根霉的脂肪酶基因（*m-ROL*）序列中的 8 个低频密码子改成高频密码子后进行表达，使 m-ROL 酶活和蛋白质的表达量由 28.7U/mL 和 14.4mg/L 分别提高至 132.7U/mL 和 50.4mg/L，研究证明提高基因剂量可以提高外源蛋白的表达量。梁伟峰等（2005）分别构建含有 1 个、2 个、3 个和 6 个拷贝人脑源性神经营养因子（human brain derived neurotrophic factor，hBDNF）表达盒的重组表达载体，6 拷贝表达盒转化子表达量比单拷贝提高了约 83%。何成等（2008）通过构建多拷贝表达质粒提高了乙型肝炎表面抗原（HBsAg）在毕赤酵母中的表达量。但也有实验表明，基因拷贝数到一定量后，即使再增加基因拷贝数也不会增加蛋白质的表达量（Hohenblum et al.，2004）。

在酵母系统中进行蛋白质表达常以 pAO815 作为表达载体。它能实现体外构建多拷贝，即在构建表达载体上，就含有多个拷贝的外源基因，提高整合时产生多拷贝的概率，从而提高目标蛋白的表达量。但是，该载体存在一个缺陷，它没有引导蛋白分泌的信号肽编码序列，其表达产物存在于细胞内不能分泌到胞外，不便于分离和纯化。为了提高 ZEN 降解酶基因在毕赤酵母中的表达量，得到一个表达量更高、产物更易于分离纯化的 ZEN 降解酶表达系统，以 ZEN 降解酶基因 *zlhy-6* 为目标基因，对 pAO815 和外源基因进行改造和构建（图 5-16）。

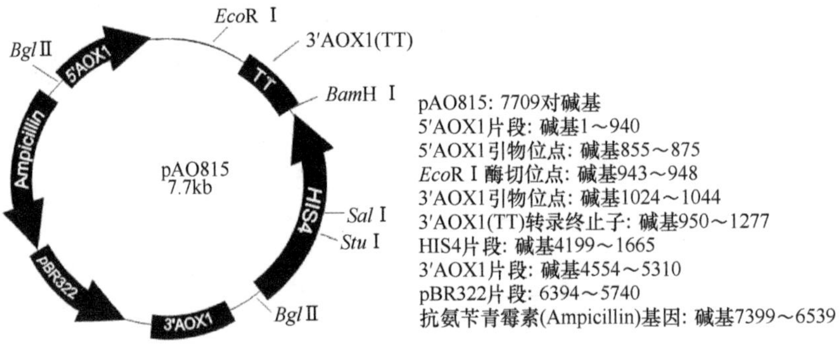

图 5-16　pAO815 质粒结构图

（一）构建表达载体

1. 构建单拷贝表达载体

利用化学方法合成α信号肽编码序列和 ZEN 降解酶基因 *zlhy-6*，即 *α-zlhy-6*，并在序列两端引入 *Eco*RⅠ（GAATTC）酶切位点。其中，ZEN 降解酶基因按照酵母密码子偏好性进行优化。用碱裂解法提取含合成基因片段的质粒和载体 pAO815（结构见图 5-16）用 *Eco*RⅠ酶切处理（酶切体系：15μL 基因片段或载体 pAO815，2μL10×*Eco*RⅠ buffer，1μL *Eco*RⅠ酶，加 ddH_2O 补至 20μL）。酶切体系混匀后，37℃水浴 4h，用 DNA 凝胶回收试剂盒进行纯化，回收备用。载体与基因片段酶连之前需要进行去磷酸化处理，处理方法参照磷酸酶的使用说明。基因片段和载体均处理好之后方可进行酶连接处理。

酶连体系：

载体 pAO815	4μL
基因片段	3μL
5×ligation buffer	2μL
T4 ligase 酶	1μL

反应体系混匀后，于 22℃连接 2h，连接产物用于转化。

2. 酶连产物的转化

酶连产物需要在大肠杆菌体内扩增，以得到大量基因满足后续操作。

1）将水浴锅温度设为 42℃，取 50μL *E.coli* TOP10 感受态细胞于 1.5mL 无菌离心管中，置于冰上，慢慢融化。

2）取上述连接反应产物 5μL 转移到含感受态细胞的无菌离心管中，轻轻混匀。

3）冰浴 30min，42℃热激 30s，再冰浴 2min（此过程动作要轻，勿晃动）。

4）加入 500μL 室温的 LB 液体培养基，37℃振荡培养（200r/min）1h。离心管与水平 45°放置培养，以保证足够的溶氧量。

5）取 30μL 上述转化产物均匀地涂布于 Amp-LB 平板（LB 液体培养基+1.5%琼脂，Amp 浓度 100μg/mL），正面放置培养待液体被吸收（约 1h）后 37℃倒置培养过夜。

3. 重组质粒筛选鉴定

随机挑取 LB 平板上的单菌落，用 LB 液体培养基培养过夜，提取质粒进行酶切鉴定重组子，然后测序，选择插入 pAO815 的 *α-zlhy-6* 为正向的克隆。

提出的质粒用 *Bam*HⅠ及 *Bgl*Ⅱ/*Bam*HⅠ单、双酶切后进行电泳检测，鉴定出连接上基因片段的载体再测序进行进一步鉴定，选择连接方向正确的重组质粒。

单酶切体系：

质粒	10μL
*Bam*HⅠ	1μL
10×K buffer	2μL
ddH_2O	补至 20μL

双酶切体系：

质粒	10μL
*Bgl*Ⅱ/*Bam*HⅠ	0.8/0.7μL
10×H /10×K buffer	1/1μL
ddH_2O	补至 20μL

酶切体系混匀后，37°C 水浴 4h，进行琼脂糖电泳检测，酶切结果正确则进行下一步操作。

原始质粒 pAO815 为 7.8kb，重组质粒的片段大小约 8.8kb，经 *Bam*HⅠ单酶切线性化后，电泳显示片段大小与理论相符（图 5-17）；用 *Bam*HⅠ与 *Bgl*Ⅱ双酶切进一步验证，pAO815 产生 3 个片段：4.0kb（含组氨酸编码序列）、2.4kb（含抗氨苄青霉素编码序列）及 1.4kb（含启动子及终止子序列），而表达框 5′AOX-*α*-*zlhy-6*-AOX-TT3′大小约 2.4kb，与抗氨苄青霉素编码序列大小相当，所以电泳结果只呈现两条带：其中一条是 4.0kb 的组氨酸编码序列，另一条则是表达框和抗氨苄青霉素序列重合在一起。电泳结果与理论基本一致。筛选到的重组质粒进一步测序，确定了连接方向正确的含 1 个拷贝表达框的重组质粒。

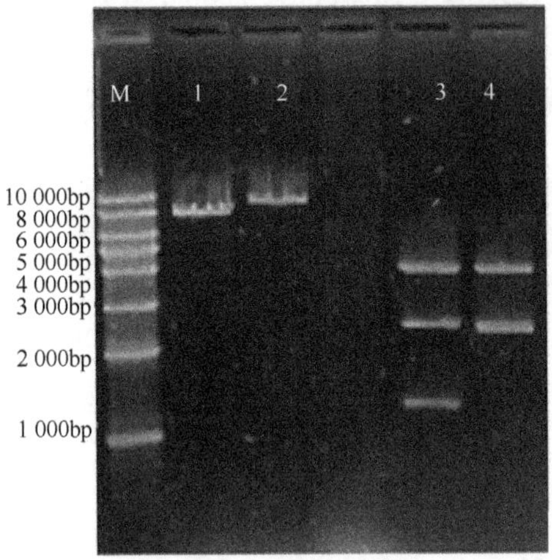

图 5-17　单拷贝重组质粒的酶切分析

M. DNA marker DM10000；1. pAO815 经 *Bam*HⅠ酶切；2. pAO815-*α-zlhy-6* 经 *Bam*HⅠ酶切
3. pAO815 经 *Bgl*Ⅱ/*Bam*HⅠ酶切；4. pAO815-*α-zlhy-6* 经 *Bgl*Ⅱ/*Bam*HⅠ酶切

4. 多拷贝表达质粒的构建

构建多拷贝重组质粒，需要 *Bam*HⅠ与 *Bgl*Ⅱ酶切回收表达框，得到的表达框再与重组质粒进行第二次连接重组，筛选 2 拷贝的重组表达载体。重组质粒 pAO815-*α-zlhy-6* 双酶切后产生的抗氨苄青霉素序列的片段大小与一个表达框的大小相当（图 5-17），电泳无法分离得到。因此，利用引物 P1/P2 扩增基因片段，将其连接到载体 pGM-T（一种克隆常用 T 载体）上，该载体约 3.0kb，不含 *Bam*HⅠ与 *Bgl*Ⅱ酶切位点，能达到分离回收表达框的目的。

（1）单拷贝表达框的扩增

上游引物 P1：5′-GGAAGATCTAACATCCAAAGACG-3′，引入 *Bgl*Ⅱ（AGATCT）酶切位点；下游 P2：5′-TAGGATCCGCACAAACGAAC-3′，引入 *Bam*HⅠ（GGATCC）酶切位点。以重组质粒 pAO815-*α-zlhy-6* 为模板，用引物 P1/P2 PCR 扩增完整表达框 5′AOX-*α-zlhy-6*-AOX-TT3′。PCR 反应程序：95℃预变性 5min，（95℃ 30s，56℃ 30s，72℃ 60s）共 35 个循环，72℃延伸 7min。

（2）单拷贝表达框的 TA 克隆

1）扩增产物连接到 pGM-T 载体上。

TA 连接反应体系：

pGM-T 载体	1μL
纯化后的 PCR 产物	5μL
10×ligation buffer	1μL
T4 DNA ligase	0.5μL
ddH_2O	补至 10μL

反应体系混匀后，22℃连接 1h，连接产物用于转化。

2）连接产物转化。

连接产物转化大肠杆菌，转化方法同“2. 酶连产物的转化”，且在步骤 5）所用的 LB 平板是预先用 20μL 100mmol/L IPTG 和 100μL 20mg/mL X-gal 涂布的氨苄青霉素平板。

3）转化子的鉴定。

选择在 IPTG/X-gal 平板上生长的白色菌落，用牙签或小枪头挑至含氨苄青霉素的液体培养基，37℃培养过夜，提取质粒 DNA 进行酶切鉴定。

PCR 扩增得到表达框 5′AOX-*α-zlhy-6*-AOX-TT3′，该片段理论碱基数为 2351bp，也就是电泳图 5-18A 中在 2000bp 与 3000bp 之间的 DNA 片段。含表达框的重组质粒进一步单酶切验证，由图 5-18B 可以看出扩增的表达框已成功连接到 pGM-T 上，pGM-T 载体大小约 3.0kb，而重组质粒约为 5.3kb。所以我们可以对含单拷贝表达框的重组质粒 pGM-5′AOX-*α-zlhy-6*-AOX-TT3′进行 *Bam*HⅠ与 *Bgl*Ⅱ双酶切后，再利用琼脂糖电泳回收单拷贝表达框。

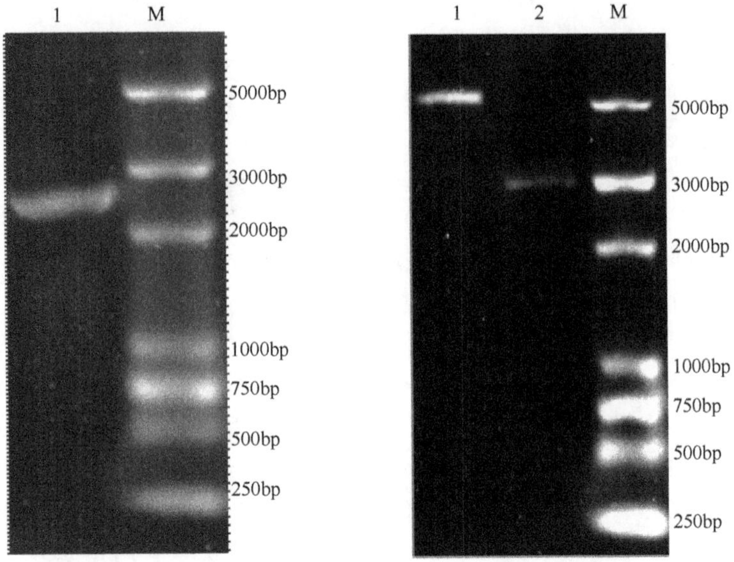

A. 表达框PCR扩增　　B. 表达框重组质粒酶切验证

图 5-18　表达框克隆

A：M. DNA marker DM 5000；1. 5′AOX-*α-zlhy-6*-AOX-TT3′片段；

B：M. DNA marker DM 5000；1. pGM-5′AOX-*α-zlhy-6*-AOX-TT3′；2. 质粒 pGM-T 经 *Bam*H Ⅰ 酶切

（3）多拷贝串联表达框表达载体构建

连接到 pGM-T 的表达框经 *Bgl* Ⅱ、*Bam*H Ⅰ 双酶切后，试剂盒回收。得到的表达框与经 *Bam*H Ⅰ 酶切处理并用 CIP 去磷酸化的重组质粒 pAO815-*α-zlhy-6* 连接，转化 TOP10，提取质粒进行酶切鉴定筛选 2 拷贝表达载体。得到的 2 拷贝表达载体再与表达框进行酶切、酶连、转化，如此反复筛选更高拷贝数的表达载体（载体构建流程可见图 5-19）。

经反复酶切酶连得到含 1、2、4、6 拷贝 *α-zlhy-6* 的系列重组质粒。质粒 pAO815，重组质粒 pAO815-*α-zlhy-6*、pAO815-$(\alpha\text{-}zlhy\text{-}6)_2$、pAO815-$(\alpha\text{-}zlhy\text{-}6)_4$ 和 pAO815-$(\alpha\text{-}zlhy\text{-}6)_6$ 的大小分别约为 7.8kb、8.8kb、11.1kb、15.8kb 和 20.5kb。对重组质粒进行酶切分析，图 5-20A 是不同重组质粒经 *Bam*H Ⅰ 单酶切后电泳结果，泳道 1、2、3、4、5 分别表示质粒 pAO815、pAO815-*α-zlhy-6*、pAO815-$(\alpha\text{-}zlhy\text{-}6)_2$、pAO815-$(\alpha\text{-}zlhy\text{-}6)_4$ 和 pAO815-$(\alpha\text{-}zlhy\text{-}6)_6$。拷贝数越多，重组质粒越大，线性化后电泳越靠近上样孔。进一步用 *Bgl* Ⅱ/*Bam*H Ⅰ 双酶对重组质粒进行鉴定（图 5-20B）。1 拷贝重组质粒 pAO815-*α-zlhy-6* 双酶切之后产生大小约 4.0kb（含组氨酸编码序列）、2.4kb（含抗氨苄青霉素编码序列）及 2.35kb（单拷贝表达框 5′AOX-*α-zlhy-6*-AOX-TT3′）3 个片段（单拷贝表达框与抗氨苄青霉素序列大小相当，电泳分不开，两片段重叠）；2 拷贝重组质粒 pAO815-$(\alpha\text{-}zlhy\text{-}6)_2$ 双酶切之后

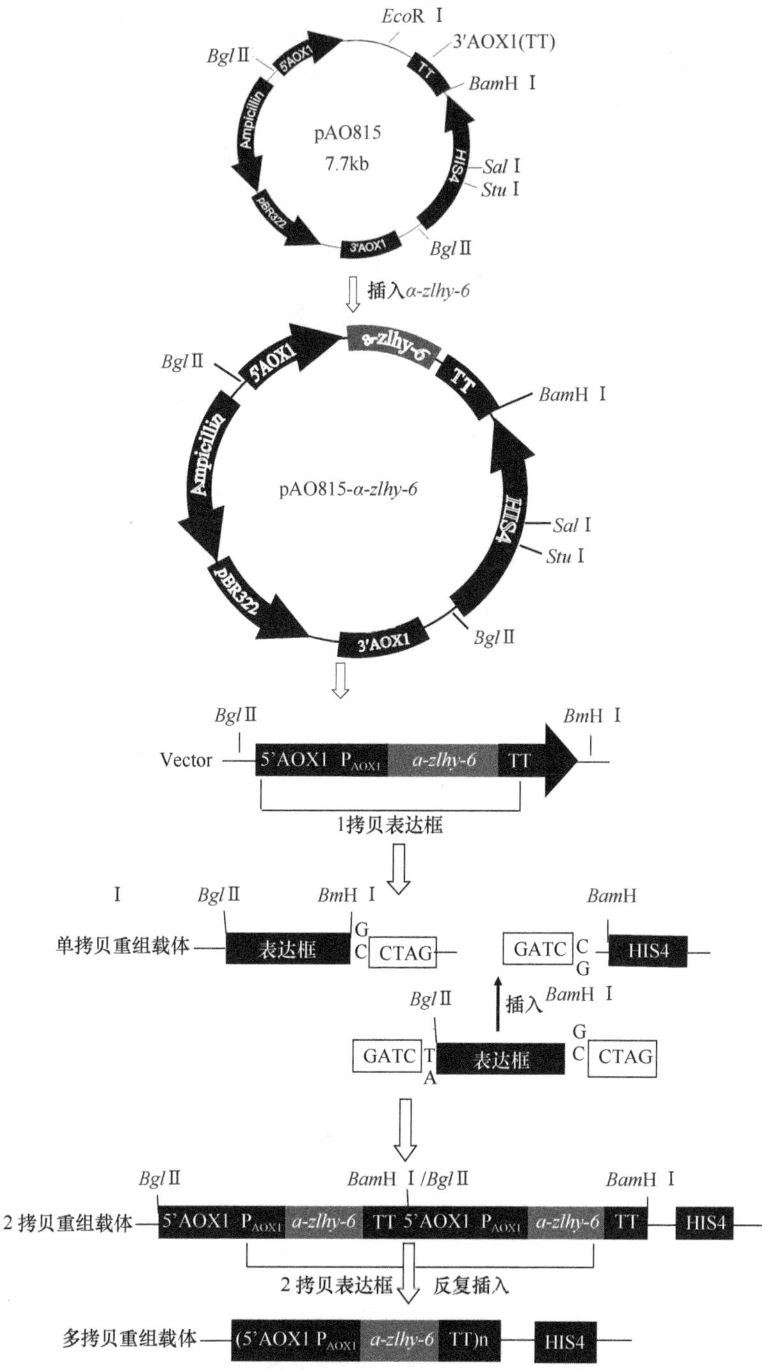

图 5-19　表达载体构建示意图

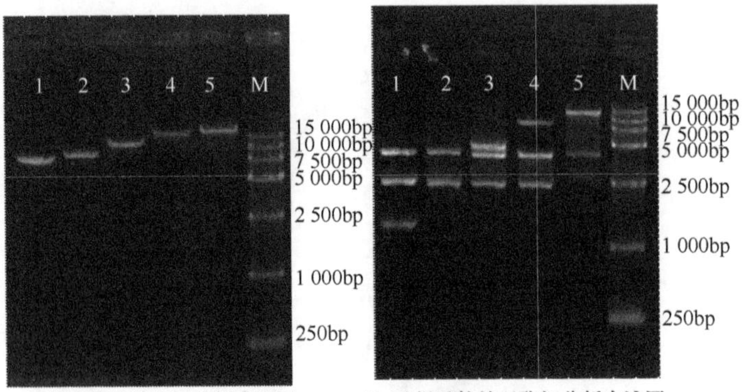

A. 重组质粒的单酶切分析电泳图　　B. 重组质粒的双酶切分析电泳图

图 5-20　重组质粒酶切分析

A：M. DNA marker DM15000；1. pAO815；2～5. pAO815-*α-zlhy-6*、pAO815-(*α-zlhy-6*)$_2$、pAO815-(*α-zlhy-6*)$_4$、pAO815-(*α-zlhy-6*)$_6$经 *Bam*H Ⅰ 酶切

B：M. DNA marker DM15000；1. pAO815；2～5：pAO815-*α-zlhy-6*、pAO815-(*α-zlhy-6*)$_2$、pAO815-(*α-zlhy-6*)$_4$、pAO815-(*α-zlhy-6*)$_6$经 *Bgl* Ⅱ/*Bam*H Ⅰ 酶切

产生 4.0kb（含组氨酸编码序列）、2.4kb（含抗氨苄青霉素编码序列）和 4.7kb（2 拷贝表达框序列）3 个片段；4 拷贝重组质粒 pAO815-(*α-zlhy-6*)$_4$ 用 *Bgl* Ⅱ/*Bam*H Ⅰ 消化之后产生 9.4kb 左右的片段（4 拷贝表达框序列）；pAO815-(*α-zlhy-6*)$_6$ 经双酶切得到 14kb 左右的 6 拷贝表达框序列片段。

外源基因在毕赤酵母系统的表达水平与宿主细胞对基因的密码子偏好性及基因含量密切相关。通过对 ZEN 降解酶基因 *zlhy-6* 按照毕赤酵母的密码子偏好性进行优化，并提高该基因在酵母细胞染色体上整合的剂量来提高该基因的表达量。不同的信号肽对毕赤酵母表达分泌外源蛋白影响不同。目前，用于毕赤酵母的信号肽主要有 4 种类型：①蛋白自身信号肽；②毕赤酵母酸性磷酸酶信号肽（PHO1）；③酿酒酵母转化酶信号肽（SUC2）；④酿酒酵母 α 交配因子前导肽（α-MF）。其中，α-MF 应用最为广泛，也最成功。Tanaka 等（2004）比较了自身信号肽、α 信号肽、酸性磷酸酶（PHO1）信号肽对木聚糖酶在毕赤酵母中表达的影响，结果显示，α 信号肽引导的目的蛋白分泌表达量最高。Gurramkonda 等（2010）利用 α 信号肽实现了 Insulin 在毕赤酵母中的分泌表达，产量高达 3.84g/L。Zhang 等（2011）通过提高拷贝数得到了能高效表达抗菌肽的菌株。pAO815 是用于酵母表达的一个胞内表达载体，要利用这个载体实现分泌表达，须在引入外源基因的同时，在基因前端引入信号肽编码序列以指导蛋白分泌到细胞外。本节中目的基因 *zlhy-6* 根据毕赤酵母的密码子偏好性优化后与 α 信号肽一起合成。许多研究表明，基因拷贝数对异源蛋白的表达有重要影响。提高基因拷贝数或能提高外源基因在宿主细胞的表达量，或没有影响，或是到达一定拷贝数之后再提高拷贝数，蛋白质表达量反而降低。为了获得能高效分泌 ZEN 降解酶的工程菌，通过反复酶切和酶连，分别构建了 1、2、4 和 6 拷贝的表达载体。为后续转化毕赤酵母，比较不同拷贝数表达载体所得转化子的蛋白质表达量，筛选高蛋白质表达量菌株奠定基础。

（二）ZEN 降解酶毕赤酵母表达

毕赤酵母在表达产物的加工、外分泌、翻译后修饰及糖基化修饰等方面有明显的优势，被广泛用于外源蛋白的表达。主要体现在以下几个方面：①其表达载体含有的乙醇氧化酶 AOX1 基因启动子，以甲醇为诱导剂，可有效调控外源基因的表达，并且 AOX1 为强启动子容易实现高产量表达；②外源基因能够整合到酵母染色体上，可避免外源基因的丢失，实现稳定遗传；③许多蛋白质的正确折叠、药物动力学的稳定性和功效需要一定程度的 *N*—、*O*—糖基化修饰及转录后修饰，而毕赤酵母具有这样的特点；④毕赤酵母对营养需求低，易培养，容易实现高密度发酵及工业化生产。

不同毕赤酵母菌株对甲醇利用能力不同，根据这一特点将毕赤酵母的表型分为三种：一是含有 AOX1 基因的菌株（如 SMD1168 和 GS115），能快速利用甲醇的 Mut 型；二是含有 AOX2 基因，能缓慢利用甲醇的 Mut^s 型；三是 AOX1 和 AOX2 均缺失，不能利用甲醇的 Mut^-型。表型为外源基因转到毕赤酵母的 AOX 和 HIS4 上有插入和替换两种整合方式。质粒线性化后通过单一的交换或插入整合在染色体上，AOX1 基因保留，则得到表型为 Mut^+的转化子；若是通过替换整合到染色体上，AOX1 基因丢失则得到 Mut^s 的转化子。

目前，毕赤酵母的转化方法主要有 4 种：制备原生质体转化法、电激转化法、聚乙二醇（PEG）介导转化法及氯化锂（LiCl）转化法。其中，PEG 法和 LiCl 法操作简单，但是转化效率较低；原生质体转化法有较高的转化率，但是制备原生质体较为麻烦，操作过程中也容易被污染；电激转化操作相对简单，转化效率高，被广泛用于外源基因毕赤酵母的转化。本试验通过电转化的方法将构建的含不同拷贝 ZEN 降解酶基因的表达载体及不含该基因的载体转入毕赤酵母 GS115。通过 SDS-PACE 筛选阳性菌株，并结合酶活性检测比较不同拷贝数转化子的蛋白质表达量和酶活力以获得高表达量菌株。

1. 重组质粒线性化

将不同质粒的大肠杆菌接种于 LB（0.5%酵母提取物，1%蛋白胨，1%NaCl，pH 7.0）液体培养基，37℃振荡培养过夜（12～16h），提取不同的重组质粒。得到的质粒用 *Sal* I 酶切线性化处理。将 1～5μg 线性化的 DNA 溶解在 5～10μL TE 溶液中。

2. 毕赤酵母 GS115 感受态的制备

接种酵母 GS115 单菌落到 5mL YPD（1%酵母提取物，2%蛋白胨，2%葡萄糖）液体培养基中，30℃、250r/min 培养过夜。取 100μL 过夜培养液于 50mL 新鲜的 YPD 培养基中，30℃、250r/min 振荡培养至 OD_{600}=1.3～1.5（12～16h）。4℃、5000r/min 离心 5min 收集菌体；50mL 预冷蒸馏水洗涤一遍，5000r/min 离心 5min 收集菌体；加入 50mL LiAc-DTT 溶液（100mmol/L LiAc，10mmol/L DTT，0.6mol/L 山梨醇，10mmol/L Tris-HCl，pH 7.5）混匀，室温下放置 30min，5000r/min 离心 5min，菌体用 5mL 冰浴的 1mol/L 山梨醇洗涤两次，1.0mL 1mol/L 山梨醇重悬，按每管 100μL 分装。

3. 线性化重组质粒的电激转化

取 1～5μg 准备好的线性化质粒与 100μL 感受态细胞转入 0.2cm 电激杯中混匀，冰上放置 5min 进行转化，同时以空载体 pAO815 作阴性对照。电转化条件：电压 1.5kV，电阻 200Ω，电容 25μF。电激结束后立即加入 1mL 冰浴的 1mol/L 山梨醇，转入 1.5mL 离心管，30℃低转速孵育 1h。取菌悬液 20μL 涂布于 MD［1.34% YNB 无氨基酵母氮源（yeast nitrogen base without amino acid），2%葡萄糖（D-glucose），4×10^{-5}%生物素（biotin），2%琼脂（agar）］平板，将平板倒置于 30℃恒温培养箱培养 3 天，观察转化子。

4. 重组蛋白的诱导表达筛选

随机挑取 MD 平板上的单菌落分别接种于 5mL BMGY［1%甘油，1%酵母提取物（yeast extract），2%蛋白胨（peptone），1.34%YNB，4×10^{-5}%生物素，100mmol/L 磷酸钾 pH6.0］培养基中，30℃、250r/min 培养 36h，5000r/min 室温离心 5min 收集菌体。菌体用 2mL BMMY［0.5%甲醇，1%酵母提取物（yeast extract），2%蛋白胨（peptone），1.34%YNB，4×10^{-5}%生物素，100mmol/L 磷酸钾 pH 6.0］培养基重悬，30℃、250r/min 诱导培养 3 天，期间每隔 24h 补加甲醇至 0.5%，培养结束后，12 000r/min 离心 5min 收集上清液进行 SDS-PAGE 电泳筛选。为比较不同拷贝转化子的蛋白质表达量，用相同菌密度的转化子在同体积的 BMMY 培养基中诱导培养。再利用凝胶图像分析软件 BandScan 5.0 对蛋白质的总灰度进行分析，比较 pAO815-*α-zlhy-6*、pAO815-$(\alpha\text{-}zlhy\text{-}6)_2$、pAO815-$(\alpha\text{-}zlhy\text{-}6)_4$、pAO815-$(\alpha\text{-}zlhy\text{-}6)_6$ 转化子上清液的蛋白质量，设 3 次重复。将 1 拷贝转化子的诱导上清液蛋白质灰度值设为 100，计算其他转化子蛋白质灰度相对值。重组蛋白由北京蛋白质组研究中心采用串联质谱（MS-MS）进行鉴定。

5. SDS 聚丙烯酰胺凝胶电泳（SDS-PAGE）

配制电泳所需试剂：

1）A 液（丙烯酰胺储存液）100mL：30%（*m*/*V*）丙烯酰胺，0.8%（*m*/*V*）双丙烯酰胺，即 30g 丙烯酰胺、0.8g 双丙烯酰胺。

2）B 液（4×分离胶缓冲液）100mL：2mol/L Tris-HCl（pH 8.8）75mL，10% SDS 4mL，蒸馏水 21mL。

3）C 液（4×堆积胶缓冲液）100mL：1mol/L Tris-HCl（pH6.8）50mL，10% SDS 4mL，蒸馏水 46mL。

4）10%过硫酸铵（Aps）。

5）5×样品缓冲液 10mL：1mol/L Tris-HCl（pH 6.8）0.6mL，50%的甘油 5mL，10%的 SDS 2mL，2-巯基乙醇 0.5mL，1%溴酚蓝 1mL，蒸馏水 0.9mL。

6）5×电泳缓冲液 1L：Tris-base 15.1g，glycine（甘氨酸）94g，SDS 5g，ddH_2O 到 1L。

制胶及电泳如下所述。

12%的分离胶 10mL：

A 液	4mL
B 液	2.5mL
ddH_2O	3.5mL
10%Aps	50μL
四甲基乙二胺（TEMED）	5μL

5%的堆积胶 4mL：

A 液	0.67mL
C 液	1.0mL
ddH_2O	2.3mL
10%Aps	30μL
四甲基乙二胺（TEMED）	5μL

上样后起始电压设为 80V，待溴酚蓝进入分离胶后调节电压至 120V，直至溴酚蓝电泳至底部。电泳完成后，电泳胶用考马斯亮蓝 R-250 染色液染色 30min 后，用脱色液脱色。

用分别含 1、2、4、6 拷贝 *α-zlhy-6* 表达框的载体及空载体 pAO815 转化酵母 GS115，转化子用 0.5%甲醇诱导 3 天，进行 SDS-PAGE 检测。电泳结果显示，降解酶基因 *α-zlhy-6* 在毕赤酵母中表达并能分泌到上清液中，在分子量 30kDa 附近出现目标蛋白条带，如图 5-21 所示。而空载体 pAO815 所转化的酵母菌株的诱导上清液中，在分子量 30kDa 处没有目标蛋白产生。重组蛋白回收后经 MS-MS 鉴定分子量为 28.9kDa，与预期蛋白质分子量（29.4kDa）大小相当，表明 ZEN 降解酶基因 *zlhy-6* 在毕赤酵母

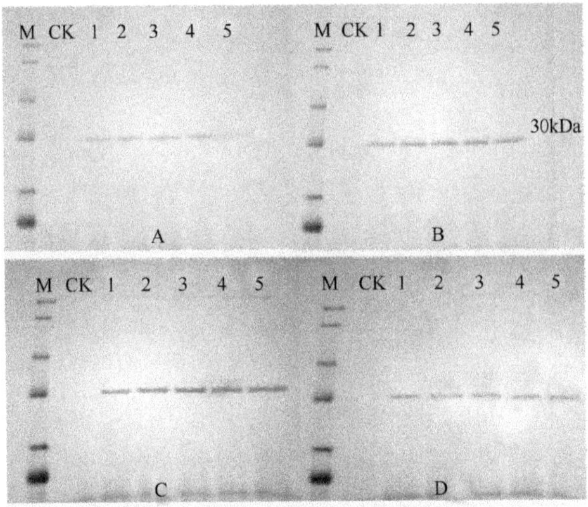

图 5-21 重组酵母的诱导表达筛选

M. 蛋白 marker；A、B、C 和 D 分别为 pAO815-*α-zlhy-6*、pAO815-(*α-zlhy-6*)$_2$、pAO815-(*α-zlhy-6*)$_4$ 和 pAO815-(*α-zlhy-6*)$_6$ 筛选的阳性转化子上清液；CK 为空白对照；1、2、3、4 和 5 分别为不同拷贝数随机挑选的阳性转化子

GS115 中实现分泌表达。用 BandScan 5.0 对不同拷贝转化子蛋白质量进行分析，如图 5-22 所示，pAO815-*α-zlhy-6* 转化子上清液的蛋白质灰度值最低，pAO815-(*α-zlhy-6*)$_4$ 转化子上清液的蛋白质相对灰度值最高（339.67%），约是 pAO815-*α-zlhy-6* 转化子的 3.4 倍；pAO815-(*α-zlhy-6*)$_2$、pAO815-(*α-zlhy-6*)$_6$ 次之，上清液中蛋白质相对灰度值分别为 206.06%、193.93%；通过蛋白质灰度值比较得出 4 拷贝表达载体所得的转化子的上清液蛋白质含量较高，有更好的产蛋白能力。

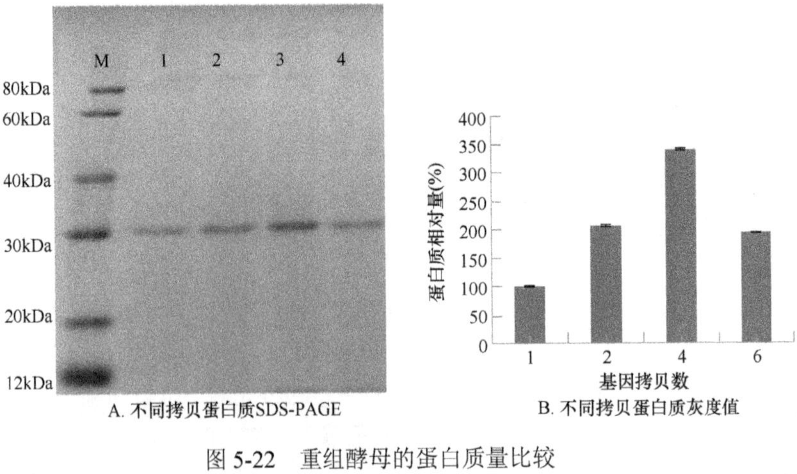

A. 不同拷贝蛋白质SDS-PAGE B. 不同拷贝蛋白质灰度值

图 5-22 重组酵母的蛋白质量比较

M. 蛋白质 marker；1～4：pAO815-*α-zlhy-6*、pAO815-(*α-zlhy-6*)$_2$、pAO815-(*α-zlhy-6*)$_4$、pAO815-(*α-zlhy-6*)$_6$ 转化子上清液

6. 重组蛋白诱导时间和表达量分析

对表达载体 pAO815-(α-*zlhy-6*)$_4$ 转化所得的阳性酵母转化子进行诱导表达量分析，将成功表达重组蛋白的酵母转化子接种于 50mL BMGY 培养基中，30℃、250r/min 培养 OD_{600} 至 2～6，8000r/min 离心 5min 收集菌体。用 BMMY 培养基悬浮菌体使 OD_{600} 为 1.0，30℃、250r/min 诱导培养 5 天，期间每隔 24h 取样，并补加甲醇至终浓度 0.5%。取 15μL 样品进行 SDS-PAGE 检测，比较不同诱导时间的蛋白质表达量情况，设 3 次重复。蛋白质浓度利用凝胶图像分析软件 BandScan 5.0 对重组蛋白的总灰度进行分析。诱导培养 1 天的蛋白质的灰度值设为 100，计算其余样品蛋白质灰度值的相对值，结果如图 5-23 所示。对照菌株用 0.5%甲醇诱导 5 天，无目的蛋白产生；阳性转化子诱导 24h 就表达出 ZEN 降解酶（图 5-23A），BandScan 5.0 分析表明（图 5-23B），随着时间延长，蛋白质灰度值逐渐升高，第 3 天蛋白质相对灰度值达到最大（142.43%），说明此时培养基中的蛋白质浓度最高；随后蛋白质含量趋于稳定水平略有降低，到第 4 天、第 5 天蛋白质相对灰度值分别为 139.42%和 122.49%。这可能是进入发酵后期，一定的产蛋白水平下，杂蛋白增加，ZEN 降解酶的含量相对降低。

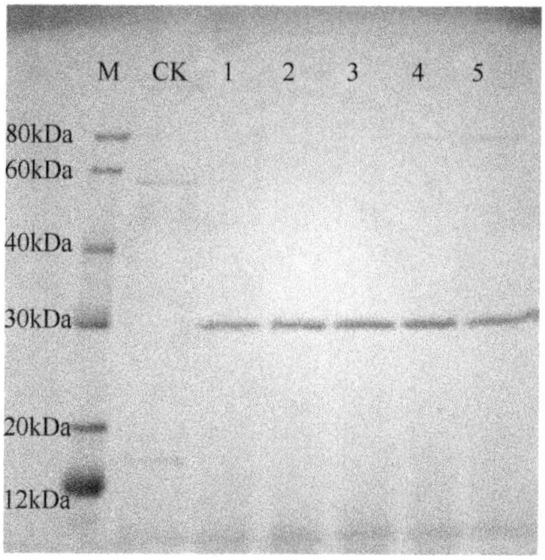

A. 不同诱导时间蛋白质SDS-PAGE

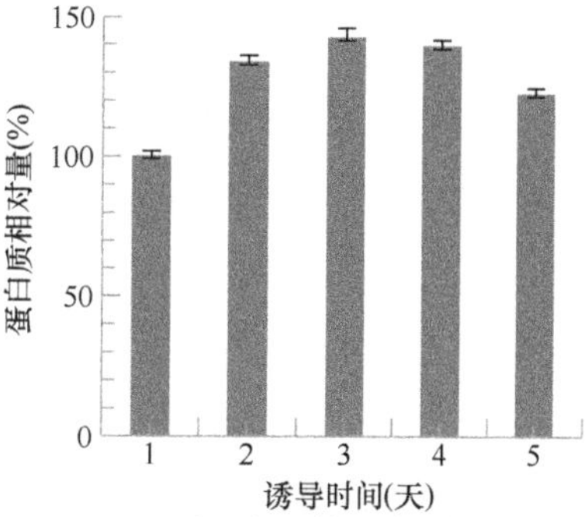

B. 不同诱导时间蛋白质灰度值

图 5-23　不同诱导时间重组蛋白的表达量

A：M. protein marker；CK. 阴性对照诱导 5 天；1～5. 阳性转化子诱导 1 天、2 天、3 天、4 天、5 天的上清液

7. 重组蛋白 ZEN 降解活性测定

取成功表达蛋白质的酵母和对照菌株的上清液对 ZEN 进行降解。反应体系 1000μL：上清液 40μL；0.5mg/mL ZEN 40μL；0.05mol/L Tris-HCl（pH 7.5）920μL。反应体系混匀后 37℃反应 30min 加入等体积甲醇终止反应，利用 HPLC 检测 ZEN 残留量。对重组蛋白酶活力进行定义：在上述条件下，每毫升发酵液每分钟降解

1μg ZEN 为 1 个活力单位（U）。用表达量较高的转化子上清液在相同反应体系下分别反应 0min、30min、60min 和 120min，检测 ZEN 的降解情况。

根据酶活力单位定义，pAO815-*α-zlhy-6* 转化子上清液降解了 3.60μg ZEN，降解酶活力为 3U/mL，pAO815-$(\alpha\text{-}zlhy\text{-}6)_2$ 及 pAO815-$(\alpha\text{-}zlhy\text{-}6)_6$ 转化子上清液中 ZEN 降解酶活力均在 6U/mL 左右；而 pAO815-$(\alpha\text{-}zlhy\text{-}6)_4$ 转化子上清液降解了 12μg ZEN，酶活力达 10U/mL。这说明，4 拷贝表达载体所得转化子具有更高的酶活力，这与不同转化子蛋白质表达量比较结果一致，发酵液中蛋白质含量高的，酶活力相应较高。从图 5-24 可以看出，反应 1h，体系中 ZEN 的降解率高达 99% 以上。而对照菌株空质粒的发酵液对 ZEN 无降解作用。谭强来等（2010）的 ZEN 降解试验中，上清液与 1μg/mL ZEN 孵育 3h，ZEN 被完全降解。刘海燕等（2011）在检测重组酶的活性时，1mL 反应体系：980μL 上清液，加入 1000mg/kg ZEN 20μL，使终浓度达到 20μg/mL。反应 2h ZEN 明显降解。本节中，对相同底物浓度作用，酶液添加量仅为总体积的 1/25，作用 1h ZEN 被有效降解，转化子表现出更高的酶活性。

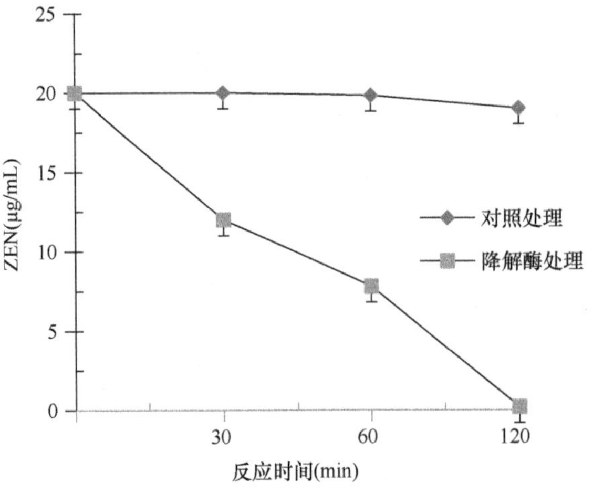

图 5-24　重组酶的降解活性测定

二、ZEN 降解酶的应用

（一）玉米渣中 ZEN 的降解

向玉米渣中添加 ZEN，使其含量为 2mg/kg。用缓冲液将酶液分别稀释 2 倍、5 倍和 10 倍。按照发酵液与玉米渣 1/1（*V*/*m*）的比例混合均匀（酶液添加量分别为 0.1mL/g、0.2mL/g 和 0.5mL/g），37℃反应 0h、3h、6h、12h 和 24h，不加酶液作为对照。按照 GB/T 23504—2009 提取玉米渣中的 ZEN，利用 HPLC 检测 ZEN

的残留量，计算玉米渣中 ZEN 的降解率。

如图 5-25 所示，随着时间延长，样品中 ZEN 含量逐渐降低，反应前 6h 降解速率较快，6h 以后降解速率趋于平缓。酶的添加量越高降解速率越快，降解率也越高。当酶的添加量为 0.1mL/g 时，反应 6h，ZEN 的降解率仅为 14.28%，反应 24h 后，ZEN 的降解率为 44.08%。当酶的添加量为 0.5mL/g 时，处理 6h，ZEN 的降解率即达到 64.29%，处理 24h，玉米渣中 ZEN 的降解率为 75.51%。数据表明，该酶对玉米渣中 ZEN 有较好的降解效果。

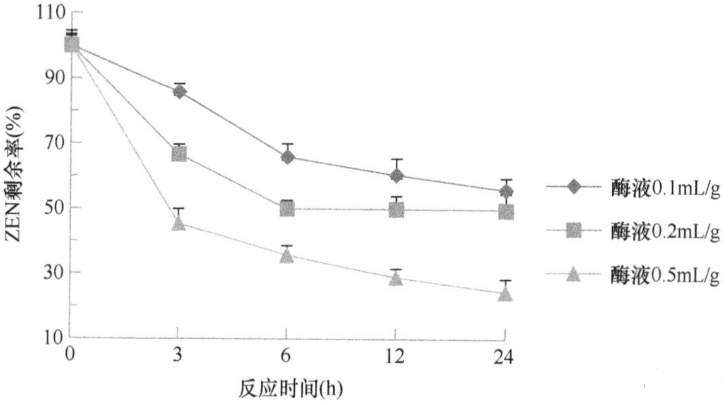

图 5-25　玉米渣中 ZEN 的降解

（二）玉米蛋白粉中 ZEN 的降解

根据玉米渣中 ZEN 的模拟降解结果用发酵酶液处理被 ZEN 污染的玉米蛋白粉。染毒原料用 10%Na_2CO_3 溶液将 pH 调至中性（每 10g 样品约需 1mL 10%Na_2CO_3 溶液），然后按照发酵液与经 Na_2CO_3 处理过的玉米蛋白粉 1/1（*V*/*m*）的比例混合均匀，37℃反应 0h、3h、6h、12h 和 24h，以不加酶液作为对照。按照 GB 5009.209—2016 提取玉米蛋白粉中的 ZEN，利用 HPLC 检测 ZEN 的残留量，计算玉米蛋白粉中 ZEN 的降解率。从图 5-26 可见，测得样品中 ZEN 的初始浓度约 4.1mg/kg，随着处理时间延长，样品中 ZEN 含量逐渐减少。样品经酶液处理 3h、6h、12h 和 24h 后，ZEN 的降解率分别为 13.59%、35.10%、68.58% 和 92.40%。即被 ZEN 污染的玉米蛋白粉样品经过该酶液的处理，毒素含量下降到 311.6μg/kg，使样品中的 ZEN 达到了我国饲料中的限量标准（＜500μg/kg），样品可继续用作饲料。

ZEN 的高效液相色谱条件为 C18 色谱柱（4.6mm×150mm，5 μm）；荧光检测器 2475 型：激发波长 274nm，发射波长 440nm；柱温：30℃；流动相：乙腈/水（60/40，*V*/*V*）；流速：1.0mL/min，进样体积 20μL。

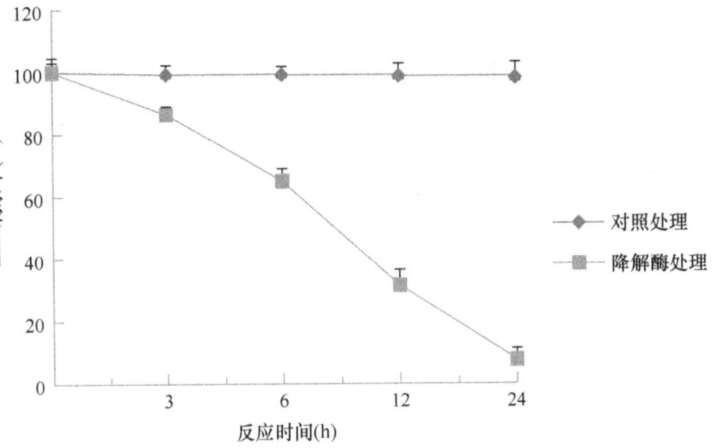

图 5-26 玉米蛋白粉中 ZEN 的降解

将构建的不同拷贝表达载体电激转化毕赤酵母 GS115，通过对不同载体转化子的蛋白质浓度进行分析，获得 ZEN 降解酶基因的高效分泌表达菌株。SDS-PAGE 显示重组蛋白约 30kDa 与理论值大小（29.4kDa）一致，经 MS-MS 鉴定分子量为 28.9kDa。蛋白质灰度分析显示 pAO815-(α-*zlhy-6*)$_4$ 转化子上清液蛋白质浓度最高，约是 pAO815-α-*zlhy-6* 转化子的 3.4 倍。进一步再增加串联基因的拷贝数，pAO815-(α-*zlhy-6*)$_6$ 转化子并没有提高蛋白质的产量。酶活性分析表明，重组蛋白有较高的降解 ZEN 的能力，pAO815-(α-*zlhy-6*)$_4$ 转化子上清液酶活力较其他转化子高，约为 10 U/mL，约是 pAO815-α-*zlhy-6* 转化子的 3 倍。比较结果说明一定程度增加拷贝数有效提高了 ZEN 降解酶在毕赤酵母中的分泌表达，从而提高了重组菌的发酵液酶活力；但是 pAO815-(α-*zlhy-6*)$_6$ 转化子上清液酶活力没有继续增加，这是因为 pAO815-(α-*zlhy-6*)$_6$ 转化子的蛋白质分泌量没有增加，相应的发酵液中的酶活力也就不会增加。通过对 pAO815-(α-*zlhy-6*)$_4$ 转化子不同时间的蛋白质表达量分析，蛋白质量随着时间延长而逐渐增加。在玉米渣模拟脱毒试验中，0.1mL/g 的酶添加量，反应 24h ZEN 降解率为 44.08%，当酶添加量为 0.5mL/g 时，降解率达到 75.51%。将酶液用于被 ZEN 污染的玉米蛋白粉脱毒时（酶的添加量为 2mL/g），处理 24h，样品中 ZEN 的降解率达到了 92.4%。在处理染毒原料时，由于初始染毒浓度较高，同时毒素存在的状态较复杂，可能以结合态较多，所以酶液的添加量较高得到了较好的降解效果。

Takahashi-Ando 等（2002）曾将 *zhd101* 转入裂殖酵母，得到的重组蛋白没有降解 ZEN 的能力。陈艺等（2014）通过对重组菌发酵条件进行优化，使蛋白质表达量提高了 1 倍。本节通过构建多拷贝表达载体使重组菌发酵液中酶活力较单拷贝提高 2.3 倍，为提高 ZEN 降解酶工业发酵水平及酶的应用奠定了一定的基础，也为该酶用于消除食品饲料中的 ZEN 提供一定的理论参考。

三、ZEN 降解酶酶学特性

利用传统物理化学方法降解 ZEN 有一定的局限性，如破坏营养物质、引入化学物质造成再次污染等。生物学方法具有反应条件温和、无化学试剂残留等优点，受到了人们的广泛关注。近年来，随着生物技术的发展，许多能降解 ZEN 的菌被分离找到，其中一些关键酶的基因已被克隆表达。来自粉红粘帚霉的 ZEN 降解酶基因 *zhd101*、*ZEN-JJM*、*zlhy-6* 被成功克隆表达，重组蛋白均表现出较强的水解 ZEN 的能力（Kakeya et al.，2002；Takahashi-Ando et al.，2004；程波财等，2010；谭强来等，2010；刘海燕等，2011），被转入 ZEN 降解酶基因 *zhd101* 的玉米也表现出降解 ZEN 的能力（Igawa et al.，2007）。Tang 等（2013）从一株不动杆菌成功克隆了一个过氧化酶基因，得到的重组酶具有良好的降解 ZEN 的能力。通过密码子优化和多拷贝的方法，我们筛选到有效表达 ZEN 降解酶的重组菌株。为了了解酶的性质、更好地发挥酶的作用，本节在前期基础上，探究了 ZEN 降解酶的酶学特性，并通过化学修饰的方法初步考察了该酶的功能基团。

1. 降解酶的诱导表达

挑取 pAO815-(*α-zlhy-6*)$_4$ 阳性转化子单菌落于 5mL YPD 液体培养基中进行活化（30℃、250r/min 培养过夜）。取 100μL 过夜培养液于 50mL BMGY 培养基中，30℃、250r/min 培养 OD_{600} 至 2～6，收集菌体。将菌体转移至 20mL BMMY 培养基中，30℃、250r/min 诱导培养 3 天，期间每隔 24h 补加甲醇至终浓度 0.5%。诱导结束后 8000r/min 离心 10min 收集上清液。

2. ZEN 的降解率的测定

ZEN 降解率的计算公式如下：

ZEN 降解率（%）=（对照组的含量–样品组的含量）/ 对照组的含量×100%

3. 温度对重组酶活性的影响

反应温度对酶促反应有双重影响，一方面，温度的升高可以增加分子运动速率，提高酶与底物的接触频率从而加快酶促反应速率；另一方面，温度的升高也容易使蛋白质不稳定，导致酶的空间结构破坏，因此温度的升高也会增加酶变性失活的概率。将温度设为 25℃、30℃、37℃、45℃、50℃和 55℃共 6 个水平，反应体系 1000μL：酶液 40μL+0.5mg/mL ZEN 40μL+0.05mol/L Tris-HCl（pH 7.5）920μL；空白对照为 40μL 沸水浴 5min 的酶上清液+0.5mg/mL ZEN 40μL+0.05mol/L

Tris-HCl（pH 7.5）920μL。反应体系混匀后 37℃反应 30min 再加入等体积甲醇（1000μL）以终止反应。样品处理后经 HPLC 检测 ZEN 的残留量，计算 ZEN 的降解率。

如图 5-27 所示，当反应温度逐渐升高时，酶的活力也在逐渐增强。当温度为 25℃时，ZEN 的降解率为 39.22%；当温度为 37℃时，ZEN 的降解率达到最大值（59.41%），即该酶活性达到最大；当温度达到 45℃时，酶的活性受到抑制，降解率下降到 25.57%；当温度继续升到 60℃，酶的活性受到强烈抑制，对 ZEN 几乎没有降解作用。由此可知该降解酶适宜反应温度为 37℃，而较高的反应温度容易导致该酶变性失活。

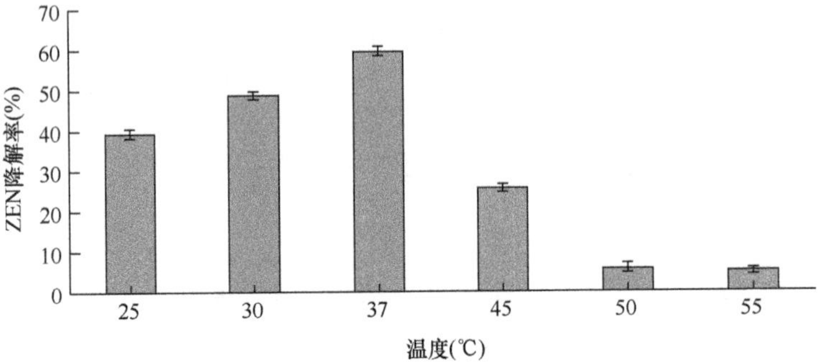

图 5-27　温度对降解活性的影响

4. pH 对重组酶活性的影响

反应 pH 是影响酶的活性和稳定性的另外一个重要因素。在不同的 pH 条件下酶分子活性中心的极性基团会有不同的解离状态，而它们只有在一定的解离状态下才能与底物结合，从而催化反应进行，所以 pH 变化会改变酶与底物的亲和力，即 Km 值。另外，pH 也能通过改变酶活性中心的构象来改变酶的活力。

配制 0.05mol/L 的 Tris-HCl 缓冲液，pH 分别设 3、4、5、6、7、8、9 和 10 共 8 个水平；反应体系 1000μL：40μL 酶液+40μL 0.5mg/mL ZEN+920μL 设定的 Tris-HCl 缓冲液；空白对照为 40μL 沸水浴 5min 的上清液+40μL 0.5mg/mL ZEN+920μL 0.05mol/L Tris-HCl 缓冲液。反应体系混匀后 37℃水浴 30min，再加入等体积（1000μL）甲醇终止反应。样品用 0.22μm 微孔滤膜过滤后用 HPLC 检测 ZEN 残留量，计算 ZEN 的降解率。

从图 5-28 可以看出，酸性条件下，该重组酶的 ZEN 降解活性受到强烈抑制。当 pH 值为 3、4 时，ZEN 的降解率分别为 2.3%、7%；随着 pH 升高，其 ZEN 降解活性增强，当 pH 为 8 时，反应 30min，ZEN 的降解率为 65.3%。当 pH 升高到 10 的时候 ZEN 仍能被降解，但是降解率降低，仅为 31.4%，相对酶活力为最高降解率的 48.1%。在较高的 pH 条件下降解酶的结构可能遭到破坏，影响了酶的活力导致降解效率下降。所以根据实验结果认为该降解酶最适反应 pH 为 8。

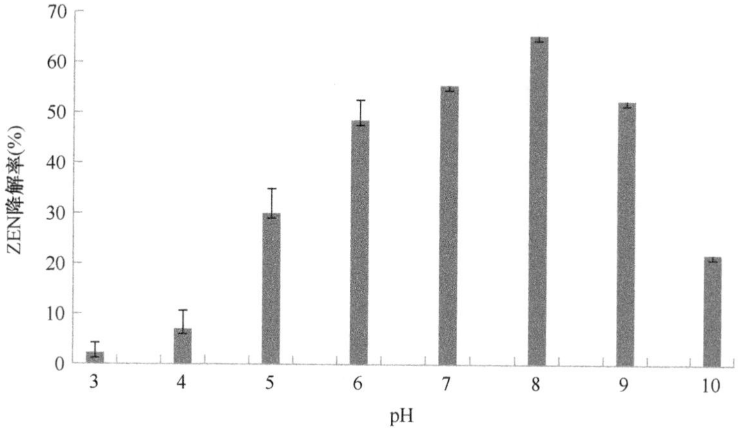

图 5-28　pH 对降解活性的影响

5. 金属离子对重组酶活性的影响

金属离子可以从多个方面影响酶的活性，如参与酶的组成、作为酶的辅基或激活剂等，金属离子对酶活性的影响可以表现为激活或提高酶的活力，也可能抑制酶的活力。考察金属离子 Li^{+}、Mn^{2+}、Mg^{2+}、Cu^{2+}、Ca^{2+}、Zn^{2+}、Ba^{2+}、Co^{2+}、Ni^{2+}、Fe^{3+}对 ZEN 降解活性的影响。在各反应体系中加入不同金属离子，使阳离子终浓度达到 5mmol/L。样品反应体系如下：酶液 40μL+0.5mg/mL ZEN 40μL+100μL 金属离子+820μL 去离子水；空白对照为 40μL 沸水浴 5min 的上清液+0.5mg/mL ZEN 40μL+100μL 金属离子＋820μL 去离子水。反应体系混匀后于 37℃反应 30min，加入等体积甲醇以终止反应。样品用 0.22μm 微孔滤膜过滤，经 HPLC 检测 ZEN 残留量，计算 ZEN 的降解率。

如图 5-29 所示，当体系中不加金属离子时 ZEN 的降解率为 58.8%，加入 Li^{+} 和 Mg^{2+}的实验组 ZEN 的降解率分别为 67.02%和 68.9%，ZEN 降解率较对照组分别提高了 8.22%和 10.10%，相对酶活力分别提高了 13.98%和 17.17%，说明 Li^{+} 和 Mg^{2+}对该酶活性有激活作用；加入 Ba^{2+}的实验组的 ZEN 降解率为 57.11%，与对照组相当，该离子对 ZEN 降解酶的活性几乎无影响；其他金属离子对该酶均有一定的抑制作用，其中 Mn^{2+}、Zn^{2+}、Co^{2+}和 Fe^{3+}的抑制率分别为 29.51%、13.54%、37.65%和 18.60%，Cu^{2+}、Ca^{2+}和 Ni^{2+}抑制效果最为明显，抑制率依次为 53.25%、49.15%和 51.05%，抑制率均在 50%左右。

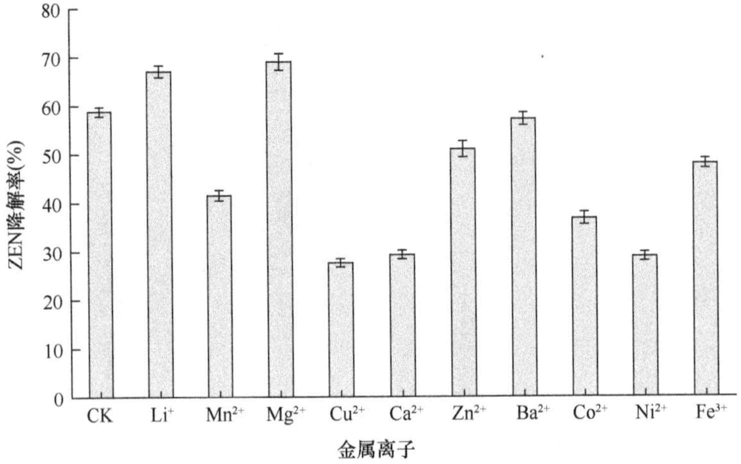

图 5-29 金属离子对酶活性的影响

6. EDTA 对降解活性的影响

一些酶发挥作用需要金属离子的参与，EDTA 作为一种金属螯合剂，可以通过螯合作用对许多酶产生抑制作用。考察不同浓度 EDTA 对酶活性的影响，EDTA 浓度分别为 10mmol/L、20mmol/L、30mmol/L 和 40mmol/L，反应体系 1000μL：40μL 酶液，40μL 0.5mg/mL ZEN，一定体积 EDTA 溶液，再用 0.05mol/L pH7.5 Tris-HCl 缓冲液补充至 1000μL；反应体系混匀，37℃水浴 30min 后加入等体积甲醇终止反应。样品用 0.22μm 微孔滤膜过滤，利用 HPLC 检测 ZEN 的残留量，计算 ZEN 的降解率。

由图 5-30 可知，EDTA 对 ZEN 降解酶有明显的抑制作用。当反应体系中不含 EDTA 时，处理 30min ZEN 的降解率为 61.54%，当加入使终浓度为 10mmol /L 的 EDTA 时，ZEN 降解率下降到 41.76%，随着 EDTA 浓度的增加，ZEN 的降解率明显降低，抑制作用逐渐增强。当体系中 EDTA 浓度增加到 40mmol /L 时，ZEN 的降解率仅为 5.07%。这说明该酶在发挥作用时需要某些金属离子的参与，这一结论正好与 Li^{+}、Mg^{2+}对该酶有激活作用相符合。

7. 降解酶功能基团探究

蛋白质的功能与结构密切相关，对于一种蛋白质想要正常发挥其功能就需要维持正常的三维结构。酶作为一种具有生物催化能力的活性蛋白，要发挥催化功能也需要维持一个稳定的空间结构，若结构遭到破坏，其催化能力就会受到严重影响。特定化学试剂与酶分子相互作用，会对其特定的氨基酸侧链进行修饰，从而改变酶分子的结构，影响酶的催化活力。如果某氨基酸修饰剂对酶分子进行处理后，其活力明显改变，则可以推测被修饰的那个基团可能位于酶活性中心。利用这一原理来探究酶的功能基团是目前研究酶学活性部位功能基团的常用手段之一。

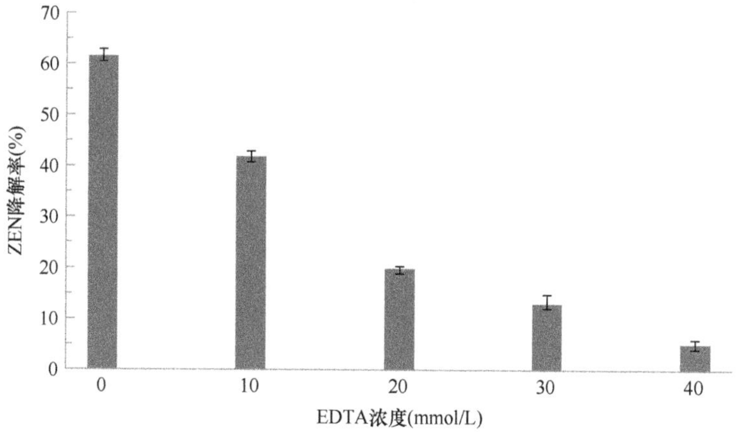

图 5-30　EDTA 对酶活性的影响

用二巯基苏糖醇（dithiothreitol，DTT）、溴乙酸（bromoacetic acid，BrAc）、乙酰丙酮（acetylacetone，BD）、*N*-溴代琥珀酰亚胺（*N*-Bromosuccinimide，NBS）、苯甲基磺酰氟（phenylmethylsulfonyl fluoride，PMSF）、琥珀酸酐（succinic anhydride，SUAN）选择性修饰 ZEN 降解酶的氨基酸侧链，初步探究其活性中心的功能基团。将这些修饰剂配成不同浓度（0.5mmol/L、1mmol/L、2mmol/L、3mmol/L 和 4mmol/L），在 4℃条件下与 ZEN 降解酶孵育 30min，在 37℃条件下测定其 ZEN 降解效率，对照组用相同体积的缓冲液代替修饰剂。以对照组测得的 ZEN 降解活力为 100%，计算相对酶活力，分析修饰剂对 ZEN 降解酶活性的影响，判断它的功能基团的性质。

从图 5-31 可以看出，SUAN 和 PMSF 明显地抑制了重组 ZEN 降解酶的活性，而且修饰剂浓度越高抑制作用表现得越明显。当 SUAN 浓度达到 4mmol/L 时，ZEN 降解率仅为 1.64%，酶活力基本丧失（对照组降解率为 50%）；当 PMSF 浓度为 4mmol/L 时，ZEN 降解率为 16.33%，较对照下降了 33.67%，相对酶活力下降近 70%。这说明丝氨酸和赖氨酸的化学修饰剂对酶活性的影响很大，丝氨酸和赖氨酸是 ZEN 降解酶活性中心的必需基团。NBS、DTT、BrAc、BD 是分别作用于色氨酸、二硫键、组氨酸和精氨酸残基的化学修饰剂。从实验结果来看，当 ZEN 降解酶与不同浓度的 NBS 作用，增加 NBS 的浓度，ZEN 降解酶活力没有明显下降，当 NBS 浓度达到 4mmol/L 时，ZEN 降解率为 39.44%，酶活力保留 80%左右，说明 NBS 对该酶活性影响不大，赖氨酸不是该酶的活性基团；二硫键对维持蛋白质构象有很重要的作用，还原剂 DTT 能将二硫键打开，改变蛋白质的结构，实验发现随着 DTT 浓度增加 ZEN 降解酶活性变化不大，剩余酶活力为 83.82%，这说明二硫键与 ZEN 降解酶活性不直接相关；BD 通过与精氨酸作用改变蛋白质侧链基团的结构从而影响蛋白质功能。当 ZEN 降解酶与不同浓度 BD 作用，酶活力变化较平缓，最终酶活力保留了 80%左右，说明精氨酸不参与该酶活性基团的构成；BrAc 可以修饰蛋白质组氨酸残基的咪唑基，生成羧甲基衍生物从而改变蛋白质的结构。当 ZEN 降解酶与 BrAc 作用后，酶活力也没有发生明显改变，所以组氨酸也可能不是该酶的功能基团。

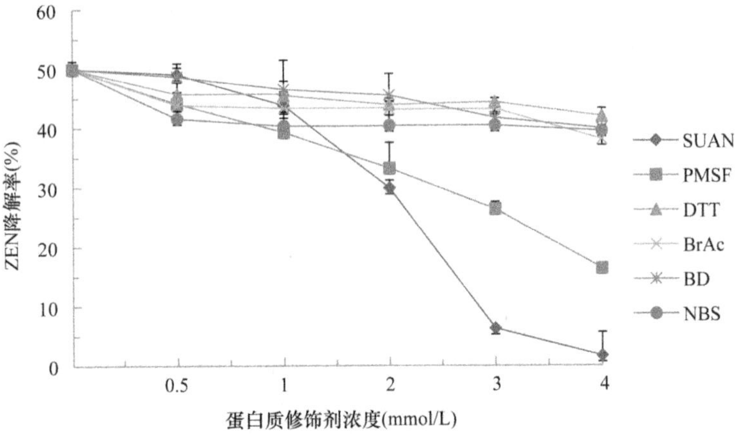

图 5-31　化学试剂对酶活性的影响

在本节一的基础上，对此重组酶的性质进行了研究，并通过化学修饰的方法对该酶的活性基团进行初步探索。实验结果表明，该 ZEN 降解酶的酶活性受温度、pH 的影响，且最适反应温度为 37℃，与 Takahashi-Ando 等（2004）所报道的 ZEN 降解酶——ZHD101 的最适反应温度一致，较重组过氧化物酶（A4-Peroxidase，A4-Prx）的最适反应温度低（A4-Prx 的最适反应温度为 75℃），重组 ZEN 降解酶 ZLHY-6 对反应温度的要求更低；该酶的最适反应 pH 为 8，与 A4-Prx 的最适反应 pH 相当（A4-Prx 的最适反应 pH 为 8.5），较 ZHD101 的最适反应 pH 低（ZHD101 的最适反应 pH 为 10.5），ZLHY-6 对反应 pH 要求相对较低。结合重组 ZEN 降解酶的反应温度和 pH，该酶发挥作用的条件更加温和，对粮食或饲料的营养成分破坏少，较适合用于实际生活中被 ZEN 污染的原料的脱毒。但是，食品、饲料的 pH 一般为中性偏酸性，消化道中的 pH 更低；此外，在生产酶制剂过程中暴露在高温条件下等因素均会导致酶活性降低而限制酶的应用。所以，仍有必要通过一定手段，如定点突变、定向进化、结构延伸突变、糖基化修饰及杂合酶等方法降低酶的最适 pH、提高酶的热稳定性，从而改善酶的性质，促进 ZEN 降解酶在食品、饲料中的应用。实验还发现 ZLHY-6 酶活力与金属离子有着密切的关系。一方面，当用金属螯合剂EDTA处理该酶时，酶活力明显下降，说明该酶在发挥作用时需要金属离子的参与；另一方面，当反应体系中加入一定浓度的 Li^+和 Mg^{2+}时，酶活力有明显提高（相对酶活力分别提高13.98%和17.17%）。

利用化学修饰的方法探究 ZLHY-6 的功能基团，结果表明，当用 PMSF 和 SUAN 处理该 ZEN 降解酶时，ZEN 的降解率明显降低，ZLHY-6 的酶活力受到明显抑制，据此推测 ZLHY-6 的活性中心的功能基团可能有丝氨酸和赖氨酸的参与。当用 NBS、DTT、BrAc 和 BD 处理该酶时，酶活力有一定程度降低，但是变化趋势并不明显，这说明色氨酸残基、二硫键、组氨酸咪唑基、精氨酸胍基等上述几种功能基团可能不与该 ZEN 降解酶的酶活性直接相关。这一结论与 Takahashi-Ando 用软件推测的 ZHD101 的催化中心基团（Ser-His-Asp）存在出入，这可能是 ZHD101 与 ZLHY-6 存在几个氨基酸的差异，也可能是不同的分析方法所导致。化学修饰法是一种简单的推测酶活性基团的手段，想要明确酶的活性中心组成及结构还应该结合酶蛋白的三维结构进行分析。

参 考 文 献

陈艺, 朱珍, 吴晖, 等. 2014. 过氧化物酶 A4-Prx 在毕赤酵母中的优化表达. 现代食品科技, 5: 209-217.

程波财, 史文婷, 罗洁, 等. 2010. 玉米赤霉烯酮降解酶基因(ZEN-jjm)的克隆、表达及活性分析. 农业生物技术学报, 18(2): 225-230.

何成, 蔡蓓蓓, 楼觉人. 2008. 多拷贝重组 HBsAg 质粒的构建及在毕赤酵母中的高效表达. 中国生物制品学杂志, 21(3): 207-211.

梁伟锋, 张朝春, 杨希才. 2005. 一种多拷贝毕赤酵母表达载体的构建及人脑源性神经营养因子的表达. 微生物学报, 45(1): 34-38

刘海燕, 孙长坡, 伍松陵, 等. 2011. 玉米赤霉烯酮毒素降解酶基因的克隆及在毕赤酵母中的高效表达. 中国粮油学报, 26(5): 12-17.

谭强来, 徐峰, 黎鹏, 等. 2010. 玉米赤霉烯酮降解酶毕赤酵母表达载体的构建及其表达. 中国微生态学杂志, (12): 1061-1064.

魏丹丹. 2014. 不产毒黄曲霉菌不产毒的分子机制及其抑制产毒菌产毒的研究. 中国农业科学院硕士学位论文.

杨江科, 严翔翔, 黄日波, 等. 2011. 米根霉脂肪酶基因 pro-ROL 和 m-ROL 在毕赤酵母中的密码子优化、表达和酶学性质的比较分析. 生物工程学报, 27(12): 1780-1788.

张宇婷, 曹雅男, 解绥启, 等. 2013. 密码子优化提高 aiiaB546 毕赤酵母表达活性. 水生生物学报, 37(1): 164-167.

钟凤. 2015. 重组 ZEN 降解酶 A4-Prx 的纯化、酶学特征和降解产物初步研究. 华南理工大学硕士学位论文.

Bradford M M. 1976. A rapid and sensitive method for the quantitation of microgram quantities of protein utilizing the principle of protein-dye binding. Analytical Biochemistry, 72(1): 248-254.

Cho K J, Kang J S, Cho W T, et al. 2010. *In vitro* degradation of zearalenone by *Bacillus subtilis*. Biotechnol Lett, 32: 1921-1924.

Elisavet V, Christian H, Rudolf M, et al. 2010. Cleavage of Zearalenone by *Trichosporon mycotoxinivorans* to a novel nonestrogenic metabolite. Applied and Environmental Microbiology, 76(7): 2353-2359.

Folly Y M. 2015. Screening and Characterization of Zearalenone Degrading Bacteria. 北京：中国农业科学院硕士学位论文.

Gurramkonda C, Polez S, Skoko N, et al. 2010. Application of simple fed-batch technique to high-level secretory production of insulin precursor using *Pichia pastoris* with subsequent purification and conversion to human insulin. Microbial Cell Factories, 9: 31-42.

Hohenblum H, Gasser B, Maurer M, et al. 2004. Effects of gene dosage, promoters, and substrates on unfolded protein stress of recombinant *Pichia pastoris*. Biotechnology and Bioengineering, 85(4): 367-375.

Igawa T, Takahashi-Ando N, Ochiai N, et al. 2007. Reduced contamination by the *Fusarium* mycotoxin zearalenone in maize kernels through genetic modification with a detoxification gene. Applied and Environmental Microbiology, 73(5): 1622-1629.

Jan U, Petr K. 2007. Role of zearalenone lactonase in protection of gliocladium roseum from fungitoxic effects of the mycotoxin zearalenone. Applied and Environmental Microbiology, 73(2): 637-642.

Kakeya H, Takahashi-Ando N, Kimura M, et al. 2002. Biotransformation of the mycotoxin, zearalenone, to a non-estrogenic compound by a fungal strain of *Clonostachys* sp. Bioscience, Biotechnology, and Biochemistry, 66(12): 2723-2726.

Kazuki S, Yoshimitsu O, Mitsuo M. 2010. Suppression of SOS-inducing activity of chemical mutagens by metabolites from microbial transformation of (–)-isolongifolene. Journal of Agricultural & Food Chemistry, 58(4): 2164-2167.

Krivobok S, Olivier P, Marzin D R, et al. 1987. Study of the genotoxic potential of 17 mycotoxins with the SOS chromotest. Mutagenesis, 2(6): 433-439.

Laemmli U K. 1970. Cleavage of structural proteins during the assembly of the head of bacteriophage T4. Nature, 227(5259): 680-685.

Orsolya M, Gerd S, Elisabeth F, et al. 2004. *Trichosporon mycotoxinivorans* sp. nov., a new yeast species useful in biological detoxification of various mycotoxins. Systematic and Applied Microbiology, 27(6): 661-671.

Peng W, Ko T P, Yang Y Y, et al. 2014. Crystal structure and substrate-binding mode of the mycoestrogen- detoxifying lactonase ZHD from *Clonostachys rosea*. RSC Advances, 4: 62321.

Takahashi-Ando N, Kimura M, Kakeya H, et al. 2002. A novel lactonohydrolase responsible for the detoxification of zearalenone: enzyme purification and gene cloning. Biochem. J, 365: 1-6.

Takahashi-Ando N, Ohsato S, Shibata T, et al. 2004. Metabolism of zearalenone by genetically modified organisms expressing the detoxification gene from *Clonostachys rosea*. Applied and Environmental Microbiology, 70(6): 3239-3245.

Takahashi-Ando N, Tokai T, Hamamoto H, et al. 2005. Efficient decontamination of zearalenone, the mycotoxin of cereal pathogen, by transgenic yeasts through the expression of a synthetic lactonohydrolase gene. Appl Microbiol Biotechnol, 67: 838-844.

Tanaka H, Okuno T, Moriyama S, et al. 2004. Acidophilic xylanase from *Aureobasidium pullulans*: efficient expression and secretion in *Pichia pastoris* and mutational analysis. Journal of

Bioscience and Bioengineering, 98(5): 338-343.

Tang Y Q, Xiao J M, Wu H, et al. 2013. Secretory expression and characterization of a novel peroxiredoxin for zearalenone detoxification in *Saccharomyces cerevisiae*. Microbiological Research, 168(1): 6-11.

Xu L, Eisa Ahmed M F, Sangare L, et al. 2017. Novel Aflatoxin- Degrading Enzyme from *Bacillus shackletonii* L7. Toxins, 9: 36.

Yu Y S, Qiu L P, Wu H, et al. 2011a. Degradation of zearalenone by the extracellular extracts of *Acinetobacter* sp. SM04 liquid cultures. Biodegradation, 22: 613-622.

Yu Y S, Qiu L P, Wu H, et al. 2011b. Oxidation of zearalenone by extracellular enzymes from *Acinetobacter* sp. SM04 into smaller estrogenic products. World Journal of Microbiology and Biotechnology, 27(11): 2675-2681.

Yu Y S, Qiu L P, Wu H, et al. 2012. Cloning, expression of a peroxiredoxin gene from *Acinetobacter* sp.SM04 and characterization of its recombinant protein for zearalenone detoxification. Microbiological Research, (167): 121-126.

Zhang J, Yang Y, Teng D, et al. 2011. Expression of plectasin in *Pichia pastoris* and its characterization as a new antimicrobial peptide against *Staphyloccocus* and *Streptococcus*. Protein expression and purification, 78(2): 189-196.

Zhu S, Cao Y Z, Jiang C, et al. 2012. Sequencing the genome of *Marssonina brunnea* reveals fungus-poplar co-evolution. BMC Genomics, 13: 382.